普通高等教育网络与新媒体专业系列教材

U0192664

新媒体网页设计与制作

——Dreamweaver CS6 基础、案例、技巧实用教程

周丽韫　**编著**

机械工业出版社

新媒体网页设计与制作技术是网络发展和新媒体环境相结合的产物，本书以 Dreamweaver CS6 为主要网页制作工具，全面、详实地介绍了使用 Dreamweaver CS6 进行新媒体网页设计与制作的知识和技术。本书以新媒体网页设计的理念为依托，以基本概念和入门知识为基础，以答疑与技巧为特色，以实际操作为主线，由浅入深、循序渐进，通过丰富的课堂案例和课后实践帮助读者学习、实践和提高，进而使其能够轻松、快速地制作出符合要求的各类网站。

本书结构清晰、实例丰富，突出 Dreamweaver CS6 的基础知识和操作，而且每章都含有疑问解答和常用技巧内容，具有较强的可读性和可操作性，可作为高等院校相关专业和网页制作培训班的教材，也可作为初学者和网页设计人员学习 Dreamweaver CS6 网页制作的参考资料。

图书在版编目（CIP）数据

新媒体网页设计与制作：Dreamweaver CS6 基础、案例、技巧实用教程／周丽韫编著. —北京：机械工业出版社，2019.9（2023.6 重印）

普通高等教育网络与新媒体专业系列教材

ISBN 978 - 7 - 111 - 63646 - 5

Ⅰ.①新… Ⅱ.①周… Ⅲ.①网页制作工具-高等学校-教材 Ⅳ.①TP393.092.2

中国版本图书馆 CIP 数据核字（2019）第 192573 号

机械工业出版社（北京市百万庄大街 22 号 邮政编码 100037）

策划编辑：刘鑫佳　　　　　　责任编辑：刘鑫佳 吴 洁 刘丽敏

责任校对：郑 婕 李 杉　　　责任印制：张 博

北京建宏印刷有限公司印刷

2023 年 6 月第 1 版第 3 次印刷

184mm×260mm · 21.25 印张 · 499 千字

标准书号：ISBN 978 - 7 - 111 - 63646 - 5

定价：54.80 元

电话服务　　　　　　　　　　网络服务

客服电话：010 - 88361066　　　机 工 官 网：www.cmpbook.com

　　　　　010 - 88379833　　　机 工 官 博：weibo.com/cmp1952

　　　　　010 - 68326294　　　金 书 网：www.golden-book.com

封底无防伪标均为盗版　　　机工教育服务网：www.cmpedu.com

前　言

以数字技术为依托的新媒体，其表现形态有很多，而门户网站是其主要的表现方式，因此掌握新媒体网页设计与制作的相关技术对新媒体从业人员尤为重要。本书从新媒体环境下网页制作的基础入手，介绍了新媒体网页的主要构成要素、网页的色彩及布局；以 Dreamweaver CS6 为网页制作工具，介绍了新媒体网页制作的方法和技术；通过丰富的案例和实践，读者能巩固基础、锻炼能力，快速达到理论知识与应用能力的同步提高；通过疑问解答，读者能解决学习过程中存在的问题；通过常用技巧学习，读者能够快速、方便地实现某些功能，提高网页的制作效率和质量。

本书由浅入深，循序渐进，结构清晰，案例丰富。全书共 13 章，主要包括以下几个方面。

（1）**基础入门**：第 1～3 章，介绍了网页的基础知识，包括网页的基本要素、新媒体网页的设计元素及布局方式、新媒体网站的策划与创建原则、Dreamweaver CS6 的工作界面及网页文件的基本操作等内容。

（2）**CSS 样式及网页布局**：第 4～5 章，介绍了 CSS 样式及网页布局，包括 CSS 样式的创建及应用，使用表格、框架和 Div + CSS 技术进行网页布局等内容。

（3）**网页设计与制作**：第 6～10 章，介绍了网页设计与制作的相关技术，包括超级链接的创建，多媒体的应用，在新媒体网页中添加交互性、模板和库以及表单的创建和应用等内容。

（4）**综合案例**：第 11 章，通过综合案例演示了新媒体网页设计与制作的全过程。

（5）**移动设备网页制作**：第 12 章，介绍了移动页面基础，对话框、工具栏的创建和使用，移动设备组件的使用等内容。

（6）**站点管理**：第 13 章，介绍了站点的整理维护与上传方法。

本书特色

（1）零基础、入门级讲解。

（2）案例丰富、实用，侧重实战技能。

（3）每章均配有若干小贴士，提示相关操作。

（4）大量的疑问解答和常用技巧帮助读者融会贯通所学知识。

（5）"课后实践"模块可提高读者的综合能力。

（6）提供了丰富的案例素材资源、教学课件、HTML 标签等。

读者对象

（1）没有任何基础的初学者。

（2）有一定基础的网页设计人员。

（3）高等院校相关专业的教师和学生。

（4）网页制作培训班的教师和学生。

本书的编写参阅了大量网页设计方面的经典著作与教材，以及国内外新媒体网页设计与制作方面的最新相关研究成果，部分书目已列入本书的参考文献，这些文献为本书的编写成稿奠定了基础，在此一并向其作者表示衷心的感谢。本书的编写还参考了互联网上的大量信息资料，在此向这些未曾谋面的同仁们致以衷心的感谢和崇高的敬意。

本书的编写力求准确并有所创新，但由于作者水平有限，错误和不当之处在所难免，恳请广大读者不吝赐教。

编　者

|目　录|

前　言

网页设计基础

本章学习要点

➢ 网页和网站的基本概念
➢ 新媒体网站的色彩选择与搭配、策划与创建原则
➢ 网站制作的基本流程

　　随着信息技术的革新，媒体正悄然发生着一场翻天覆地的变革。从传统媒体到网络媒体，再到自媒体，从社交媒体到新媒体平台的逐步铺设，信息的传播达到一个新的发展高度。新媒体、新应用的迅猛发展，微博、微信、各种 APP（Application）客户端的出现，使得每一个人都是信息的生产者、消费者、传播者，人们通过互联网可以迅速地获取更多的信息，获得更大范围的交流机会，人们的工作、学习、生活越来越多地依赖互联网。而网站是企业或个人进行自我宣传、网络交易或结交朋友的重要手段，了解网页和网站的基础知识，学会制作网页和创建网站已成为当下的热门技能。

1.1 认识网页

　　用户在进行网页设计之前，必须先要清楚网页和网站的相关概念及关系，了解新媒体网页的设计元素及布局，这样在设计网页和建立网站时才能做到心中有数，有条不紊。

1.1.1 网页与网站的概念

1. 网页

　　（1）静态网页。静态网页即标准的 HTML（Hyper Text Markup Language）文件，是指在发送到浏览器之前不会被应用程序服务器修改的网页，其文件扩展名为 htm 或 html，是一种可以在万维网上传输，并通过浏览器识别和翻译成显示页面的文件。它可以包含 HTML 标签、文本、客户端脚本、客户端 ActiveX 控件及 Java 小程序。网站中的第一个页面称为首页或主页，一般是 index. html 或 default. html。

　　（2）动态网页。动态网页是在发送到浏览器之前由应用程序服务器自定义的网页，其文件扩展名根据编程语言的不同分为 asp、aspx、jsp 或 php 等，它的内容会随着不同的用户、

不同的访问需求而发生变化。动态网页不仅包含 HTML 标签，同时还有 Web 服务器端执行的脚本程序代码，通过脚本程序代码进行计算，网页能够访问服务器端的数据资源，并将计算结果返回至客户端。

> **小贴士** 静态网页像照片，每个人看到的都是一样的；动态网页像镜子，不同的人（不同的参数）看到的则不相同。

2. 网站

网站是网页的集合，它由网页、图像、声音、动画及数据库等各种服务器资源构成。在网站中，网页按照特定的结构方式进行组合，使浏览者在访问该网站时能链接到各个网页来浏览网页内容。网站可以分为个人站点、企业站点、门户站点等类型。

1.1.2 网页的基本要素

1. 网站标志

网站标志，即 LOGO，是网站所有者对外宣传自身形象的工具，它集中体现了一个网站的文化内涵和内容定位。LOGO 是一个网站最吸引人、最容易被人记住的标志，通常放置在页面的左上角，可以是中文、英文字母、符号、图案、动物或者人物等。标志的设计创意往往来自于网站的名称和内容，如 IBM 的"经典八条纹"、百度的"熊掌"等，如图 1 – 1 和图 1 – 2所示。

2. 标题

标题是指在浏览器的标题栏上呈现的对网页主要内容的提示信息，如图 1 – 3 所示。

| 图 1 – 1 IBM LOGO | 图 1 – 2 百度 LOGO |

图 1 – 3 网页标题

3. 导航栏

导航栏在网页设计中很重要，因为它的位置左右着整个网页的布局设计。导航栏一般分为 4 种位置，分别是左侧、右侧、顶部和底部。一般网站使用的导航栏都是单一的，但是也有一些网站为了使网页更便于浏览者操作，增加可访问性，采用了多导航栏技术。

导航栏可以设计成多种样式，有一排导航、两排导航、多排导航、图片导航和 Frame 框架快捷导航等。可以是横排也可以是竖排，图 1 – 4 展现的是顶部与左侧导航栏。另外还可以是动态的导航栏，如 Flash 导航。

图 1-4　导航栏

　使用 Flash 制作导航栏，体积小、变化多。

4. 页眉

页眉是显示在网站中网页顶部的文本块和图像，是网站访问者在网页中看到的第一个要素，很多网站都会在页眉中设置宣传本站的信息，如网站标志、主导航，甚至搜索框等，如图 1-5 所示。因此创建具有吸引力且与业务和品牌相关的页眉是网站设计中非常重要的部分。

图 1-5　页眉

5. 页脚

页脚是显示在网站中网页最底部的部分，通常被用来介绍网站所有者的具体信息、联系方式及版权信息等，如图 1-6 所示。

图 1-6　页脚

6. 功能区

功能区是网站主要功能的集中表现。一般位于网页的右上方或右侧边栏。功能区包括：电子邮件、信息发布、用户名注册、登录网站等内容，如图 1-7 所示。有些网站使用了 IP 定位功能，能定位浏览者的所在地，进而可在功能区显示当地的天气、新闻等个性化信息。

图 1-7　功能区

7. 主体内容

主体内容是网页中最重要的元素。主体内容往往由下一级内容的标题、内容提要、内容摘编的超链接构成。主体内容借助超链接，通过一个页面高度概括了几个页面所表达的内容，而首页的主体内容甚至能在一个页面中高度概括整个网站的内容。

从表现形式看，主体内容一般由图片和文档构成，也可以添加视频、音频等多媒体文件。依据用户的阅读习惯，主体内容是由上至下、由左至右、由重要到一般的顺序进行设计的，所以在主体内容中，左上方的内容是最重要的，如图 1-8 所示。

图 1-8　主体内容

1.1.3　新媒体网页的设计元素

1. 文字

文字是网页制作中最主要的一部分，是网页信息传递的主要手段，能准确表达信息的内容和含义。为了丰富文本的表现力，网页文字可以通过字体、字号、颜色、边框和底纹等来展现信息。对于文字的把握，应注意两点：一是简洁、明了，言简意赅，使用户有阅读的欲望；二是数量适度，文字过少，会显得单调，文字太多，会显得很乏味。因此，文字效果的处理将直接影响网站信息的传播效果。

2. 图片

图片是网页中不可或缺的另一种基本元素。在网页中合理使用图片，既能达到美观效果，为网页增色，又增加了要传达的信息量，使浏览者对网页印象深刻。在网页设计中，图片主要用于提供信息、展示作品、装饰网页等，图文混排时要注意站点风格统一，传递信息的悦目性和突出重点。一个好的页面设计不仅使整个页面充满层次感和美感，也会给浏览者耳目一新的感觉。

> **小贴士**　网页中大量使用图片会导致网页打开速度大大降低。可以使用 Dreamwever 自带的图像编辑工具或图形图像处理软件对图像进行处理，或将大图片切割成小图片，以优化图片，提高网页的显示速度。

3. 多媒体

网页中的多媒体包括音频、视频、动画等元素。合理使用多媒体可以使网页丰富多彩、引人注目，提高网页的表现力和交互性，从视觉和听觉上给浏览者以冲击，使浏览者可以享受到更加完美的视听效果。

4. 互动

新媒体环境下信息传播方式出现了变化，由传统的单向传播、线性传播、不可选择传播到双向传播，传统的发布者和受众现在都成了信息的发布者，而且可以进行互动。网络的互动性实现了信息的远距离实时传递，时空的距离被缩小。

5. 版式设计

网页的版式设计是指在有限的屏幕空间上将视听多媒体元素进行有机排列组合，将理性思维个性化地表现出来，是一种具有个人风格和艺术特色的表达方式。它在传达信息的同时，也产生感官上的美感和精神上的享受。常用的版式设计有：

（1）"同"字形布局。所谓"同"字形布局就是指页面顶部为"网站标志 + 广告条 + 主菜单"或主菜单，下方左侧为二级栏目条，右侧为链接栏目条，屏幕中间显示具体内容的布局。这种布局的优点是充分利用版面，页面结构清晰，左右对称，主次分明，信息量大；缺点是页面拥挤，太过规矩呆板，如果细节色彩上缺少变化调剂，很容易让人感到单调乏味，如图 1-9 所示。

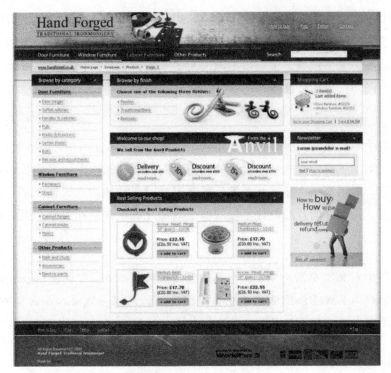

图 1-9 "同"字形布局

（2）"国"字形布局。"国"字形布局是在"同"字形布局基础上演化而来的，在保留"同"字形布局的同时，于页面下方增加一横条状的菜单或广告。这是一些大型网站所喜欢的类型。一般最上面是网站的标题及横幅广告条，接下来就是网站的主要内容，左右分列一些栏目条内容，中间是主要部分，与左右栏目条一起罗列到底，最下面是网站的一些基本信息、联系方式、版权声明等。这种布局是网站最常用的一种结构类型。其优点是充分利用版面，信息量大，与其他页面的链接切换方便；缺点是页面拥挤，四面封闭，给人以幽闭的感觉，如图 1-10 所示。

图 1-10 "国"字形布局

（3）"T"形布局。这是一个形象的说法，是指页面的顶部是"网站标志＋广告条"，左面是主菜单，右面是主要内容的布局。这种布局的优点是页面结构清晰、主次分明，是初学者最容易上手的布局方式；缺点是页面呆板，如果不注意细节上的色彩，很容易让人"看之乏味"，如图1-11所示。

图 1-11　"T"形布局

（4）"三"字形布局。这种布局多用于国外网站，其特点是在页面上有横向两条色块，将页面分割为三部分，色块中大多放广告条、更新和版权提示，如图1-12所示。

图 1-12　"三"字形布局

（5）对比布局。顾名思义，这种布局采取左右或者上下对比的方式：一半深色，一半浅色。一般用于设计型网站。其优点是视觉冲击力强，缺点是将两部分有机结合起来比较困难，如图 1 – 13 所示。

图 1 – 13　对比布局

（6）POP 布局。POP 引自广告术语，POP 布局页面像一张宣传海报，一般以一张精美图片作为页面的设计中心。这种类型基本上出现在一些网站的首页，大部分为一些精美的平面设计结合一些小的动画，再放上几个简单的链接或者仅是一个"进入"的链接，甚至直接在首页图片上做链接而没有任何提示。这种布局如果处理得好，会给人带来赏心悦目的感觉，如图 1 – 14 所示。

图 1 – 14　POP 布局

（7）Flash 布局。采用这种布局时，整个或大部分幅面的网页本身就是一个 Flash 动画，画面一般比较绚丽、有趣，是一种比较新潮的布局方式。这种类型采用了目前非常流行的Flash，页面所表达的信息更丰富，其视觉效果和听觉效果如果处理得当，绝不逊于传统的多媒体，如图 1 – 15 所示。

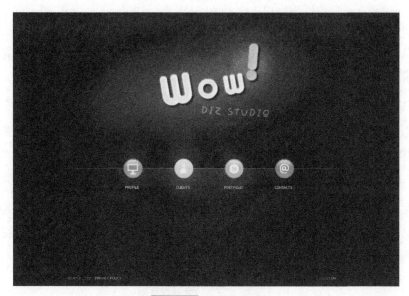

图 1-15　Flash 布局

1.1.4　新媒体网页的布局方式

移动互联网的高速发展，改变了传统的网页设计理念，这就要求用户在网站设计规划阶段，要充分考虑如何进行网页布局，使得不同终端设备都能够正常访问所制作的网页，实现网页的自适应布局。

1. 固定布局

在固定布局中，网页的宽度必须指定一个像素值，一般为 960px。过去，开发人员发现 960px 是最适合作为网页布局的宽度，因为 960 可以整除 3、4、5、6、8、10、12 和 15。现在，在 Web 开发中固定宽度布局也比较常用，因为这种布局具有很强的稳定性与可控性，但这种固定宽度必须考虑网站是否可以适用于不同的屏幕宽度。

2. 流式布局

流式布局与固定布局的基本不同点就在于对网页尺寸的测量单位不同。固定布局使用的是像素，而流式布局使用的是百分比，这为网页提供了很强的可塑性和流动性。通过设置百分比，用户不需要再考虑设备尺寸或者屏幕宽度大小，流式布局可以为每种情形找到一种可行的方案，因为所设计的尺寸能适应所有的设备尺寸。流式布局与媒体查询和优化样式技术密切相关。

3. 弹性布局

弹性布局与流式布局很像，主要的不同在于网页尺寸测量单位不同。弹性布局的网页尺寸测量单位不是像素或者百分比，而是 em 或 rem，避免了固定布局网页局部在高分辨率下几乎无法辨识的缺点，又相对于流式布局更加灵活，同时可以支持浏览器字体大小调整和缩放等情况下的正常显示，其缺点是需要一段时间适应且不易从其它布局转换过来。

4．伸缩布局

伸缩布局使用 CSS3 Flex（Cascading Style Sheets 3 Flex）系列属性进行相对布局，对于富媒体和复杂排版的支持非常大，但是存在兼容性问题。

5．响应式布局

响应式布局使用@ media 媒体查询给不同尺寸和介质的设备切换不同的样式。优秀的响应范围设计可以给适配范围内的设备提供最好的体验。

6．自适应布局

自适应布局通常使用 @ media 媒体查询和网格系统（Grid System）配合相对布局单位进行布局，实际上就是利用响应式、流式布局等方式通过 CSS 为单一网页不同设备返回不同样式的技术综合统称。自适应几乎已经成为优秀页面布局的标准。

1.2 新媒体网站的色彩选择与搭配

1.2.1 色彩理论

色彩是艺术表现的要素之一，是光刺激眼睛传导到大脑中枢而产生的一种感觉。网页设计师在决定一个网站风格的同时也决定着网站的情感，而情感的表达很大程度上取决于色彩的选择。网站给人的第一印象来自视觉冲击，因此确定网站的标准色彩是新媒体网页设计中最重要的一个方面。

在 HTML 中，颜色有 3 种表示方式。最常用的是用 6 位十六进制的数值表示 RGB 的颜色值，RGB 代表 Red（红）、Green（绿）、Blue（蓝）三种颜色，每种颜色的取值范围是 00 至 ff，例如#ff0000 代表红色；另一种是用颜色名称表示，即颜色常量，例如 Blue 表示蓝色；另外颜色还可以用 RGB（R，G，B）表示，括号中的 R、G、B 分别用 0 至 255 的十进制数或百分比表示红、绿、蓝，例如 RGB（255，0，0）或 RGB（100%，0%，0%）都表示红色。

 1）用十六进制的数值表示 RGB 的颜色值时，要在数值前加上 "#" 号。

2）在 W3C（World Wide Web Consortium，万维网联盟）制定的 HTML 4.0 标准中，只有 16 种颜色可以用颜色名称表示（即 Aqua、Black、Blue、Fuchsia、Gray、Green、Lime、Maroon、Navy、Olive、Purple、Red、Silver、Teal、White、Yellow）。

1.2.2 选择色彩

在网页设计中，色彩的选择往往是和情感联系在一起的。暖色能带来阳光明媚的感觉，让人感到温暖，例如红色、黄色和橙色；冷色可以表达出权威、明确和信任的感觉，让人联想到凉爽和寒冷，例如蓝色、绿色和紫色；中性色可以给用户一种平静、淡然的感觉，没有过多情绪，例如灰色和棕色。

了解色彩知识能够帮助网页设计师在设计网页时不必使用文字就能表达特定含义和特定情感,并彰显优势。

1.2.3 搭配色彩

标准色彩是指能体现网站形象和延伸内涵的色彩。不同的色彩搭配可以产生不同的效果,并可能影响到访问者的情绪,例如黄绿色具有青春、旺盛的视觉意境,红黑或红灰色有前卫、激昂的感觉,蓝绿色则使人感到幽静、严肃等。

(1)单一色:只使用一种颜色或同一颜色的不同层次。单一配色能够产生视觉愉悦并增强呼应感,但缺点是很难将元素分隔开来。由于极简主义非常强调内容,单一配色方案经常用于极简主义设计。

(2)相似色:比单一配色更具多样性,更加容易区分元素。相似色在大自然中很常见,采用相似色配色的网站给人以镇定和和谐感。采用相似配色方案的网站通常会选取一种主色调,用次级色来区分特定元素,如果还有第 3 种颜色,那仅仅用来表示强调。

(3)互补色:使用相对的颜色创造具有动态感和感官刺激的页面。这种配色方案的优势是各个元素能够明显区分,创造层次感。使用互补色时尽量不要降低饱和度,否则会影响效果。

> **小贴士**
> 1)在网页配色中,不要将所有颜色都用到,尽量控制在 3 种色彩以内。
> 2)在网页配色中,背景和前景的对比尽量要大,尽量不使用花纹繁复的图案作背景,以便突出主要文字内容。

1.2.4 精彩网页赏析

1. IBM 中国站

IBM 中国站以黑蓝色、白色为主要用色,采用简单的"三"字形布局,主页面结构层次分明、内容简洁,彰显了网站的专业性和严肃性,如图 1-16 所示。

图 1-16 IBM 中国站

2. 可口可乐中国站

可口可乐中国站网站采用典型的"同"字形结构进行网页布局，页面结构清晰，左右对称，主次分明。网站主色采用了经典中国红，搭配白色和深灰色，使网站色彩鲜明、对比强烈，同时也突出了网站的主题。整个页面带给人们热情、欢快、喜庆、温馨及祥和的视觉效果，也让人们感受到了浓浓的年味，如图 1－17 所示。

图 1－17　可口可乐中国站

3. 何园网站

何园网站以 Flash 作为页面主体布局，采用动静结合的设计方式，配以荷花、竹及水墨画，结合淡绿色背景，为人们展示了一幅中国古典画面，并将"晚清第一园"何园的故事"娓娓道来"，如图 1－18 所示。

图 1－18　何园网站

1.3　新媒体网站的策划与创建原则

1.3.1　网站定位

明确的目标定位是网站设计之前必须要考虑和解决的问题。只有定位准确、目标明确，才可能制订切实可行的计划，从而有条不紊、按部就班地进行设计。

1. 定位网站主题

网站的题材和内容应紧扣主题，要突出个性和特色。网站定位要准确，内容要精练，题材不要太宽泛或者目标不要太高。

2. 设定网站名称

网站名称在网站设计中至关重要。网站名称是提高用户访问网站欲望的首要因素，它的好坏直接影响着网站的形象和推广。简单的、易于书写的、朗朗上口的网站名称容易被用户接受和认可，如新浪、搜狐、腾讯等各大门户网站众人皆知、耳熟能详。网站名称最好使用中文，字数控制在 6 个字以内，要能见名知义，且代表本站特色。

1.3.2　网站风格

网站风格是指网站的整体外观带给用户的综合感受，体现在版面布局、浏览方式、交互性等诸多方面。

网站风格既抽象又独特，是一个网站不同于其他网站的地方。无论是色彩、技术还是交互方式，都应让用户明确分辨出这是网站所独有的。

风格也是有品性的。通过网站的外表、内容、文字或交互方式可以突出站点的特性和"情绪"，或是温文儒雅，或是执着热情等。

1.3.3　网站的 CI 形象

CI（Corporate Identity）是借用的广告术语，意思是通过视觉来统一企业的形象。可口可乐公司全球统一的标志、色彩和产品包装，给人们的印象极为深刻。富有创意的 CI 设计，能够准确表达网站的思想，对网站的宣传推广有事半功倍的效果。在网站主题和名称确定之后，接下来考虑的就是网站的 CI 形象。

（1）设计网站标志（LOGO）。如同商标一样，LOGO 是网站特色和内涵的集中体现。标志可以是中文、英文字母、符号、图案，也可以是动物或者人物。如新浪用"字母＋眼睛"作为标志，百度用"拼音＋脚印＋中文"作为标志。标志的设计创意来自用户网站的名称和内容，可以选择有代表性、专业性或简约的方式制作网站标志，如搜狐的"卡通狐狸"、奔驰汽车的"方向盘"、网站名称的拼音或英文等。

（2）确定网站标准色彩。网站给人的第一印象来自视觉冲击，确定网站的标准色彩是相当重要的一步。标准色彩是指能体现网站形象和延伸内涵的色彩。标准色彩要用于网站的标志、标题、主菜单和主色块，给人以整体统一的感觉。其他色彩作为点缀和衬托，但是绝不能喧宾夺主。

（3）确定网站标准字体。和标准色彩一样，标准字体是指用于标志、标题、主菜单的特有字体。网页默认的字体是宋体，为了体现站点的特有风格，可以根据需要选择一些特殊字体，但这些特殊字体最好以图片形式添加到网页中，因为网页使用客户端字库进行显示，如果客户端没有网页中用到的特殊字体，则以默认字体显示。

（4）设计网站的宣传标语。宣传标语也可以说是网站的精神、网站的目标。用一句话甚至一个词来高度概括，类似实际生活中的广告"金句"。例如，百度的"百度一下，你就知道"，英特尔的"给你一颗奔腾的心"。

1.4 HTML5 简介

自 1999 年 12 月 HTML 4.01 发布后，为了推动 Web 标准化的发展，一些公司联合起来，成立了 WHATWG（Web Hypertext Application Technology Working Group，Web 超文本应用技术工作组）。WHATWG 致力于 Web 表单和应用程序，而 W3C 专注于 XHTML 2.0（Extensible Hyper Text Markup Language）。在 2006 年，双方决定进行合作，创建一个新版本的 HTML 标准。

HTML5 的第一份正式草案已于 2008 年 1 月 22 日公布，大部分浏览器已经具备了某些 HTML5 的功能支持。

HTML5 是定义 HTML 标准的最新版本，它既是一个新版本的 HTML 语言，具有新的元素、属性和行为，又拥有更大的技术集，允许更多样化和强大的网站与应用程序。它不但强化了 Web 网页的表现性能，还追加了本地数据库等 Web 应用的功能。广义地说，HTML5 实际是指包括 HTML、CSS 和 JavaScript 在内的一套技术组合，旨在减少浏览器对于需要插件的丰富性网络应用服务的需求，如 Adobe Flash、Microsoft Silverlight 和 Oracle JavaFX，并且提供更多的能有效增强网络应用的标准集。

1.4.1 HTML5 特性

（1）语义特性。HTML5 赋予网页更好的意义和结构。更加丰富的标签将随着对 RDFa（RDF attribute）、微数据、微格式等方面的支持，构建对程序、对用户更有价值的数据驱动 Web。

（2）本地存储特性。基于 HTML5 开发的网页 APP 因为有了 HTML5 APP Cache 以及本地存储功能，所以启动时间更短，联网速度更快。

（3）设备兼容特性。HTML5 提供了前所未有的数据与应用接入开放接口，使外部应用可以与浏览器内部数据直接相连，如影音、视频可直接与传声器（microphone）及摄像头相连。

（4）连接特性。更有效的连接，使基于页面的实时聊天、更快速的网页游戏体验、更优化的在线交流得到实现。HTML5 拥有更有效的服务器推送技术，Server-Sent Event 和 WebSockets 这两个特性能帮助用户实现服务器将数据"推送"到客户端的功能。

（5）多媒体特性。HTML5 支持网页端的音频和视频等多媒体功能，与网站自带的 APPS、摄像头、影音功能相得益彰。

（6）三维、图形及特效特性。基于 SVG（Scalable Vector Graphics）、Canvas、WebGL（Web Graphics Library）及 CSS3 的 3D 功能，用户会惊叹于在浏览器中所呈现的惊人视觉效果。

（7）性能与集成特性。HTML5 会通过 XMLHttpRequest2 等技术，帮助用户的 Web 应用和网站在多样化的环境中更快速地工作。

（8）CSS3 特性。在不牺牲性能和语义结构的前提下，CSS3 中提供了更多的风格和更强的效果。此外，较之以前的 Web 排版，Web 的开放字体格式（WOFF）也提供了更高的灵活性和控制性。

> **小贴士**　RDFa 是 W3C 推荐标准。它扩充了 XHTML 的几个属性，网页制作者可以利用这些属性在网页中添加可供机器读取的后设资料。

1.4.2　HTML5 新增功能

HTML5 提供了一些新的元素和属性，如 < nav > 和 < footer > 标签，这些标签将有利于搜索引擎的索引整理，更好地帮助小屏幕设备和视障人士使用。除此之外，HTML5 还为其他浏览要素提供了新的功能，如 < audio > 和 < video > 标签。

（1）取消了一些过时的 HTML4 标签。一些纯粹显示效果的标签已经被 CSS 取代，如 < font > 和 < center >。HTML5 吸取了 XHTML2 的一些建议，包括一些用来改善文档结构的功能。例如，新的 HTML 标签 < header >、< footer >、< dialog >、< aside >、< figure > 等的使用，将使内容创作者更加语义地创建文档，之前的用户在实现这些功能时一般都是使用 Div（Division）的。

（2）将内容和展示分离。< b > 和 < i > 标签依然保留，但它们的意义已经和之前有所不同，这些标签的意义只是为了标识一段文字，而不是设置粗体或斜体式样。< u >、< font >、< center >、< strike > 等标签则被完全去掉了。

（3）表单元素升级。HTML5 给 input 新增加一些类型（search、email、number、tell、range、color、date），给表单元素新增加属性 placeholder（给表单元素设置提示信息），并且提供了新的下拉框方式。

（4）新增 < audio > 和 < video > 标签。HTML5 新增 < audio > 和 < video > 标签，用来分别播放音频和视频。

（5）新增 canvas 标签。HTML5 将给浏览器带来直接在上面绘制矢量图的能力，这意味着用户可以脱离 Flash 和 Silverlight，直接在浏览器中显示图形或动画。

（6）新增一些 API（Application Programming Interface），主要供 JS（JavaScript）使用。

1）Web Storage：本地存储解决方案。包括 localStorage、sessionStorage。

2）Web Socket：新的客户端和服务器端通信方案。

3）获取地理位置或者重力感应等 API。

1.5 网站制作的基本流程

制作网站前需要进行一系列的准备工作，如前期策划、收集素材、规划站点等。准备工作就绪后就可着手进行网站的制作了。

1.5.1 前期策划

网站界面是人机之间的信息交互界面，如果想制作出合格的网页，需要考虑诸多因素，如网站主题、网站关键词、网站的框架和结构、目标用户的规划及网站的营销方向等。

1.5.2 收集素材

前期策划完成后，在制作网站前，需要收集和整理与网站内容相关的文字、图像、多媒体等素材。素材收集后还要对素材进行整理，去伪存真，并将整理后的素材资料进行分类保存，方便制作网站时使用。

1.5.3 规划站点

网站规划包含的内容很多，如网站的结构、栏目的设置、网站的风格、色彩的运用、版面的布局等，在制作网站前都是需要综合考虑的。有了全面细致的站点规划，制作出来的网站才会有个性、有特色，更具吸引力。

1.5.4 制作网页

网页制作即按照规划利用网页设计工具将自己的想法变成现实的过程。这个过程细致而复杂，一定要遵循先大后小、先简单后复杂的原则进行。先大后小即先进行结构设计，再进行模块设计；先简单后复杂即先设计简单且容易实现的内容，再设计复杂的内容，以便及时发现问题并进行修改，以提高工作效率。

1.5.5 测试并上传网站

网站制作完成后，在上传到服务器前需要对网站进行测试。站点测试可以根据浏览器种类、客户端以及网站大小等要求进行测试，以便及时发现问题及时修改。测试完成后，通过Dreamweaver CS6 自带的上传工具或其他文件传输软件将站点发布到自己申请的服务器空间中。

1.5.6 网站的更新与维护

网站上传后，还需要定期地对网站进行维护，避免出现页面元素显示异常、浏览故障或链接故障等问题，以保证网页能正常被访问、保持网站内容的新鲜感进而吸引更多的浏览者。

1.6　答疑与技巧

1.6.1　疑问解答

Q1：设计新手如何确定网页用色？

A1：首先根据网站的用途、作用、目标群体等确定网站的整体用色，其次在用色和搭配色彩方面可以参考其他成熟网站的配色方案，必要时可以用系统颜色拾取器拾取其他网站的配色来作为自己选择颜色的依据。

Q2：导航栏目可以分成几排呢？

A2：导航栏目不多的情况下，通常是一排，横竖都可以，当栏目超过6个时可以考虑用两排。如果导航栏目很多，也可以多排，甚至不规则多排（个数或长度不同）。商业设计或门户站点通常都会有很多频道，设计时就要考虑横向双排。使用竖排，会占用比较大的空间。

Q3：导航栏目必须要挨在一起吗？

A3：不需要，根据实际情况可以自由设计。

Q4：可以使用依托DHTML（Dynamic HTML）、JS、动态隐藏层等技术实现的多变化的导航吗？

A4：不建议过多使用，因为存在浏览器是否支持的问题。

1.6.2　常用技巧

在网页中巧妙地使用小技巧可以提高网页制作效率，增强页面效果。

S1：文本使用技巧

文本是网页中最主要的页面元素之一，文本编辑对网页整体效果起着举足轻重的作用。在网页制作过程中，同版面的文本样式最好不超过3种，不要过多，太多的文本样式会影响网页的视觉效果；文本的颜色与背景要有所区别，使用户既可以清楚地看到文本，又不抢眼；每行文字最好限定在60个字符以内（中文30个字以内），段落文本要设置行间距及首行缩进，以便于阅读。

S2：用色技巧

网页色彩是网页形象的重要组成部分，网页色彩的搭配十分重要。可以使用以下几个小技巧。

1）使用富有变化的单色，通过调整饱和度和透明度产生丰富的变化，使用网站充满层次感。

2）恰当、合理地使用黑色，能产生很强烈的视觉效果。一般情况下黑色用于背景。

3）控制色彩的数量，一般应控制在3种色彩以内。

4）使用邻近色和对比色，使页面和谐统一、特色鲜明。

1.7　课后实践——观摩特色网站

通过观摩特色网站，进一步理解网站的布局结构，了解网站的配色方案，熟悉网页元素的使用方法。

1. 了解古典文学网网站结构

在浏览器地址栏中输入"http://www.keer6.com/",打开古典文学网网站首页,如图1-19所示,查看该网站的布局结构。

图1-19 古典文学网网站

2. 欣赏番茄派网站结构、创意及配色

在浏览器地址栏中输入"http://www.fqpai.com/",打开番茄派网站首页,如图1-20所示,学习网站个性化的布局结构、创意及网站整体的色彩搭配,体会不同网站风格给用户带来的感受。

图1-20 番茄派网站

3. 学习"The Bright Future of Car Sharing"网站配色

在浏览器中输入"http://www.futureofcarsharing.com/"，如图 1-21 所示，学习网站的用色及配色方案。

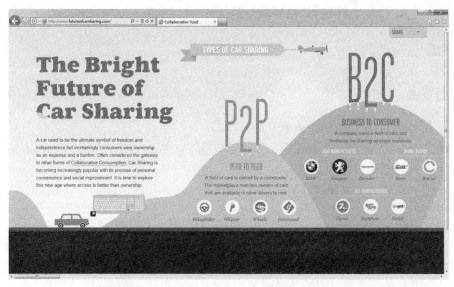

图 1-21　"The Bright Future of Car Sharing"网站

第 2 章

02

认识 Dreamweaver CS6

本章学习要点

➢ Dreamweaver CS6 的工作界面
➢ Dreamweaver CS6 文档视图
➢ 本地站点的创建和管理
➢ 网页文件的基本操作

Dreamweaver CS6 是由 Adobe 公司推出的一款拥有一套可视化编辑界面，用于制作和编辑网站及移动应用程序的网页设计软件。它集网页制作和管理网站功能于一身，能够轻松地制作出跨越平台限制和浏览器限制的动感网页。

Dreamweaver CS6 支持代码、拆分、设计和实时视图等多种方式来创建、编辑和修改网页。利用它的可视化编辑功能，用户无须编辑任何代码即可以快速创建页面、通过使用自适应流体网格布局创建页面、在网站发布前使用多屏幕预览审阅设计，大大提高了网站建设效率。

2.1 Dreamweaver CS6 工作界面

2.1.1 界面布局

启动 Dreamweaver CS6，进入系统主界面。Dreamweaver CS6 的工作界面由应用程序栏、文档标签栏、文档工具栏、工作区、状态栏、浮动面板组（详见 2.1.2）、属性检查器（详见2.1.3）组成，如图 2-1 所示。

图 2-1 Dreamweaver CS6 界面布局

1. 应用程序栏

应用程序栏位于工作区顶部，左侧包括常用功能区和菜单栏，右侧包括工作区切换器和程序窗口控制按钮。菜单栏包含 Dreamweaver CS6 的全部操作命令，利用这些命令可以编辑网页、管理站点以及设置操作界面等。

2. 文档标签栏

文档标签栏位于应用程序栏下方，左侧显示当前打开的所有网页文档的名称及其关闭按钮，右侧显示当前文档在本地磁盘中的保存路径以及还原按钮，下方显示当前文档中的包含文档（如 CSS 文档）以及链接文档。当用户打开多个网页时，通过单击文档标签可在各网页之间切换。另外，单击下方的包含文档或链接文档，可打开相应文档，如图 2 - 2 所示。

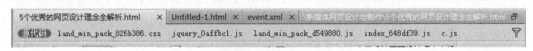

图 2 - 2　文档标签栏

3. 文档工具栏

利用文档工具栏中左侧的按钮可以在文档的不同视图之间快速切换，工具栏中还包含一些与查看文档、在本地和远程站点间传输文档相关的常用命令和选项，如图 2 - 3 所示。

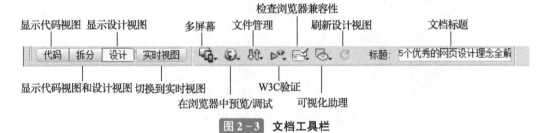

图 2 - 3　文档工具栏

文档工具栏常用命令及选项如下。

【代码】：显示代码视图。只在文档窗口中显示代码视图。

【拆分】：显示代码视图和设计视图。将文档窗口拆分为代码视图和设计视图。如果选择这种组合视图，则【查看】菜单中的【代码和设计】视图命令选项变为可用。

【设计】：显示设计视图。仅在文档窗口中显示设计视图。

【实时视图】：切换到实时视图。将设计视图切换到实时视图，以快速预览页面。在该视图下能够逼真地显示文档在浏览器中的表示形式，是不可编辑的、交互式的、基于浏览器的文档视图。

【📷】：多屏幕。在不同尺寸的屏幕查看网页。

【🌐】：在浏览器中预览/调试。允许用户在浏览器中预览或调试文档。

【↕】：文件管理。显示【文件管理】弹出菜单，包含一些在本地和远程站点间传输文档有关的常用命令和选项。

【☒】：W3C 认证。允许用户验证当前文档或选定的标签。

【☒】：检查浏览器兼容性。用于检查 CSS 是否对各种浏览器均兼容。

【☒】：可视化助理。可以使用各种可视化助理来设计页面。

【☒】：刷新设计视图。在代码视图中对文档进行更改后刷新该文档的设计视图。在执行某些操作（如保存文件或者单击此按钮）之后，在代码视图中所做的更改才会自动显示在设计视图中。

【标题】：文档标题。允许用户为文档输入一个标题，它将显示在浏览器的标题栏中。如果文档已经有了一个标题，则该标题将显示在该文本框中。

4．工作区

工作区用于显示当前创建或编辑的文档，包括【代码】、【设计】和【拆分】3 种视图模式。单击【文档】工具栏中的相应按钮可以在 3 种视图模式之间随意切换。其中，在【拆分】视图中可以同时显示【代码】窗格和【设计】窗格，以便用户在编辑代码时可以通过【设计】窗格即时查看页面的变化，如图 2-4 所示。

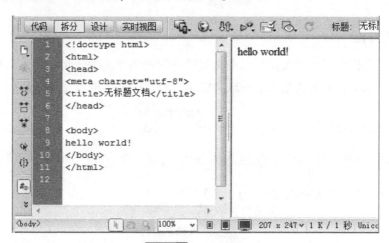

图 2-4 拆分视图

5．状态栏

状态栏位于文档窗口底部，它提供了与当前文档相关的一些信息，如图 2-5 所示。

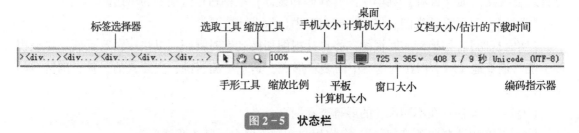

图 2-5 状态栏

状态栏常用工具命令及选项如下。

【标签选择器】：显示环绕当前选定内容的标签的层次结构。单击该层次结构中的任何标签以选择该标签及其全部内容。单击＜body＞可以选择文档的整个正文。

【🔘】：选取工具。启用或禁用选取工具。

【✋】：手形工具。允许在文档窗口单击并拖动文档。

【🔍】和【100% ▾】：缩放工具和缩放比例。为文档设置缩放比例，最大可设置比例为 6400%。

【📱】：手机大小。以智能手机大小显示，窗口大小为 480×800 像素。

【📱】：平板计算机大小。以平板计算机大小显示，窗口大小为 768×1024 像素。

【🖥】：桌面计算机大小。以桌面计算机大小显示。

【窗口大小】：根据显示器屏幕的分辨率可以选择不同显示尺寸的显示窗口。

【文档大小/估计的下载时间】：显示页面（包括图像和其他媒体文件等所有相关文件）的预计文档大小和预计下载时间。

【编码指示器】：显示当前文档的字符编码。默认编码为 Unicode（UTF-8）。

2.1.2 浮动面板

1.【插入】面板

【插入】面板包含用于创建和插入对象（如表格、图像和链接）的按钮。这些按钮按类别进行组织，用户可以通过"类别"弹出菜单选择所需类别来进行切换。面板默认显示【常用】类别，如图 2-6 所示。用户也可以单击其右侧的下拉三角按钮，从弹出的列表中选择其他类别，如图 2-7 所示。

图 2-6 【插入】面板【常用】类别

图 2-7 【插入】面板其他类别

【插入】面板按以下类别进行组织。

【常用】：用于创建和插入最常用的对象，例如图像和表格。

【布局】：用于插入表格、表格元素、Div 标签、框架和 Spry Widget，包括标准（默认）表格和扩展表格两种视图。

【表单】：包含用于创建表单和插入表单元素（包括 Spry 验证 Widget）的按钮。

【ASP】：服务器代码，仅适用于使用特定服务器语言的页面，这些服务器语言包括 ASP（Active Server Pages）、CFML Basic、CFML Flow、CFML Advanced 和 PHP（Personal Home Page：Hypertext Preprocessor）。这些类别中的每一个都提供了服务器代码对象，用户可以将这些对象插入【代码】视图中。

【数据】：包括可插入 Spry 数据对象和其他动态元素的按钮，例如记录集、重复区域以及插入记录表单和更新记录表单。

【Spry】：包含一些用于构建 Spry 页面的按钮，包括 Spry 数据对象和 Widget。

【jQuery Mobile】：jQuery Mobile 是在手机、平板计算机等移动设备上的 jQuery 核心库，包含可折叠区块、翻转切换开关、选择等对象的 jQuery Mobile 按钮。

【InContext Editing】：包含供生成 InContext 编辑页面的按钮，包括用于可编辑区域、重复区域和管理 CSS 类的按钮。

【文本】：包含可插入各种文本格式和列表格式的标签，例如 < b >、< em >、< p >、< h1 > 和 < ul >。

【收藏夹】：用于将【插入】面板中最常用的按钮分组到某一公共位置。

> **小贴士** 与 Dreamweaver 中的其他面板不同，用户可以将【插入】面板从其默认停靠位置拖出并放置在文档窗口顶部的水平位置。这样做后，它会从面板更改为工具栏，但是无法像其他工具栏一样隐藏和显示。

2.【文件】面板和【资源】面板

（1）【文件】面板。用于查看和管理站点中的所有文件和文件夹，包括本地站点和远程站点，其功能类似于 Windows 资源管理器，如图 2-8 所示。

图 2-8 【文件】面板

图 2-9 【资源】面板

【文件】面板主要包括以下站点编辑工具。

【　】：连接到远程服务器。连接或断开远程站点。

【　】：刷新。刷新本地或远程目录列表。

【　】：从远程服务器获取文件。

【　】：向远程服务器上传文件。将本地站点中的文档上传至远程站点。

【　】：取出文件。将远程服务器中的文件下载到本地站点，同时该文件在服务器上标签为取出。

【▦】：存回文件。将本地文件传输到远程服务器上，允许他人编辑文件，但本地文件属性为只读。

【◉】：与远程服务器同步。同步本地和远程文件夹之间的文件。

【▢】：展开或折叠站点。展开或折叠站点面板以显示或隐藏本地和远程站点。

> **小贴士**　如果用户在协作环境中工作，则可以在本地和远程服务器中存回和取出文件。如果只有一个用户在远程服务器上工作，则可以使用【上传】和【获取】命令，而不用存回或取出文件。

（2）【资源】面板。用来预览和管理当前站点中的所有资源，包括图像、颜色、外部链接、脚本、Flash 动画、Shockwave 电影、QuickTime 电影、模板和库项目，如图 2-9 所示。

在面板上部有两个单选按钮，分别是【站点】和【收藏】，把【资源】面板分成了两个视图：【站点】用于显示和管理当前站点的资源，【收藏】用于管理收藏夹中的资源。

> **小贴士**　这个收藏夹由 Dreamweaver 自己定义，并不是 IE 的收藏夹，其中的资源由用户自己添加，目的是快速查找资源。

在【资源】面板左侧的按钮所代表资源的类型，由上至下依次是图像▦、颜色▥、外部链接▨、Flash 动画▤、Shockwave 电影▥，QuickTime 电影▧、脚本▨、模板▦和库▣。单击按钮即会显示当前选中类型的资源列表。

> **小贴士**　要想使用这些资源，只需将这些资源从其列表中拖动到页面上即可。

2.1.3　属性检查器

使用属性检查器可以检查和编辑当前选定网页元素（如页面上的文本、图像、表格等）的最常用属性。当选取的页面元素不同时，属性检查器的内容会根据选定元素的变化而变化。例如，用户如果选中页面中的文本信息，则属性检查器如图 2-10 所示；如果选择表格，则属性检查器如图 2-11 所示。

图 2-10　文本属性检查器

图 2-11　表格属性检查器

2.2 Dreamweaver CS6 的新功能和改进功能

Dreamweaver CS6 除提供一套直观的可视化界面，供用户创建和编辑 HTML 网站外，还专为跨平台兼容性设计的自适应网格版面创建了适应性版面，能在发布前应用多屏幕预览审阅设计。

2.2.1 针对智能手机和平板计算机的设计

Dreamweaver CS6 新增的 jQuery Mobile 和 PhoneGap 功能可以缩短移动应用程序的制作时间，通过自适应流体网格布局和多屏幕预览，可分别为智能手机、平板计算机和计算机终端进行页面设计，在可视的基础上为不同设备设计样式。

1. 强大的 jQuery Mobile 和 PhoneGap 支持

借助 jQuery Mobile 代码提示加入高级交互性功能，可轻松为网页添加互动内容，从而借助针对手机的启动模板快速开始设计。PhoneGap 可以为苹果手机系统和安卓平台构建并封装本地应用程序，简化移动开发工作流程。借助 PhoneGap 框架，用户可将现有的 HTML 页面转换成手机应用程序，并可利用模拟器测试版面。

2. 基于流体网格的 CSS 布局

使用新增的流体网格布局开展跨平台和跨浏览器的兼容网页设计，可利用简洁且符合业界标准的代码为智能手机、平板计算机和计算机终端创建复杂的网页，无须编写代码，大大提高了工作效率。

3. 支持 CSS3 和 HTML5 代码

使用支持 CSS3 的【CSS 样式】面板创建样式，其设计视图支持媒体查询，可依据屏幕大小的变化应用相应的样式。Dreamweaver CS6 的设计视图与代码视图均提供了对 HTML5 的支持，实时视图使用了支持显示 HTML5 内容的 WebKit 转换引擎，能使网站在发布之前检查已经完成的网页，确保版面的跨浏览器兼容性和版面显示的一致性。

4. 更新的多屏幕预览面板

利用更新的【多屏幕预览】面板可检查智能手机、平板计算机和计算机终端所呈现的页面效果。

2.2.2 简捷而高效的操作

1. 改良的 FTP（File Transfer Protocol）性能

利用改良的多线程 FTP 可节省上传大型文件的时间，使网站文件能更快更高效地上传至服务器，缩短网站制作时间。

2. Business Catalyst 集成

Business Catalyst 是用于构建和管理在线企业的托管应用程序，它可以提供一个专业的在线远程服务器站点，使设计者能获得一个专业的在线平台。通过这个统一的平台，设计者无须任何后端编码操作，即可构建相应网站，为网站设计人员提供了一个功能强大的电子商务内容管理系统。

3. CSS3 过渡

使用【CSS 过渡效果】面板可以将平滑过渡效果应用于基于 CSS 的页面元素，从而实现更多的交互特效。例如，当鼠标指针停留在某个对象时，该对象的背景颜色逐渐从一种颜色淡化成另一种颜色，当鼠标指针离开时，逐渐恢复原来的背景颜色。

4. 站点特定的代码提示

Dreamweaver CS6 允许用户在使用第三方 PHP 库和 CMS 框架时自定义编码环境。

2.3 创建本地站点

Dreamweaver CS6 对同一网站中的文件是以"站点"为单位来进行有效组织和管理的。因此，用户在创建网站之前，首先需要创建一个本地站点，用于存储和管理网站中的网页文档及相关资源等各种数据，以对网站结构有一个整体把握。

2.3.1 站点管理器

站点管理器是实现 Dreamweaver 众多站点功能的重要"通路"。用户在站点管理器中可以进行有关站点的操作，包括新建站点、导入站点、删除站点、编辑站点、复制站点以及导出站点等。

用户通过菜单栏选择【站点】/【管理站点】命令，即可启动站点管理器，进入【管理站点】界面，如图 2 - 12 所示。

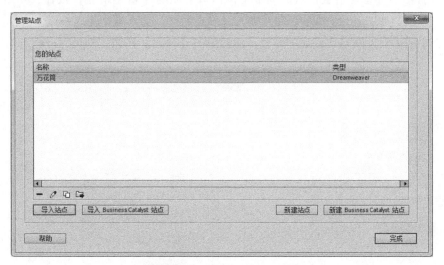

图 2 - 12   【管理站点】对话框

如果用户还没有创建过站点，那么站点管理器中的站点列表将是空白的。用户在站点管理器中可以执行以下操作：

【新建站点】：创建新的站点。可在打开的【站点设置】对话框中指定新建站点的名称和位置。

【新建 Business Catalyst 站点】：创建新的 Business Catalyst 站点。

【导入站点】：导入之前从 Dreamweaver 中导出的扩展名为 ".ste" 的站点。

【—】：删除当前选定的站点。可将选定站点及所有设置信息从站点列表中删除。

【✐】：编辑当前选定的站点。可对选定站点的设置信息进行编辑和修改。

【▥】：复制当前选定的站点。可创建现有站点的副本，复制的站点也会显示在站点列表中，站点名称后会有"复制"字样。

【➡】：导出当前选定的站点。可将选定站点的设置导出为 XML 文件（*.ste）。Dreamweaver 会保存远程服务器登录信息（如用户名和密码）以及本地路径信息。

 1）删除站点只是删除站点列表中指定的站点信息，并不会将磁盘上的站点删除。
2）如果要更改复制站点的名称，可以通过编辑 ✐ 按钮实现。

2.3.2 创建站点

在 Dreamweaver CS6 中，创建站点有两种方式：一种是通过【文件】面板中的【管理站点】选项；另一种是通过菜单栏选择【站点】/【新建站点】命令。

下面，以第一种方式为例，通过【文件】面板创建站点。

（1）在 Dreamweaver CS6 中，通过菜单栏选择【窗口】/【文件】命令，打开【文件】面板，在【桌面】下拉列表中选择【管理站点】选项，如图 2 – 13 所示。

（2）在弹出的【管理站点】对话框中单击窗口下面的【新建站点】按钮，弹出【站点设置对象】对话框，如图 2 – 14 所示。在其中的【站点名称】文本框中输入站点名称，【本地站点文件夹】文本框中设置站点文件夹的路径，然后单击【保存】按钮，即可完成站点的创建。

图 2 – 13 【文件】面板

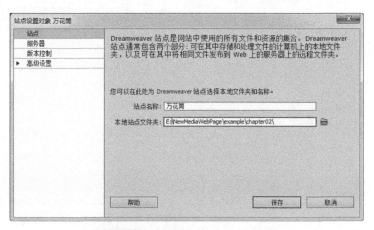

图 2 – 14 【站点设置对象】对话框

2.3.3 创建文件或文件夹

在【文件】面板中，右击站点根文件夹或任意一个文件夹，在弹出的快捷菜单中选择【新建文件】或【新建文件夹】命令，即可在选定位置创建一个新的文件或文件夹，在高亮显示的文本框中输入新文件或文件夹的名称，如图 2 - 15 所示。

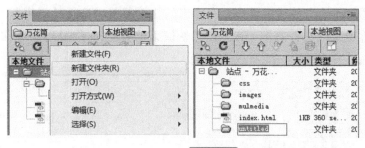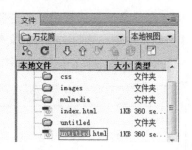

图 2 - 15 创建新文件夹和新文件

 为新文件命名时，千万不要忘记添加文件的扩展名。

2.3.4 编辑文件或文件夹

1. 删除文件或文件夹

在【文件】面板中，右击要删除的文件或文件夹，在弹出的快捷菜单中选择【编辑】/【删除】命令，如图 2 - 16 所示。然后在确认对话框中选择【是】按钮即可。

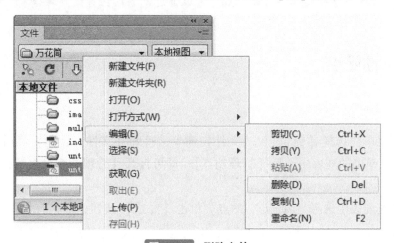

图 2 - 16 删除文件

2. 重命名文件或文件夹

在【文件】面板中，右击要重命名的文件或文件夹，在弹出的快捷菜单中选择【编辑】/【重命名】命令，待要重命名的文件或文件夹名称以高亮方式显示时，用户直接输入新的名称即可。

 选择文件或文件夹，稍做停顿后再次单击，同样可以执行重命名操作。

3．移动文件或文件夹

在【文件】面板中，右击要移动的文件或文件夹，在弹出的快捷菜单中选择【编辑】／【剪切】命令，然后选择目标文件或文件夹并右击，在弹出的快捷菜单中选择【编辑】／【粘贴】命令，完成移动操作，如图 2－17 和图 2－18 所示。

图 2－17　移动文件　　　　　图 2－18　移动文件夹

 1）在粘贴文件或文件夹时，系统会弹出【更新文件】对话框，询问是否更新文件的链接，用户选择【更新】按钮即可完成移动文件或文件夹的操作。
2）用户对站点文件进行编辑后，可以通过刷新按钮重新查看站点文件。

2.4 管理本地站点

2.4.1　打开站点

（1）通过菜单栏选择【窗口】／【文件】命令，打开【文件】面板，然后单击【桌面】下拉列表框，在弹出的列表中选择【管理站点】，即可打开【管理站点】对话框，如图 2－19 所示。

（2）在站点列表中选择"Mysite"站点，单击【完成】按钮，即可打开站点并对站点文件进行编辑操作。

 在 Dreamweaver CS6 中，单击窗口上方应用程序栏中的 按钮，选择【管理站点】命令，也可以打开【管理站点】对话框。

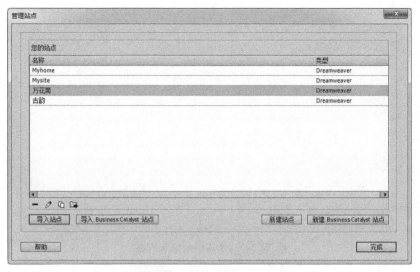

图 2 - 19 【管理站点】对话框

2.4.2 编辑站点

（1）在图 2 - 19 所示的窗口中，选择 "Myhome" 站点。

（2）单击 按钮，打开【站点设置对象】对话框，将【站点名称】文本框内容修改为 "浪漫之旅"，如图 2 - 20 所示，然后单击【保存】完成站点设置，如图 2 - 21 所示。

> **小贴士** 尽量不要修改【本地站点文件夹】路径。如果有改动，则会在指定文件夹中创建站点，而原站点中的文件和文件夹不会被自动复制或移动，需要手动执行复制或移动操作。

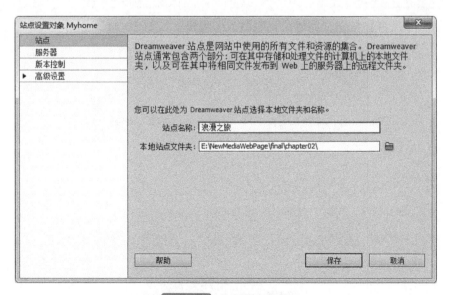

图 2 - 20 修改站点名称

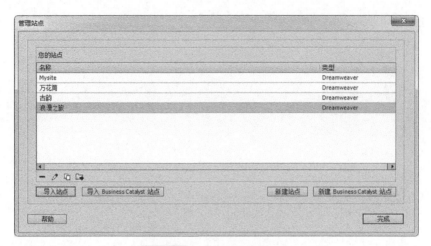

图 2-21 编辑后的站点列表

2.4.3 复制站点

（1）在图 2-21 所示的窗口中，选择 "Mysite" 站点。

（2）单击窗口下方 "复制当前选定的站点" 按钮 □，在站点列表中会出现 "Mysite 复制" 站点，如图 2-22 所示。

（3）保持 "Mysite 复制" 站点处于选中状态，单击 ✐ 按钮，打开【站点设置对象】对话框，将【站点名称】文本框内容修改为 "真我风采"，【本地站点文件夹】路径修改为 "E: \ HomeSite \ "，如图 2-23 所示。

> **小贴士**　不要在同一个根文件夹下创建多个站点，否则会影响同步，使站点不能正常工作。

（4）单击【保存】按钮，完成对复制站点的编辑，如图 2-24 所示。

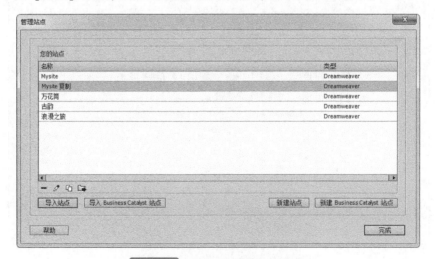

图 2-22 复制站点后的站点列表

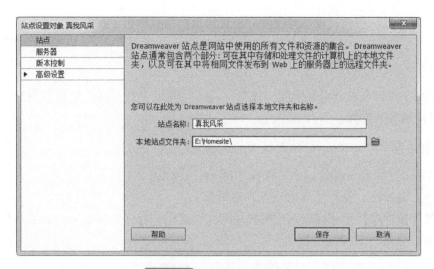

图 2-23 编辑"复制站点"

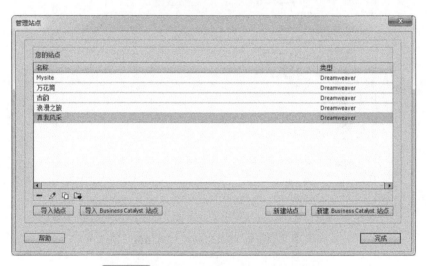

图 2-24 编辑"复制站点"后的站点列表

2.4.4 删除站点

（1）在图 2-24 所示的窗口中，选择"古韵"站点。

（2）单击━按钮，弹出【删除站点】的提示对话框，如图 2-25 所示。

图 2-25 删除站点时弹出的提示对话框

（3）单击【是】按钮，将站点及所有设置信息从站点列表中删除。

2.4.5　导出和导入站点

为了实现站点信息的备份和恢复，或在不同的计算机中开发同一站点，用户需要对站点信息进行导出或导入操作。

1. 导出站点

（1）在图 2－24 所示的窗口中，选择"Mysite"站点。

（2）单击 按钮，弹出【导出站点】对话框。

（3）在【保存在】下拉列表框中选择保存文件路径，在【文件名】下拉文本框中设置文件名为"Mysite. ste"，如图 2－26 所示。

图 2－26　【导出站点】对话框

（4）单击【保存】按钮，完成站点文件的导出，如图 2－27 所示。

图 2－27　查看导出的站点文件

2．导入站点

（1）在图 2-24 所示的窗口中，单击【导入站点】按钮，弹出【导入站点】对话框，如图 2-28 所示。

（2）选择需要导入的站点文件，并单击【打开】按钮，完成站点文件的导入。

图 2-28　【导入站点】对话框

小贴士　导出或导入功能不会导出或导入站点文件，仅会导出或导入站点设置以便为用户节省在 Dreamweaver 中重新创建站点的时间。

2.5　网页文件的基本操作

2.5.1　新建网页

打开 Dreamweaver CS6，选择【文件】/【新建】命令，在弹出的【新建文档】对话框中选择【空白页】选项卡，在【页面类型】列表中选择【HTML】，同时选择【布局】规划网页，最后选择【文档类型】，单击【创建】按钮，完成网页的创建，如图 2-29所示。

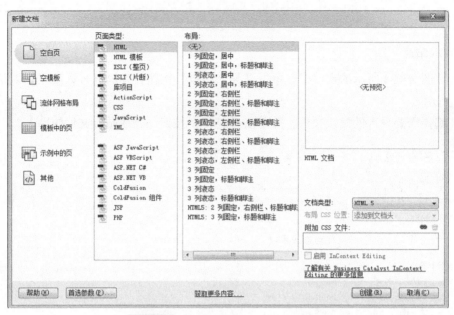

图 2-29 通过【新建文档】创建网页

小贴士 还可以通过以下方式新建网页文档。

1）如果用户已经创建了站点，那用户还可以通过【文件】面板创建网页。选择【窗口】/【文件】命令，打开【文件】面板，右击站点或站点文件夹，在弹出的菜单中选择【新建文件】，在【文件】面板窗口更改高亮显示的文件名即可，如图 2-15 所示。

2）启动 Dreamweaver CS6 时，在默认的界面中，用户可以在【新建】栏中选择需要创建的网页文档类型（HTML），快速创建空白网页文档，如图 2-30 所示。

图 2-30 通过【Dreamweaver 起始页】创建网页

2.5.2　保存网页

在 Dreamweaver CS6 中对文档进行编辑后，需要对文档进行保存以备浏览和修改。选择【文件】/【保存】命令，弹出【另存为】对话框，在【保存在】下拉列表框中选择文档的保存位置，并在【文件名】文本框中输入网页名称，单击【保存】按钮，完成网页的保存。

 按 < Ctrl + S > 快捷键可以快速保存网页文档。

2.5.3　预览网页

对网页进行编辑后，用户可以通过以下方法查看网页在浏览器中的显示效果。

（1）选择【文件】/【在浏览器中预览】/【IExplore】。

（2）单击文档工具栏的 按钮。

（3）按 < F12 > 快捷键。

小贴士　如果选择【文件】/【多屏幕预览】命令，则能够打开多屏幕窗口以进行多屏幕预览网页。

2.5.4　设置页面属性

在创建了网页文档后，用户可以通过【页面属性】对网页的外观、链接和标题等属性进行设置，进而实现对网页外观的整体控制。

选择【修改】/【页面属性】命令或单击属性检查器上的【页面属性】按钮，弹出【页面属性】对话框，在其左侧的【分类】列表中选择相应类别后，在右侧对各属性进行详细设置，如图 2 - 31 所示。

图 2 - 31　【页面属性】对话框

1. 外观（CSS）属性

【外观（CSS）】可以用来设置页面的一些基本属性，并且将设置的页面相关属性自动生成为 CSS 样式表嵌入在页面头部。主要包括以下属性。

【页面字体】：设置网页文档中所有文本的默认字体样式，如宋体、黑体、仿宋体等。

【大小】：设置网页文档中使用的默认字体大小。

【文本颜色】：设置网页文档中所有文本的默认颜色。

【背景颜色】：设置网页文档的背景颜色。

【背景图像】：设置网页文档的背景图像。

【重复】：设置背景图像在网页上的显示方式，包括"no-repeat"（不重复）、"repeat"（平铺）、"repeat-x"（横向平铺）、"repeat-y"（纵向平铺）4 个选项。

【左边距】【右边距】【上边距】【下边距】：设置网页文档四边与浏览器四边边框的距离。

> **小贴士** 【外观（HTML）】的设置与【外观（CSS）】的设置基本相同，但【外观（HTML）】选项设置的页面属性是添加到页面主体标签 < body > 中的，不会自动生成 CSS 样式。

2. 链接（CSS）属性

【链接（CSS）】可以用来设置网页中链接文本的效果。主要包括以下属性。

【链接字体】：设置网页文档中所有链接文本的默认字体样式。

【大小】：设置网页文档中链接文本使用的默认字体大小。

【链接颜色】：设置网页文档中链接文本的默认状态颜色。

【变换图像链接】：设置网页文档中所有链接文本在鼠标指针经过时的颜色。

【已访问链接】：设置网页文档中所有已访问的链接文本的颜色。

【活动链接】：设置网页文档中所有链接文本在被单击时显示的颜色。

【下划线样式】：

- 始终有下划线：为网页文档中所有链接文本添加始终存在的下划线。
- 始终无下划线：禁用网页文档中所有链接文本的下划线。
- 仅在变换图像时显示下划线：仅为鼠标指针经过的链接文本添加下划线。
- 变换图像时隐藏下划线：仅禁用网页文档中鼠标指针经过的链接文本的下划线。

3. 标题（CSS）属性

【标题（CSS）】可以用来设置网页文档中标题文字 H1 ~ H6 标签的 CSS 样式。用户可以为这 6 种标题标签设置统一的标题字体样式和修饰，同时可以分别定义这 6 种标题标签的字体大小和颜色。

4. 标题/编码属性

【标题/编码】可以用来更改当前网页文档的文档属性。主要包括以下属性。

【标题】：设置网页文档的文档标题。

【文档类型】：设置网页文档的文档类型。

【编码】：设置网页文档的文字编码。

【Unicode 标准化表单】：仅在选择 UTF-8 作为文档编码时启用，有四种 Unicode 标准化表单。其中最重要的是标准化表单 C，因为它是用于万维网的字符模型的最常用表单。

【包括 Unicode 签名（BOM）】：选中该项，则在文档中包括一个字节顺序标签（BOM，Byte Order Mark）。BOM 是位于文本文件开头的 2～4B，可将文件标识为 Unicode，如果是这样，还标识后面字节的字节顺序。由于 UTF–8 没有字节顺序，因此该项不是必选项。

5. 跟踪图像属性

【跟踪图像】可以用来选择一幅网页设计草图作为跟踪图像，进而引导网页的设计。在正式制作网页前，如果已经使用绘图工具设计好了网页效果图，则这个图像可以用来作为跟踪图像。

单击【浏览】按钮，则弹出【选择图像源文件】对话框，选择需要设置为跟踪图像的图像，然后拖动【透明度】滑块以调整跟踪图像在网页编辑状态下的透明度。

> **小贴士** 当 Dreamweaver CS6 的文档窗口中设置了跟踪图像时，页面的实际背景颜色和图像是不可见的，只有在浏览器中浏览时才会正常显示。

2.6 课堂案例——设置网页页面属性

本例将对"booklist. html"文件的页面属性进行设置，在完成网页的修改后，将文件另存为"modipage. html"，并在浏览器中预览网页。具体操作步骤如下。

（1）打开素材文件"example \ chapter02 \ booklist. html"。

（2）单击属性检查器上的【页面属性】按钮，打开【页面属性】对话框。

（3）在【分类】中选择【外观（CSS）】选项，设置文本【大小】为"12pt"，【背景颜色】为"#CCC"，如图 2–32 所示。

图 2–32 设置【外观（CSS）】属性

（4）选择【链接（CSS）】选项，设置链接文本【大小】为"11pt"；分别设置【链接颜色】【变换图像链接颜色】【已访问链接颜色】【活动链接颜色】的值为"#00F""#F00""#636""#630"；在【下划线样式】下拉列表中选择"始终无下划线"选项，如图 2 – 33 所示。

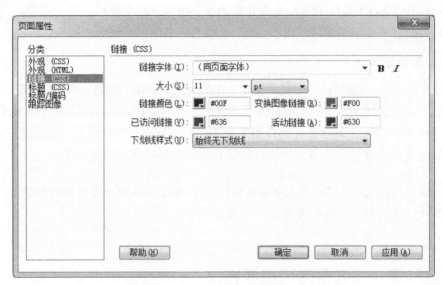

图 2 – 33 设置【链接（CSS）】属性

（5）选择【标题（CSS）】选项，设置【标题 1】的字体大小为"36px"，【颜色】为"#063"；继续设置标题 2、标题 3 和标题 4 的字体大小分别为"30px""20px"和"18px"，如图 2 – 34 所示。

图 2 – 34 设置【标题（CSS）】属性

（6）选择【标题/编码】选项，设置【标题】为"第 2 章 认识 Dreamweaver CS6"，其他使用默认选择即可，如图 2 – 35 所示。

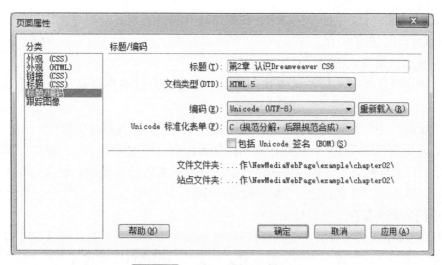

图 2 - 35　设置【标题/编码】属性

（7）关闭【页面属性】对话框，返回设计界面。

（8）按 < F12 > 键预览网页，网页预览效果如图 2 - 36 所示。

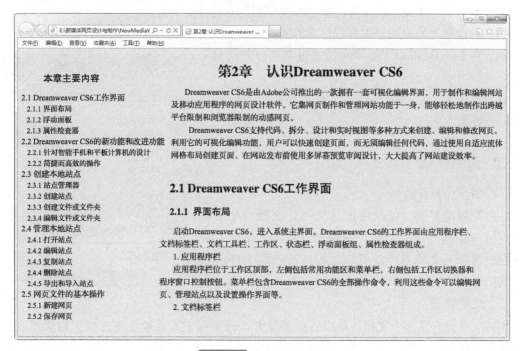

图 2 - 36　网页预览效果

2.7 答疑与技巧

2.7.1 疑问解答

Q1：使用 Dreamweaver CS6 可以打开哪些类型的文档？

A1：使用 Dreamweaver CS6 可以打开多种类型的文件，包括 HTML、XML、ASP、CSS、

DWT 等。通过【文件】/【打开】命令，在弹出的【打开】对话框的【文件类型】下拉列表框中可以查看打开文件的类型。

Q2：为什么在站点名称前面加首字的字母呢？

A2：因为中文不支持字母按键查找，加字母是为了通过键盘按键快速找到你所查找的站点。

Q3：页面属性中的跟踪图像有什么用途？浏览网页时能看到跟踪图像吗？

A3：在网页制作过程中可以使用跟踪图像作为网页设计的规划草图，铺在待编辑网页下方作为背景，以引导网页设计者参考其设计布局进行网页的布局设计。跟踪图像作为背景并不会出现在浏览器中，只是起到一个辅助设计的作用。

Q4：忘记网页的保存位置时怎么办？

A4：Dreamweaver CS6 有历史记录。打开 Dreamweaver CS6 后，系统会显示【打开最近的项目】界面，用户可以在其列表中选择要打开的文件。用户可以通过【文件】/【打开最近的文件】命令，选择打开最近操作的 10 个文件。如果要打开的文件未在列表中出现，则可以查看窗口右侧的【文件】面板，该面板保存了软件关闭之前的站点信息，用户打开文件后在【文档工具栏】右上角即可看到该文件的路径。

Q5：如何将一个站点的所有配置信息复制到另一台计算机上？

A5：可以通过站点的导入和导出功能来实现站点的复制。

Q6：在 Dreamweaver CS6 中可以通过哪几种方式预览网页？

A6：可以通过使用浏览器、实时预览和多屏预览来查看网页效果。

2.7.2 常用技巧

S1：站点内容管理

站点资料建好后，可以通过【文件】面板对整个站点进行统一修改。在【文件】面板上，从左侧站点下拉列表框中选择一个站点，就可以对相应的站点文件内容进行维护管理，如图 2 - 37 所示。

图 2 - 37 编辑站点

S2：文档管理

如果一次打开了多个文档，可以采用层叠方式或平铺方式放置这些文档。如果想以层叠方式放置文档窗口，则可以通过【窗口】/【排列】/【层叠】命令来实现；如果想以平铺方式放置文档窗口，则可以通过选择【窗口】/【排列】/【水平平铺】或【垂直平铺】命令来实现。

S3：快速导入站点

Dreamweaver CS6 软件能够直接识别".ste"类型文件，即站点文件，通过双击该类型的文件可以快速导入站点。

S4：通过【实时视图】，用户可以在不必离开 Dreamweaver CS6 工作区的情况下查看页面在某一浏览器中的外观。在这种视图下，页面是不可编辑的。

S5：尽量不要给文件起中文名称

网页制作完成后，通常会给网页起一个具有代表性的中文名称，既能使人通过文件名大概了解文件所包含的内容，又能方便各个链接之间的相互调用。但从实践来看，Dreamweaver 对中文文件名支持得不是太好，经常会有页面调用不正确的现象发生。因此，在 Dreamweaver 中保存网页的时候，尽量用英文或者数字作为文件名称，以避免上面错误的发生。

2.8 课后实践——新建并设置网页

目标：新建一个名为"HelloWorld"站点，在网站中分别创建"images"文件夹和"index. html"网页。

（1）新建站点。选择【站点】/【新建站点】命令，打开【站点设置对象】对话框，设置【站点名称】为"HelloWorld"，并设置【本地站点文件】为"example \ chapter02 \ "。

（2）新建文件和文件夹。在【文件】面板窗口右击，在弹出的快捷菜单中分别选择【新建文件】和【新建文件夹】，并修改文件名为"index. html"、文件夹名为"images"。

（3）复制文件到站点。将"example \ chapter02 \ images \ small. gif"文件复制到站点的 images 文件夹下。

（4）设置网页属性。打开"index. html"，单击属性检查器中的【页面属性】按钮，打开【页面属性】对话框。

1）在【外观（CSS）】中设置网页文本【大小】为"20pt"，【文本颜色】为白色"#FFF"，【背景颜色】为"#999"，【背景图像】选择本站"images"文件夹下的"small. gif"，且设置【重复】为"no-repeat"；【左边距】【上边距】分别为"200px""100px"。

2）在【标题/编码】中设置网页【标题】为"Hello World!"。

（5）录入网页文本。完成网页属性设置后返回设计界面，输入"Hello World!"。

（6）保存网页。选择【文件】/【保存】命令，将"index. html"文件另存到站点根文件夹下。

（7）按下 <F12> 键预览网页，网页效果如图 2－38 所示。

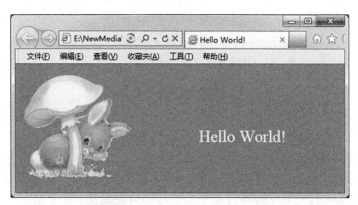

图 2－38 "Hello World!" 网页效果

制作绚丽多彩的网页

本章学习要点

➢ 页面属性的设置
➢ 网页文本对象的添加
➢ 文本格式的设置
➢ 特殊字符的插入

3.1 网页文本的基本操作

文本是网页中不可缺少的内容之一，是传递给浏览者的最直接的信息元素，它的添加和应用在整个网页设计中发挥着不可替代的作用。

3.1.1 输入文本

在网页中输入文本，可以通过不同的方法来实现。

1．直接输入文本

在网页文档中，将鼠标指针置于要添加文本的位置，切换到相应的输入法后即可进行文本输入，如图 3-1 所示。

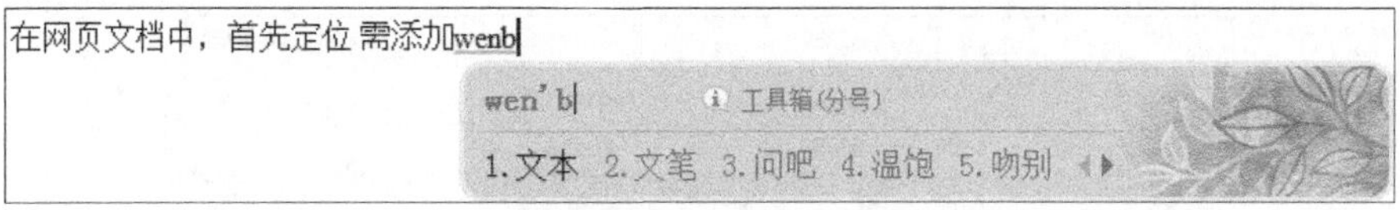

在网页文档中，首先定位 需添加wenb

wen'b 　　　　① 工具箱(分号)

1.文本 2.文笔 3.问吧 4.温饱 5.吻别 ◀▶

图 3-1 直接输入文本

2．复制文本

打开其他包含文本的文档，选中需要复制的文本，单击鼠标右键，并在弹出的快捷菜单中选择【复制】命令，然后返回要插入文本的网页文档，将鼠标指针置于目标位置，单击鼠标右键，并在弹出的快捷菜单中选择【粘贴】命令即可完成文本的复制。

3. 导入文本

Dreamweaver CS6 允许用户将 Word 文档、Excel 工作簿等文档直接导入到网页中，以实现网页文本的快速添加。将鼠标指针置于要添加文本的位置，选择【文件】/【导入】命令，即可在【XML 到模板】【表格式数据】【word 文档】【excel 文档】中选择相应文档类型进行导入。

3.1.2　设置文本属性

文本属性的设置主要有【HTML】和【CSS】两种不同的方式。它们分别以不同的方式来实现对文本的格式设置，两者包含的设置项也有所不同。用户可通过单击属性检查器左侧的 <> HTML 和 CSS 进行切换。

1.【HTML】分类属性检查器

在【HTML】分类属性检查器中可以方便地设置文本的基本属性，包括粗体、斜体、文本缩进等，如图 3 - 2 所示。

图 3 - 2　【HTML】分类属性检查器

【HMTL】分类属性检查器主要包括以下属性。

【格式】：设置所选文本的段落样式。

【类】：设置当前所选择的文本应用的类别样式。

【**B**】：设置以 HTML 的方式将文本加粗。

【*I*】：设置以 HTML 的方式将文本倾斜。

【≔】：为普通文本或标题、段落文本应用项目列表。

【≔】：为普通文本或标题、段落文本应用编号列表。

【≔】：将选择的文本左移一个制表位。

【≔】：将选择的文本右移一个制表位。

【标题】：当选择的文本为链接时，定义当鼠标指针经过该段文本时显示的提示信息。

【ID】：为选定的文本指定 ID 编号标识符，从而可通过脚本或 CSS 样式表对其进行调用、添加行为或定义样式。

【链接】：为选定的文本设置链接地址。

【◉】：链接定位器，用于创建链接。

【▭】：选择链接对象按钮，可以通过弹出的对话框来选择链接的文档。

【目标】：选择被链接文件窗口的打开方式，包括 "_blank""new""_parent""_self" "_top" 5 个选项。

【页面属性】：定义整个文档的属性。

 在 HTML 中标题标签是 <h*></h*>，其中 "*" 的取值为 1~6，标题 1 最大。

2.【CSS】分类属性检查器

通过【CSS】分类属性检查器可以方便地设置文本的大小、颜色和字体等属性，如图 3-3 所示。

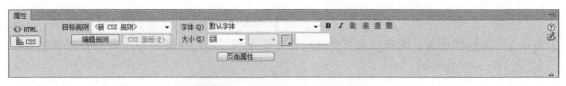

图 3-3　【CSS】分类属性检查器

【CSS】分类属性检查器主要包括以下属性。

【目标规则】：在 CSS 属性检查器中正在编辑的规则。可以通过【目标规则】下拉列表框创建新的 CSS 规则、新的内联样式或将现有类应用于所选文本。

【字体】：设置字体。除现有字体外，还可以添加使用新的字体。

【B】：设置以 CSS 的方式将文本加粗。

【I】：设置以 CSS 的方式将文本倾斜。

【▤】【▤】【▤】【▤】：设置文字的对齐方式，分别对应 "左对齐""右对齐""居中对齐""两端对齐" 4 个选项。

【编辑规则】：打开目标规则的【CSS 规则定义】对话框。如果从【目标规则】下拉列表框中选择了 "新 CSS 规则" 并单击【编辑规则】按钮，则会打开【新建 CSS 规则】对话框。

【CSS 面板】：打开 CSS 面板并在当前视图中显示目标规则的属性。

【大小】：设置字体的大小。可以使用像素值或磅值等定义字体大小。

【▭】：设置字体颜色。可以利用颜色选择器或吸管，也可以直接录入颜色代码。

 使用【CSS】分类属性检查器既可以访问现有样式，也能创建新样式。

3.1.3　课堂案例——网页文本操作

本例通过多种方法实现网页文本操作。具体操作步骤如下：

1. 录入网页文本

（1）打开素材文件 "example \ chapter03 \ index. html"，如图 3-4 所示。

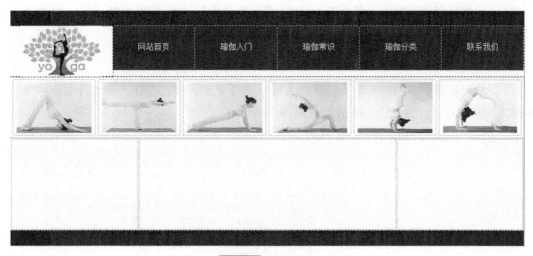

图 3-4　素材主页

（2）定义页脚。将鼠标指针定位到页脚编辑区域，输入文本"版权所有 Copyright 2018 WuYunYoGa All Rights Reserved."，如图 3-5 所示。

版权所有 Copyright 2018 WuYunYoGa All Rights Reserved.

图 3-5　输入文本

（3）复制文本。打开素材文件"example \ chapter03 \ yoga. doc"，选取要复制的文本信息，右击选择【复制】命令或按 <Ctrl + C>组合键。

（4）粘贴文本。返回 Dreamweaver 文档中，将鼠标指针定位到主设计窗口的中间区域，右击选择【粘贴】命令或按 <Ctrl + V>组合键，将文本粘贴到网页文档中，如图 3-6 所示。

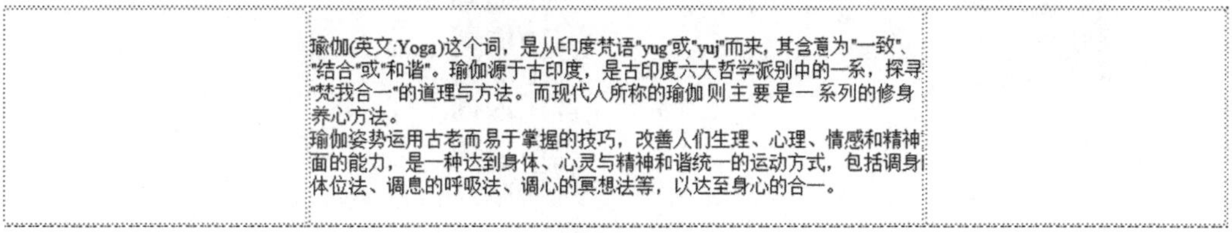

瑜伽(英文:Yoga)这个词，是从印度梵语"yug"或"yuj"而来，其含意为"一致"、"结合"或"和谐"。瑜伽源于古印度，是古印度六大哲学派别中的一系，探寻"梵我合一"的道理与方法。而现代人所称的瑜伽则主要是一系列的修身养心方法。
瑜伽姿势运用古老而易于掌握的技巧，改善人们生理、心理、情感和精神面的能力，是一种达到身体、心灵与精神和谐统一的运动方式，包括调身体位法、调息的呼吸法、调心的冥想法等，以达至身心的合一。

图 3-6　粘贴文本

（5）导入文本。将鼠标指针定位到主设计窗口的左侧位置，执行【文件】/【导入】/【Excel 文档】命令，选择"menu1. xls"文档，完成文本的导入操作，如图 3-7 所示。

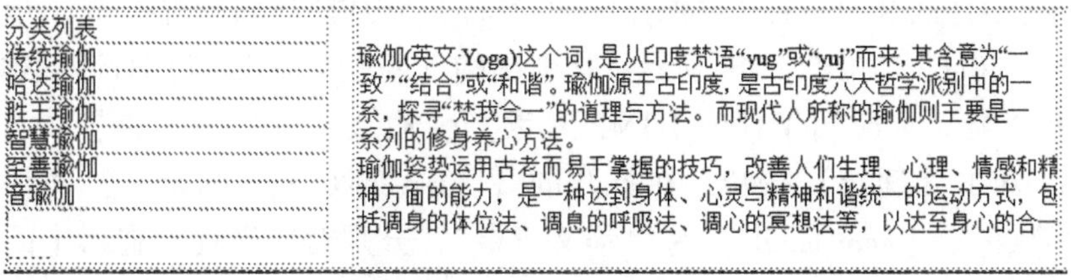

分类列表
传统瑜伽
哈达瑜伽
胜王瑜伽
智慧瑜伽
柔善瑜伽
音瑜伽

瑜伽(英文:Yoga)这个词，是从印度梵语"yug"或"yuj"而来，其含意为"一致"、"结合"或"和谐"。瑜伽源于古印度，是古印度六大哲学派别中的一系，探寻"梵我合一"的道理与方法。而现代人所称的瑜伽则主要是一系列的修身养心方法。
瑜伽姿势运用古老而易于掌握的技巧，改善人们生理、心理、情感和精神方面的能力，是一种达到身体、心灵与精神和谐统一的运动方式，包括调身的体位法、调息的呼吸法、调心的冥想法等，以达至身心的合一

图 3-7　导入 Excel 文本

（6）设置嵌套表格宽度。单击窗口左侧“分类列表”中任意单元格边线，选中整个表格，在属性检查器中设置表格属性【宽】的值为“100”，单位选择“%”。

2. 设置文本格式及属性

（1）设置页面文本属性。单击属性检查器中的【页面属性】按钮，设置【页面字体】为“楷体”，【大小】为“14pt”，效果如图 3－8 所示。

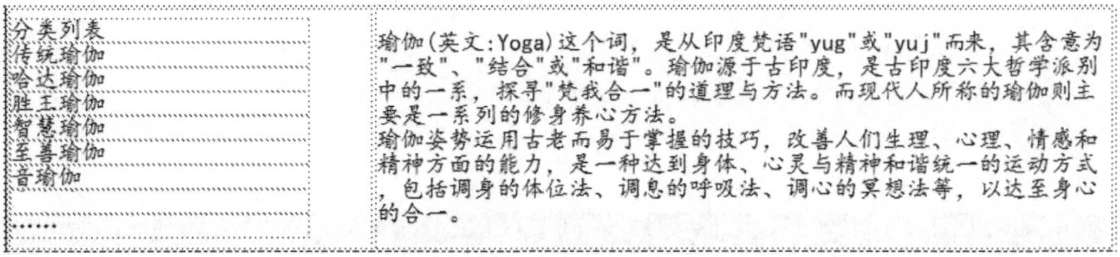

分类列表
传统瑜伽
哈达瑜伽
胜王瑜伽
智慧瑜伽
至善瑜伽
音瑜伽
……
瑜伽(英文:Yoga)这个词，是从印度梵语"yug"或"yuj"而来，其含意为"一致"、"结合"或"和谐"。瑜伽源于古印度，是古印度六大哲学派别中的一系，探寻"梵我合一"的道理与方法。而现代人所称的瑜伽则主要是一系列的修身养心方法。
瑜伽姿势运用古老而易于掌握的技巧，改善人们生理、心理、情感和精神方面的能力，是一种达到身体、心灵与精神和谐统一的运动方式，包括调身的体位法、调息的呼吸法、调心的冥想法等，以达至身心的合一。

图 3－8 设置页面文本属性

小贴士 如果在字体下拉列表中找不到想要的字体样式，可以通过“编辑字体列表”来添加字体。

（2）设置标题。选取左侧列表中的文本“分类列表”，选择属性检查器上的 HTML 按钮，在【格式】中选择“标题 3”，效果如图 3－9 所示。

（3）设置文本样式。选中“分类列表”下的文本“传统瑜伽”，选择【格式】/【样式】/【代码】命令，再选择【格式】/【样式】/【粗体】命令，然后对列表中的其他文本执行同样的操作，效果如图 3－10 所示。

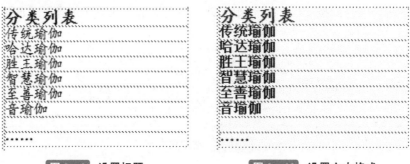

分类列表
传统瑜伽
哈达瑜伽
胜王瑜伽
智慧瑜伽
至善瑜伽
音瑜伽
……

图 3－9 设置标题

分类列表
传统瑜伽
哈达瑜伽
胜王瑜伽
智慧瑜伽
至善瑜伽
音瑜伽
……

图 3－10 设置文本格式

（4）设置特殊文本样式。

选取文档主设计区域中间有关瑜伽介绍的段首词“瑜伽”，然后选择 CSS 按钮，设置文字【大小】为“30pt”，如图 3－11 所示；在弹出的【新建 CSS 规则】对话框中，选择【选择器类型】为“类（可应用于任何 HTML 元素）”，输入【选择器名称】为“. First”，如图 3－12所示，单击【确定】按钮；在打开的【. First 的 CSS 规则定义】对话框中，设置【Color】为“#009”，【Font-family】为“华文行楷”，分别对应属性检查器中的【颜色】和【字体】。属性检查器如图 3－13 所示，效果如图 3－14 所示。

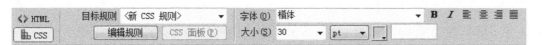

HTML
CSS
目标规则 <新 CSS 规则>
编辑规则
CSS 面板(P)
字体(O) 楷体
大小(S) 30
pt

图 3－11　【CSS】分类属性检查器

新建 CSS 规则
选择器类型:
为 CSS 规则选择上下文选择器类型。
类（可应用于任何 HTML 元素）
选择器名称:
选择或输入选择器名称。
.First
此选择器名称将规则应用于
所有具有类“First”的 HTML 元素。
不太具体
更具体
规则定义:
选择定义规则的位置。
（仅限该文档）
确定
取消
帮助

图 3－12　【新建 CSS 规则】对话框

HTML
CSS
目标规则 .First
编辑规则
CSS 面板(P)
字体(O) 华文行楷
大小(S) 30
pt
#009

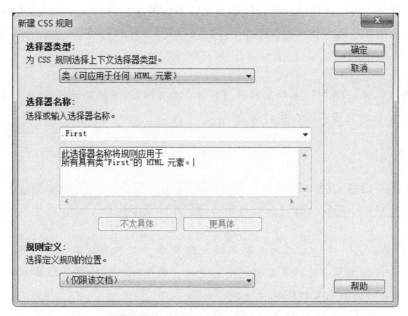

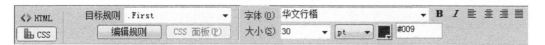

图 3－13　设置特殊文本样式后的【CSS】分类属性检查器

瑜伽(英文:Yoga)这个词，是从印度梵语“yug”或“yuj”而来,其含意为“一致”“结合”或“和谐”。瑜伽源于古印度，是古印度六大哲学派别中的一系，探寻“梵我合一”的道理与方法。而现代人所称的瑜伽则主要是一系列的修身养心方法。
瑜伽姿势运用古老而易于掌握的技巧，改善人们生理、心理、情感和精神方面的能力，是一种达到身体、心灵与精神和谐统一的运动方式，包括调身的体位法、调息的呼吸法、调心的冥想法等，以达至身心的合一。

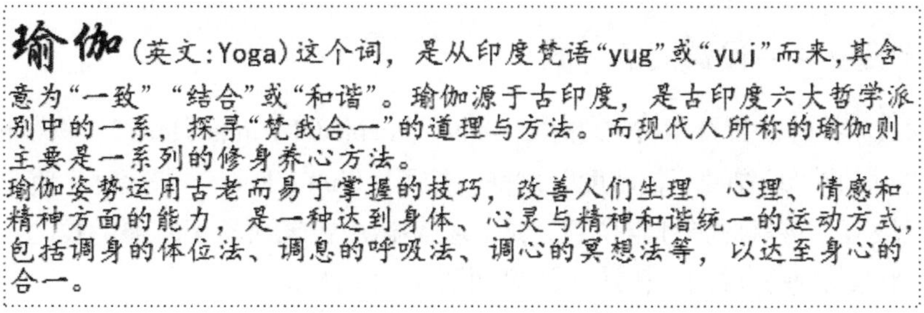

图 3－14　特殊文本样式设置效果

3.2 设置文本换行与段落样式

在 Dreamweaver CS6 中文本输入不会自动换行，当在浏览器中浏览网页时，文本的行数和每行的字符数会随着浏览器的大小变化而改变。如果需要换行或划分段落，则需要进行相应设置。

3.2.1 强制文本换行

1．换行

换行并不代表本段已经完成，而是代表本句完成，另起行进行文本输入。用户将鼠标光标置于目标位置，选择【插入】/【HTML】/【特殊字符】/【换行符】命令，即可插入换行符，完成换行。

 通过选择【插入】浮动面板的【文本】分类列表下的换行符🖳或按下 < Shift +
Enter > 快捷键也可以插入换行符。

2．分段

段落，就是一段格式统一的文本。在文档窗口中，每输入一段文本并按下 < Enter > 键后，就会自动生成一个段落，即段落就是带有硬回车的文字组合。

小贴士 1）换行后，两行文本之间的间距比较紧凑，上下文本属于一个段落；而分段后，上下段落之间会出现不能被删除的空行，段落间距较换行行距要大一些。
2）换行的 HTML 代码是 < br > 标签。
3）分段的 HTML 代码是 < p > </p > 标签。

3.2.2 设置段落对齐

段落文本的对齐在网页布局中十分重要。Dreamweaver CS6 为用户提供了"左对齐"▤、"居中对齐"▤、"右对齐"▤和"两端对齐"▤ 4 种对齐方式。

3.2.3 课堂案例——设置段落样式

（1）设置文本换行。打开素材文件"example \ chapter03 \ index. html"，将鼠标指针定位到主设计窗口中间区域"瑜伽源于古印度"之前，按下 < Shift + Enter > 快捷键，使文本换行。

（2）设置段落。将鼠标指针定位到"瑜伽姿势运用古老而易于掌握的技巧"之前，按下 < Enter > 键，将文本划分成两个段落，效果如图 3 - 15 所示。

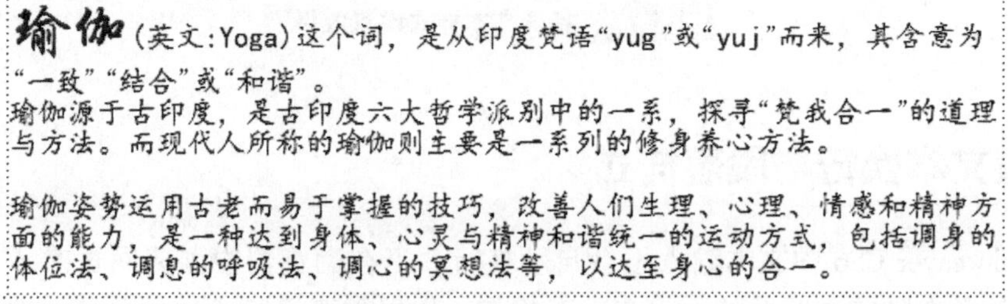

瑜伽（英文:Yoga）这个词，是从印度梵语"yug"或"yuj"而来，其含意为"一致""结合"或"和谐"。
瑜伽源于古印度，是古印度六大哲学派别中的一系，探寻"梵我合一"的道理与方法。而现代人所称的瑜伽则主要是一系列的修身养心方法。

瑜伽姿势运用古老而易于掌握的技巧，改善人们生理、心理、情感和精神方面的能力，是一种达到身体、心灵与精神和谐统一的运动方式，包括调身的体位法、调息的呼吸法、调心的冥想法等，以达至身心的合一。

图 3 - 15 设置换行和分段的效果

（3）设置段落文本的对齐方式。将鼠标指针定位到页脚处的文本中，单击属性检查器中的按钮≡，即可设置页脚文本为居中对齐，效果如图 3 - 16 所示。

版权所有 Copyright 2018 WuYunYoGa All Rights Reserved.

图 3 - 16 设置段落文本为居中对齐的效果

小贴士 进入代码或拆分窗口进行设计时，使用 < p > 标签的 align 属性同样可以设置段落的对齐方式。如 "< p align = "center" > 版权所有 Copyright 2018 WuYunYoGa All Rights Reserved. </p >"。

3.3 创建列表

列表是将具有相似特性或某种顺序的文本进行有规则排列的一种方式，是网页中最常见的文本排列方式，常用于为文档设置自动编号、项目符号等格式信息。

3.3.1 创建定义列表

定义列表也称作列表，因为它的格式同字典类似。在定义列表中，每个列表项都带有一个缩进的字段，就好像字典中对文字进行解释一样。

选取需要创建定义列表的段落文本，选择【格式】/【列表】/【定义列表】命令，即可创建一个定义列表，效果如图 3 - 17 所示。

列表
  是一种数据项构成的有限序列，即按照一定的线性顺序，排列而成的数据项的集合，在这种数据结构上进行的基本操作包括对元素的查找、插入和删除。

图 3 - 17 创建定义列表的效果

小贴士 通过【插入】浮动面板【文本】分类列表下的【定义列表】也可以创建定义列表。

3.3.2 创建项目列表

项目列表一般用项目符号作为前导字符，各列表项之前的项目符号相同，各列表项之间是平行的关系。

选取需要创建项目列表的段落文本，选择【格式】/【列表】/【项目列表】命令，即可创建一个项目列表，效果如图 3 - 18 所示。

- 列表是一种数据项构成的有限序列，即按照一定的线性顺序，排列而成的数据项的集合，
- 在这种数据结构上进行的基本操作包括对元素的查找、插入和删除。
- 以表格为容器，装载着文字或图表的一种形式，叫列表。
- 在互联网发展的同时，还衍生了一种在以网上形式发表的列表。简称"网表"。
- <数据结构术语>数据结构中的列表一般指线性列表的简称·

图 3 - 18 创建项目列表的效果

小贴士 通过【插入】浮动面板【文本】分类列表下的【项目列表】或单击属性检查器上的 ≡ 按钮也可以创建项目列表。

3.3.3 创建编号列表

编号列表通常有数字前导字符，这些字符可以是英文字母、阿拉伯数字，也可以是罗马数字等。

选取需要创建编号列表的段落文本，选择【格式】/【列表】/【编号列表】命令，即可创建一个编号列表，效果如图 3 - 19 所示。

小贴士 1）默认的项目列表前导字符为实心圆点；默认的编号列表前导字符为阿拉伯数字，并且从 1 开始计数。

2）通过【插入】浮动面板【文本】分类列表下的【编号列表】或单击属性检查器上的 ≡ 按钮也可以创建编号列表。

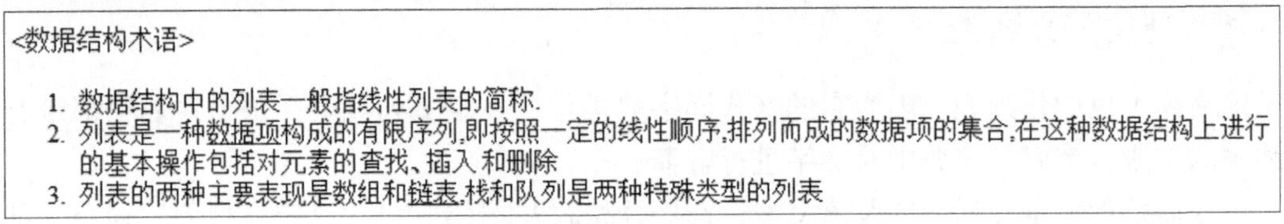

<数据结构术语>

1. 数据结构中的列表一般指线性列表的简称.
2. 列表是一种数据项构成的有限序列,即按照一定的线性顺序,排列而成的数据项的集合,在这种数据结构上进行的基本操作包括对元素的查找、插入和删除
3. 列表的两种主要表现是数组和链表,栈和队列是两种特殊类型的列表

图 3 - 19 创建编号列表的效果

3.3.4 设置列表样式

在创建了项目列表或编号列表后，如果需要改变列表样式，可以将鼠标指针定位到任意一个项目列表或编号列表的段落中，选择【格式】/【列表】/【属性】命令，打开【列表属性】对话框，如图 3 - 20 所示。

图 3 - 20 【列表属性】对话框

1. 设置项目列表样式

在【列表属性】对话框中，【列表类型】选择"项目列表"，在【样式】下拉列表中选

择"正方形",如图 3-21 所示。

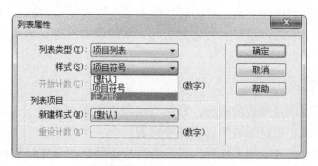

图 3-21 设置项目列表样式

通过【列表属性】/【列表项目】可以更改当前鼠标指针所在列表项的项目符号样式。

2. 设置编号列表样式

在【列表属性】对话框中,【列表类型】选择"编号列表",在【样式】下拉列表中选择"大写罗马字母",【开始计数】输入"1",如图 3-22 所示。

图 3-22 设置编号列表样式

1)如果没有设置【开始计数】,则系统默认从"1"开始。

2)选择要改变样式的编号列表项目,通过【列表属性】/【新建样式】为编号列表中的列表项指定新的样式时,插入点所在行及其后的行都会使用新的编号列表样式,并以【重新计数】文本框中的指定值开始重新编号。

3)通过单击属性检查器上的【列表项目】按钮来也可以打开【列表属性】对话框。

3.3.5 设置文本缩进格式

1. 设置文本缩进

与其他文字处理软件不同,Dreamweaver CS6 中的缩进是左右两端同时缩进的,而且每一级缩进的距离都是固定的。若要实现 Word 中的段落缩进格式,则需要通过其他方式来实现。

在 Dreamweaver CS6 中，段落缩进包括增加段落缩进和减少段落缩进两种。

选中需要设置段落缩进的文本，单击属性检查器左侧的 <> HTML 按钮，切换到【HTML】分类属性检查器中，单击缩进按钮 ，可增加所选文本的段落缩进；单击凸出按钮 ，即可减少所选文本的段落缩进。

2．设置嵌套列表

利用文本缩进可以设置列表的嵌套，即在当前列表中再创建列表。既可以在编号列表中嵌套项目列表，也可以在项目列表中嵌套编号列表。

选中需要设置段落缩进的列表项目，单击属性检查器中的缩进按钮 ，使指定列表向右缩进并创建一个单独的列表，以形成不同级的子列表项。然后，对缩进的文本应用新的列表样式或类型即可，效果如图 3 - 23 所示。

 通过选择【格式】/【缩进】命令，也可以创建嵌套列表。

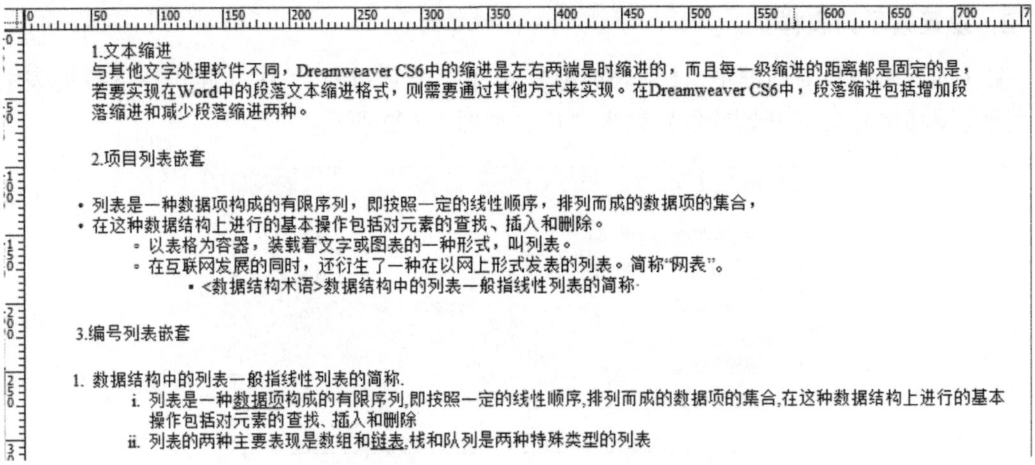

```
1.文本缩进
与其他文字处理软件不同，Dreamweaver CS6中的缩进是左右两端是时缩进的，而且每一级缩进的距离都是固定的是，
若要实现在Word中的段落文本缩进格式，则需要通过其他方式来实现。在Dreamweaver CS6中，段落缩进包括增加段
落缩进和减少段落缩进两种。

2.项目列表嵌套

• 列表是一种数据项构成的有限序列，即按照一定的线性顺序，排列而成的数据项的集合，
• 在这种数据结构上进行的基本操作包括对元素的查找、插入和删除。
    ◦ 以表格为容器，装载着文字或图表的一种形式，叫列表。
    ◦ 在互联网发展的同时，还衍生了一种在以网上形式发表的列表。简称"网表"。
        ▪ <数据结构术语>数据结构中的列表一般指线性列表的简称·

3.编号列表嵌套

1. 数据结构中的列表一般指线性列表的简称.
    i. 列表是一种数据项构成的有限序列,即按照一定的线性顺序,排列而成的数据项的集合,在这种数据结构上进行的基本
       操作包括对元素的查找、插入和删除
    ii. 列表的两种主要表现是数组和链表,栈和队列是两种特殊类型的列表
```

图 3 - 23 设置文本缩进和嵌套列表的效果

3.3.6 课堂案例——创建段落与列表

（1）设置段落。打开素材文件"example\chapter03\index.html"，将鼠标指针定位到主设计窗口中间区域段首词"瑜伽"之后，按下 < Enter > 键，创建两个新的段落，效果如图 3 - 24 所示。

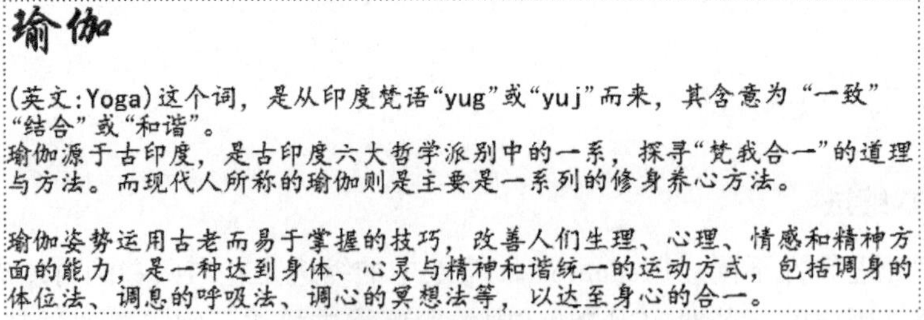

瑜伽

(英文:Yoga)这个词，是从印度梵语"yug"或"yuj"而来，其含意为"一致"
"结合"或"和谐"。
瑜伽源于古印度，是古印度六大哲学派别中的一系，探寻"梵我合一"的道理
与方法。而现代人所称的瑜伽则是主要是一系列的修身养心方法。

瑜伽姿势运用古老而易于掌握的技巧，改善人们生理、心理、情感和精神方
面的能力，是一种达到身体、心灵与精神和谐统一的运动方式，包括调身的
体位法、调息的呼吸法、调心的冥想法等，以达至身心的合一。

图 3 - 24 创建新段落的效果

（2）创建定义列表。选中刚刚创建的两个段落，选择【插入】/【HTML】/【文本对象】/【定义列表】命令，效果如图 3 - 25 所示。

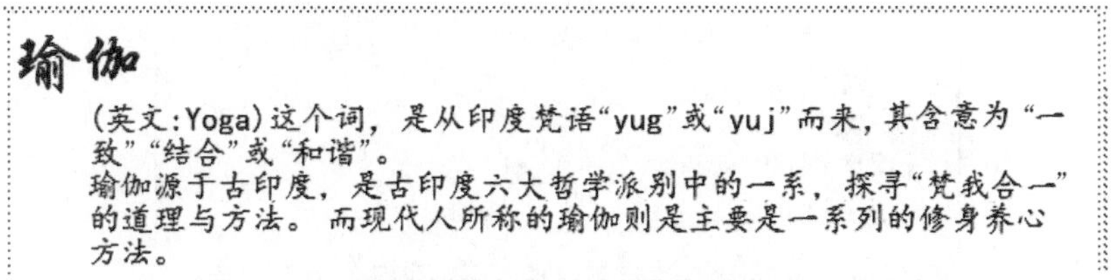

瑜伽

(英文：Yoga) 这个词，是从印度梵语 "yug" 或 "yuj" 而来，其含意为 "一致" "结合" 或 "和谐"。
瑜伽源于古印度，是古印度六大哲学派别中的一系，探寻 "梵我合一" 的道理与方法。而现代人所称的瑜伽则是主要是一系列的修身养心方法。

图 3 - 25　创建定义列表的效果

（3）设置文本和段落。将主设计窗口中间区域中的第三个段落设置为多个段落，并在主设计窗口右侧区域中输入几段文本，效果如图 3 - 26 所示。

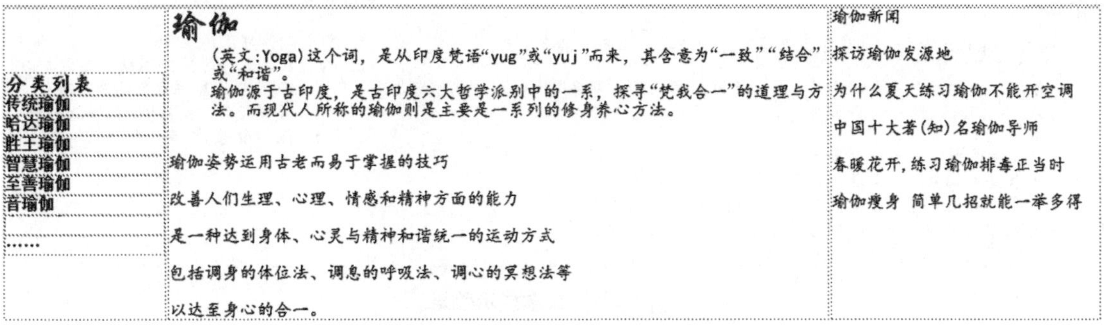

瑜伽

(英文：Yoga) 这个词，是从印度梵语 "yug" 或 "yuj" 而来，其含意为 "一致" "结合" 或 "和谐"。
瑜伽源于古印度，是古印度六大哲学派别中的一系，探寻 "梵我合一" 的道理与方法。而现代人所称的瑜伽则是主要是一系列的修身养心方法。

分类列表
传统瑜伽
哈达瑜伽
胜王瑜伽
智慧瑜伽
至善瑜伽
昔瑜伽
……

瑜伽姿势运用古老而易于掌握的技巧

改善人们生理、心理、情感和精神方面的能力

是一种达到身体、心灵与精神和谐统一的运动方式

包括调身的体位法、调息的呼吸法、调心的冥想法等

以达至身心的合一。

瑜伽新闻
探访瑜伽发源地
为什么夏天练习瑜伽不能开空调
中国十大著(知)名瑜伽导师
春暖花开，练习瑜伽排毒正当时
瑜伽瘦身 简单几招就能一举多得

图 3 - 26　设置文本和段落的效果

（4）创建项目列表。选中主设计窗口中间区域中新建的段落，单击属性检查器中的项目列表按钮，创建新的项目列表，效果如图 3 - 27 所示。

（5）创建编号列表。选中主设计窗口右侧区域中 "瑜伽新闻" 下的所有段落，单击属性检查器中的编号列表按钮，创建新的编号列表，效果如图 3 - 28 所示。

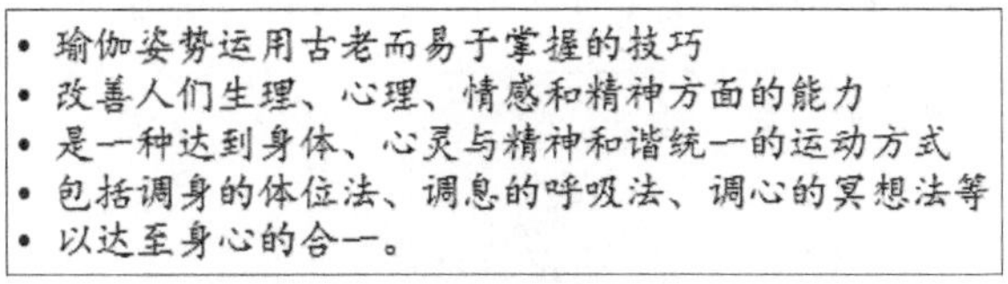

- 瑜伽姿势运用古老而易于掌握的技巧
- 改善人们生理、心理、情感和精神方面的能力
- 是一种达到身体、心灵与精神和谐统一的运动方式
- 包括调身的体位法、调息的呼吸法、调心的冥想法等
- 以达至身心的合一。

图 3 - 27　创建项目列表的效果

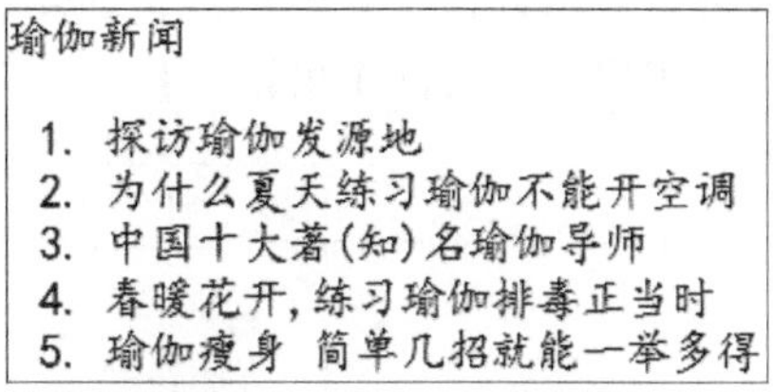

瑜伽新闻
1. 探访瑜伽发源地
2. 为什么夏天练习瑜伽不能开空调
3. 中国十大著(知)名瑜伽导师
4. 春暖花开，练习瑜伽排毒正当时
5. 瑜伽瘦身 简单几招就能一举多得

图 3 - 28　创建编号列表的效果

（6）创建嵌套列表。将鼠标指针放在 2 级项目列表或编号列表文本的任意位置，单击属性检查器上的缩进按钮，完成文本的缩进，然后应用新的列表样式即可。

（7）修改列表样式。将鼠标指针定位到编号列表的第 3 项，单击属性检查器上的【列表项目】按钮，打开【列表属性】对话框，选择【样式】为 "大写罗马字母"，如图 3 - 29 所示，单击【确定】按钮。

列表属性
列表类型(T): 编号列表
样式(S): 大写罗马字母 (I, I
开始计数(C): (数字)
列表项目
新建样式(N): [默认]
重设计数(R): (数字)
确定
取消
帮助

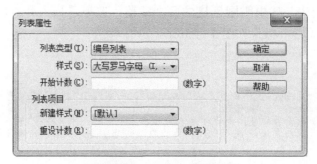

图 3－29　设置编号列表样式

（8）按下 <F12> 键预览网页，文本显示效果如图 3－30 所示。

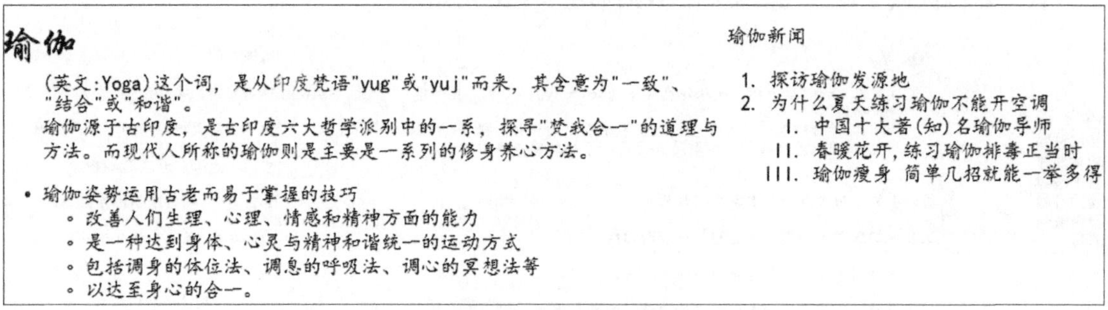

瑜伽
(英文:Yoga)这个词，是从印度梵语"yug"或"yuj"而来，其含意为"一致"、"结合"或"和谐"。
瑜伽源于古印度，是古印度六大哲学派别中的一系，探寻"梵我合一"的道理与方法。而现代人所称的瑜伽则是主要是一系列的修身养心方法。
• 瑜伽姿势运用古老而易于掌握的技巧
◦ 改善人们生理、心理、情感和精神方面的能力
◦ 是一种达到身体、心灵与精神和谐统一的运动方式
◦ 包括调身的体位法、调息的呼吸法、调心的冥想法等
◦ 以达至身心的合一。
瑜伽新闻
1. 探访瑜伽发源地
2. 为什么夏天练习瑜伽不能开空调
I. 中国十大著(知)名瑜伽导师
II. 春暖花开，练习瑜伽排毒正当时
III. 瑜伽瘦身 简单几招就能一举多得

图 3－30　文本显示效果

3.4 插入日期

Dreamweaver CS6 提供了一个方便的日期对象，该对象可以以任何格式插入当前的日期，并可在每次保存文件时自动更新该日期。

将鼠标指针置于目标位置，选择【插入】/【日期】命令，系统会弹出【插入日期】对话框，用户在对话框中可以选择【星期格式】【日期格式】【时间格式】，如图 3－31 所示。

插入日期
星期格式: Thursday,
日期格式: 74/3/7
1974年3月7日
03/07/1974
3/7/74
1974-03-07
7/3/74
时间格式: [不要时间]
储存时自动更新
确定
取消
帮助

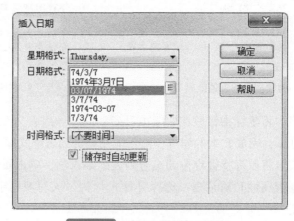

图 3－31　【插入日期】对话框

> **小贴士** 当选中【存储时自动更新】复选按钮后，文档在每次保存时都会更新所添加的日期。

3.5 插入水平线

在网页中，水平线是一种元素。在组织信息时，可以以可视的方式用一条或多条水平线来分隔文本和对象，进而使网页层次分明，为网页增添光彩。

将鼠标指针置于目标位置，选择【插入】/【HTML】/【水平线】命令，在目标位置插入一条水平线，效果如图 3－32 所示。选中水平线，可以通过属性检查器对水平线进行属性设置，如图 3－33 所示。

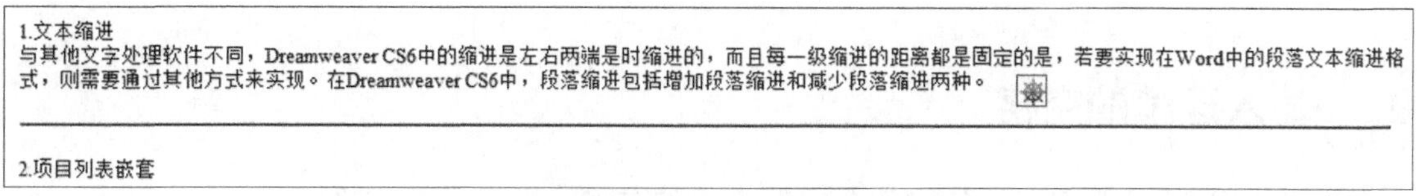

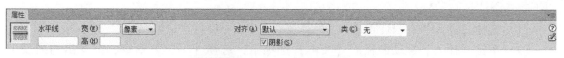

1.文本缩进
与其他文字处理软件不同，Dreamweaver CS6中的缩进是左右两端是时缩进的，而且每一级缩进的距离都是固定的是，若要实现在Word中的段落文本缩进格式，则需要通过其他方式来实现。在Dreamweaver CS6中，段落缩进包括增加段落缩进和减少段落缩进两种。
2.项目列表嵌套

图 3－32　插入水平线的效果

属性
水平线
宽(W)
像素
高(H)
对齐(A) 默认
阴影(S)
类(C) 无

图 3－33　【水平线】属性检查器

【水平线】属性检查器主要包括以下属性。

【ID】：设置水平线的 ID。

【宽】：设置水平线的宽度，单位为“像素”或“百分比”。

【高】：设置水平线的高度，单位为“像素”。

【对齐】：设置水平线在页面中的对齐方式，包括“默认”“左对齐”“居中对齐”“右对齐”4 个选项。

【阴影】：设置水平线是否显示阴影效果，默认状态为显示阴影效果。

【类】：为水平线指定一个 CSS“类”样式，以修饰外观显示效果。

3.6 插入特殊字符

在网页制作过程中，用户除了可以插入通过键盘输入的符号外，还可以插入一些通过键盘无法直接输入的特殊符号。

将鼠标指针置于目标位置，选择【插入】/【HTML】/【特殊字符】/【其他字符】命令，系统会弹出【插入其他字符】对话框，如图 3－34 所示，用户选择相应的字符即可在目标位置插入一个特殊字符。

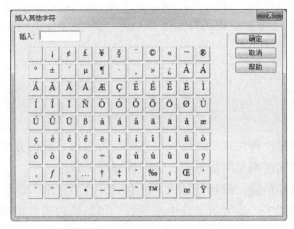

图 3-34　【插入其他字符】对话框

3.7 输入连续的空格

如果使用 Word 等文字处理软件在文档中添加空格，则只需按空格键直接输入即可。但在 Dreamweaver CS6 中，HTML 文档只允许输入一个半角的空字符，若需多个空格，可以通过以下方式添加。

（1）选择【插入】/【HTML】/【特殊字符】/【不换行空格】命令。

（2）单击【插入】浮动面板的【文本】选项卡，选择【字符】命令，在弹出的列表中选择【不换行空格】。

（3）按下 < Ctrl + Shift + Space > 快捷键插入。

3.8 课堂案例——插入其他文本

（1）打开素材文件"example \ chapter03 \ index. html"。

（2）插入日期。将鼠标指针定位到网页顶部黑色背景区域位置，选择【插入】/【日期】命令，在弹出的【插入日期】对话框中设置【星期格式】【日期格式】及【时间格式】，选中【存储时自动更新】复选按钮，单击【确定】按钮，对话框如图 3 - 35 所示。网页效果如图 3 -36 所示。

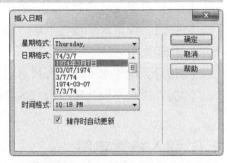

图 3 - 35　【插入日期】对话框

图 3 - 36　插入日期的效果

（3）插入水平线。将鼠标指针定位到"瑜伽新闻"文本之后，选择【插入】/【HTML】/【水平线】命令，即可在网页指定位置添加一条默认为灰色的水平线，效果如图 3-37 所示。选中水平线，在属性检查器中设置水平线【宽】为"75%"，【高】为"2"，【对齐】为"居中对齐"，如图 3-38 所示。

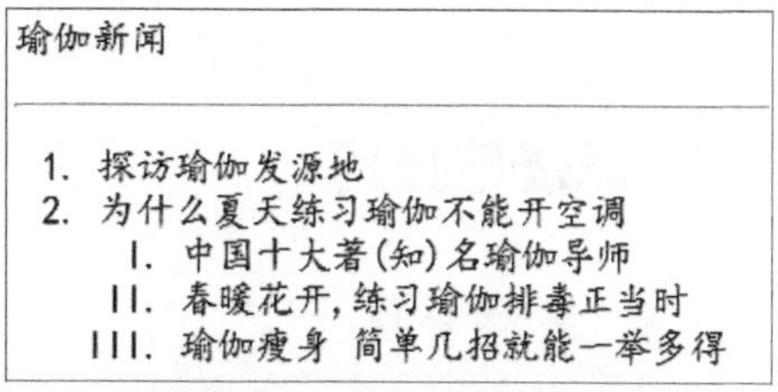

图 3-37　插入水平线的效果

图 3-38　设置水平线的属性

（4）设置水平线的颜色。选中水平线，选择【窗口】/【标签检查器】命令，展开【浏览器特定的】中【color】右侧的色块选取水平线的颜色，如图 3-39 所示。网页效果如图 3-40 所示。

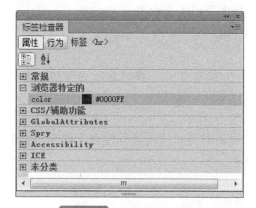
图 3-39　设置水平线颜色

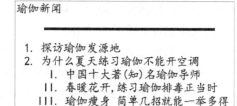
图 3-40　查看水平线颜色

> 小贴士　在设计窗口无法查看水平线的颜色效果，需要在浏览窗口查看。

（5）插入特殊字符。将鼠标指针定位到网页底部"Copyright"文本之后，选择【插入】/【HTML】/【特殊字符】/【版权】命令，效果如图 3-41 所示。

版权所有 Copyright© 2018 WuYunYoGa All Rights Reserved.

图 3-41　插入特殊字符的效果

（6）插入不换行空格。将鼠标指针定位到"瑜伽源于古印度"文本的前面，两次执行【插入】/【HTML】/【特殊字符】/【不换行空格】命令，即可在网页指定位置插入了两个不换行空格，效果如图 3-42 所示。

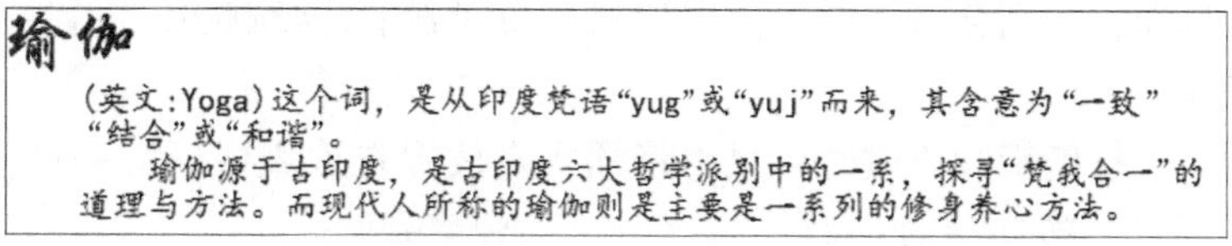

瑜伽
（英文:Yoga）这个词，是从印度梵语"yug"或"yuj"而来，其含意为"一致""结合"或"和谐"。
　　瑜伽源于古印度，是古印度六大哲学派别中的一系，探寻"梵我合一"的道理与方法。而现代人所称的瑜伽则是主要是一系列的修身养心方法。

图 3-42　插入不换行空格的效果

3.9 答疑与技巧

3.9.1 疑问解答

Q1：网页显示乱码怎么办？

A1：在预览所做的网页时，网页中显示的文本有时是一些乱码，这是因为在设计网页时没有指明网页所使用的编码。用户可以通过在 < head > </head >标签中添加代码" < meta http-equiv = "Content-Type" content = "text/html；charset = Utf-8"/ > "来解决。

Q2：在网页中输入文本时为什么不能输入多个连续空格？

A2：在网页设计中不允许输入多个空字符，最多只能输入一个半角的空字符。如果需要输入多个连续空字符，可以选择【编辑】/【首选参数】，在打开的【首选参数】对话框中的【分类】选项卡上选择【常规】，在右侧【编辑选项】中选择"允许多个连续的空格"复选按钮即可。或者将输入法切换到全角输入状态，同样可以实现操作。

Q3：在【设计】视图中输入了半角的" < "和" > "两个符号，在【代码】视图中却看不到，为什么？

A3：Dreamweaver CS6【设计】视图中输入了半角的" < "和" > "符号后，系统会自动以 HTML 代码进行转换，即分别用"<"和">"替代。

Q4：网页中的注释有什么作用？

A4：为网页添加注释语句可以方便源代码编写者对页面代码进行检查、整理和维护。注释语句只在代码窗口显示，并不在浏览器窗口显示。

Q5：在网页中使用字体时应注意什么问题？

A5：1）字体样式不要太多，否则网页会显得杂乱无章。

2）不要使用不易识别的字体，否则会影响阅读感受。

3）字体和网页内容的气氛要匹配，网页才会协调统一。

3.9.2 常用技巧

S1：快速插入空格

除使用特殊字符的方法来插入空格外，还有一种简便的方法，即将输入法切换到中文状态，然后按 < Shift + Space >组合键，切换到中文全角状态，便可连续插入多个空格。这时插入的一个空格的宽度相当于一个字符的宽度，也相当于其他方法插入 4 个" "代码符号的宽度。

S2：添加字体

在【编辑字体列表】中每添加一种字体后，一定要单击一下 + 按钮，使【字体列表】列表框中包含一个选项，否则会将多个字体添加到一项列表中，影响字体设置效果。

S3：列表操作

当需要对列表进行编辑和修改时，只需将插入点放置在列表中任意一处，即可将属性检查器中的【列表项目】按钮激活。

S4：文字相比于图像更具吸引力

在用户浏览网站时，能够直接吸引用户目光的并不一定是图像。多数通过单击进入网站的用户，其目的是搜索有用的信息。因此，突显信息板块是网站设计的关键。

S5：避免呈现大块的文本

网络用户一般很少会花费大量时间去阅读大块的文本。因此，无论文本内容有多重要还是写得多好，设计者必须将大文本分解为若干小段落，突出重要的地方，或通过添加其他对象来吸引用户的注意力。

S6：设置背景图像不滚动

按 < F10 > 键或文档工具栏上的【代码】按钮，找到 < body > 标签，如" < body background = "imgages/bg. jpg" > "，在 < body > 标签的" > "前输入空格并添加"bgproperties = "fixed""即可。

3.10 课后实践——制作西餐网页

1. 打开文件

打开素材文件"example \ chapter03 \ xican. html"和"example \ chapter03 \ 烹饪方法. doc"。

2. 输入文本

（1）将鼠标指针置于"xican. html"设计页面右侧名为"cd"的表格的第一行单元格中，输入"法式洋葱汤/French onion soup"，在其下面的单元格中依次输入"准备时间：15min 烹饪时间：1 ~ 2h""难度：中难""食用人数：3 人""使用工具：汤锅"及"50"等信息，如图 3 - 43 所示。

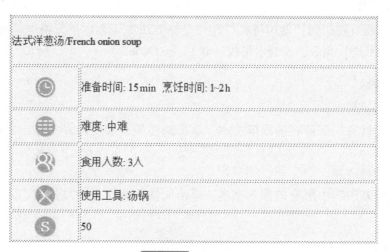

图 3 - 43　输入文本

（2）将鼠标指针置于设计页面下方名为"main"的表格的第一行，在两个单元格中分别输入"使用材料"和"烹饪方法"。

（3）将"烹饪方法.doc"文档中关于"使用材料"和"烹饪方法"的详细信息复制到指定位置，如图3－44所示。

使用材料	烹饪方法
洋葱（去皮，切丝）1千克	烤箱温度调至上下90℃。
八角2个	加入约80g橄榄油进奶锅加热，然后放入洋葱丝和八角，改成中火，直到将洋葱软并变成金黄色。
黄油20g	
白葡萄酒150g	黄油和牛肉汤（另加25g水）加进炒好的洋葱里面，炒几下，混合均匀，煮开，盖上盖放入预热好的烤箱里面，烤约1~2h，要每隔30~40min拿出搅拌几下，防止糊锅底。
牛肉汤1kg	
马德拉白葡萄酒15g.	之后，将奶锅从烤箱拿出，将八角丢掉，奶锅放到灶台上，大火加热，放入白葡萄酒，直到酒精挥发掉（2~3min），加入马德拉白葡萄酒和雪梨酒醋，再次煮约2~3min，然后关火，用盐和胡椒粉调味，也可以根据味道在加入一些马德拉白葡萄酒和雪梨酒醋。
雪梨酒醋8g	
盐和黑胡椒粉调味	

图3－44 插入文本

3．插入特殊字符

（1）将鼠标指针定位到"烹饪时间"之前，按下 < Shift + Enter > 快捷键插入换行符。

（2）将鼠标指针定位到"法式洋葱汤/French onion soup"表格最后一行文本"50"之后，选择【插入】／【HTML】／【特殊字符】／【英磅符号】命令，插入特殊字符"£"。

（3）将鼠标指针定位到"使用材料"文本之前，连续4次按下"Ctrl + Shift + Space"快捷键，插入4个不换行空格；然后在"烹饪方法"文本前进行同样的操作。

4．插入水平线

分别将鼠标指针定位到"使用材料"和"烹饪方法"下面的单元格中，选择【插入】／【HTML】／【水平线】命令，设置水平线【宽】为"90%"。

5．制作列表

（1）制作项目列表

选中"使用材料"下所有的段落文本，单击属性检查器上的▤按钮，完成项目列表的制作。

（2）制作编号列表

选中"烹饪方法"下所有的段落文本，单击属性检查器上的▤按钮，完成编号列表的制作。

6．修饰文本

将属性检查器切换到 <> HTML 面板，执行以下操作。

（1）选中"法式洋葱汤/French onion soup"文本，在属性检查器的【格式】下拉列表中选择"标题1"。

（2）分别选中"15min""1～2h""中难""3 人""汤锅"及"50£"文本，单击属性检查器上的 $\boxed{\text{B}}$ 按钮，设置文本为粗体。

（3）分别选中"使用材料"和"烹饪方法"文本，在属性检查器的【格式】下拉列表中选择"标题 2"。

7. 预览网页

按下＜F12＞键预览网页，网页效果如图 3－45 所示。

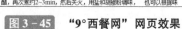

图 3－45　"9°西餐网"网页效果

第4章
04

使用 CSS 样式美化网页

本章学习要点

➤ CSS 基础知识
➤ 创建 CSS 样式
➤ 管理 CSS 样式
➤ 应用 CSS 样式

4.1 认识 CSS 样式

CSS（Cascading Style Sheets）样式即层叠样式表，能够控制网页样式、统一站点风格，并允许网页样式与内容相分离。通过使用 CSS 样式，能够省去许多重复性的格式设置，使用户可以很轻松地设置网页元素的显示格式和位置，从而提高网页的整体美观。

4.1.1 认识【CSS 样式】面板

选择【窗口】/【CSS 样式】命令，打开【CSS 样式】面板，如图 4-1 所示。在【CSS 样式】面板中会显示当前网页中所有 CSS 样式的列表，包括内部样式表和外部链接样式表。

图 4-1　【CSS 样式】面板

【CSS 样式】面板主要包括以下属性。

【全部】：切换到所有（文档）。显示当前网页中所有 CSS 样式规则信息。

【当前】：切换到当前选择模式。显示当前选择的网页元素的 CSS 样式。

【▤】：显示类别视图。以分类的方式显示所有 CSS 样式的属性。

【Az↓】：显示列表视图。以字母列表顺序显示 Dreamweaver CS6 所支持的所有属性，已设置的属性将出现在列表顶部。

【**↓】：只显示设置属性。仅显示当前选择的网页元素已设置的属性。

【🔗】：附加样式表。添加外部 CSS 样式链接。

【🗗】：新建 CSS 规则。创建新的 CSS 样式。

【✏】：编辑样式。编辑当前选择的 CSS 样式。

【🚫】：禁用或启用 CSS 属性。禁用或启用选择的 CSS 样式的某个属性。

【🗑】：删除 CSS 规则。删除当前选择的 CSS 样式。

 通过按 < Shift + F11 > 快捷键也可以打开【CSS 样式】面板。

4.1.2　CSS 样式分类

CSS 是一种应用于网页的标签语言，它的作用是为 HTML、XHTML 及 XML 等标签语言提供样式描述。当浏览器读取网页文档时，会同时加载相对应的 CSS 样式，网页就会以样式描述的格式进行显示。

根据 CSS 样式存放的位置及其应用范围，CSS 样式可分为以下三种。

1. 外部 CSS 样式

外部 CSS 样式是一种独立的 CSS 样式，是一系列存储在一个单独 CSS 文件（扩展名为".css"的文件）中的 CSS 规则。利用文档头部中的链接，该文件可以被链接到 Web 站点中的一个或多个页面。

2. 内部 CSS 样式

内部 CSS 样式是一系列包含在 HTML 文档头部的 < style > 标签内的 CSS 规则。

3. 内联 CSS 样式

内联 CSS 样式是在标签的特定实例中在整个 HTML 文档内定义的样式。

4.1.3　CSS 基本语法

CSS 样式设置规则由两部分组成：选择器和声明。选择器用于指定 CSS 样式作用的 HTML 对象，而声明则用于定义样式元素。以下分别是在【CSS 样式】面板和在代码视图窗口中显示的 CSS，如图 4 - 2 和图 4 - 3 所示。其中，"body" ". txt" 是选择器，括号 "｛｝" 内的所有内容都是声明。

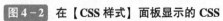

图 4-2 在【CSS 样式】面板显示的 CSS　　图 4-3 在代码视图窗口中显示的 CSS

声明由属性和值两部分组成，中间使用半角英文下的冒号 ":" 分隔。例如图 4-3 所示 "body" 选择器中的 "background-color" 是属性，"#ecf5f6" 是值，该规则定义了网页背景颜色为 "#ecf5f6"。

> **小贴士** 如果用户使用代码编写声明，可根据需要为其命名。编写时应注意，在同时设置同一级别下的多个属性时，应用分号 ";" 以结束单个效果，例如下列编码。
>
> ```
> < head >
> < style type = "text/css" >
> .txt {color: #FFF; background - color: #39C; font - size: 18px; line -
> height: 15px;}
> < /style >
> < /head >
> ```

4.2 创建 CSS 样式

单击【CSS 面板】右下角的 按钮，弹出【新建 CSS 规则】对话框，如图 4-4 所示。在【选择器类型】下拉列表框中共有 4 个选项可以对创建的 CSS 样式进行设置，分别是【类】【ID】【标签】和【复合内容】。

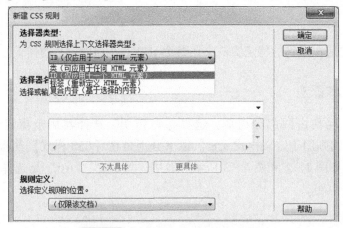

图 4-4 【新建 CSS 规则】对话框

（1）【类】：可用于 HTML 中的任何元素。定义该样式时，需在【选择器名称】中使用
"."进行标识，其后紧跟【类】名，【类】名即为 HTML 元素的 class 属性值。在某些局部文
本中需要其他样式时可以使用【类】。例如，选择器名为".txt"的【类】CSS 规则定义如
图 4-5 所示，在 < Div > 标签中应用的代码及网页显示效果如图 4-6 所示。

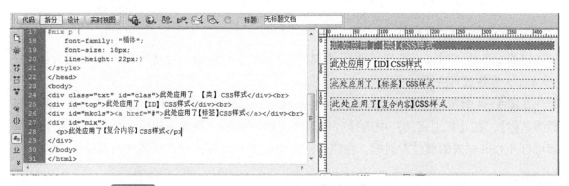

图 4-5　CSS 规则定义

图 4-6　CSS 规则定义在 < Div > 标签中应用的代码及网页显示效果

> 小贴士　【类】CSS 样式可以为元素对象定义单独或相同的样式。【类】名的第一个字符
> 不能使用数字，并且严格区分大小写，一般采用小写的英文字符。

（2）【ID】：只能应用于唯一的标签，并且该标签的 ID 也是唯一的。该样式使用 "#"
进行标识，其后紧跟【ID】名，【ID】名为 HTML 元素的 ID 属性值。例如，选择器名为
"#top"的【ID】CSS 规则定义如图 4-5 所示，在 < Div > 标签中应用的代码及网页显示效
果图 4-6 所示。

（3）【标签】：用于重新定义某个 HTML 标签的格式，即定义某种类型页面元素的格
式。可以通过【选择器名称】后的下拉列表选择需要重新定义的 HTML 标签。用"标签"

定义的样式对页面中该类型的所有标签都有效。例如，选择器名分别为"body""a"的【标签】CSS 规则定义如图 4 - 5 所示，在 < Div > 标签中应用的代码及网页显示效果如图 4 -6 所示。

 【标签】CSS 样式能快速为页面中同类型的标签统一样式，但不能设计差异化样式。

（4）【复合内容】：用于创建或改变一个或多个【类】【ID】或【标签】的复合规则样式。例如，选择器名为"a：hover""#mix p"的【复合内容】CSS 规则定义如图 4 - 5 所示，在 < Div > 标签中应用的代码及网页显示效果如图 4 -6 所示。

4.2.1　建立内部 CSS 样式

1. 建立内联 CSS 样式

内联 CSS 样式是所有 CSS 样式中相对比较简单和直观的样式，即把 CSS 样式代码直接添加到 HTML 的标签中，以作为 HTML 标签的属性存在。通过它，可以很简单地对某个元素单独定义样式。

使用内联 CSS 样式的方法是直接在 HTML 标签中使用 style 属性，该属性的内容就是 CSS 的属性和值。例如："< span style = " font-size：18px；color：#0000ff;" > 蓝色 18 像素显示的 "内联 CSS 样式"文本信息 </span >"。

2. 建立内部 CSS 样式

内部 CSS 样式即将 CSS 样式代码添加到 < head > </head >标签中间，并且用 < style ></style >标签进行声明。

在图 4 - 4 所示的【新建 CSS 规则】对话框中，选择【选择器类型】，并输入或选择【选择器名称】，在【规则定义】中选择"仅限该文档"选项，设置完成后，单击【确定】按钮即可打开 CSS 样式的属性对话框，在该对话框中设置 CSS 样式的各项属性及属性值。

小贴士　内部 CSS 样式并没有实现页面内容与样式的完全分离，但可以将内容与 HTML 代码分离在两个部分进行统一管理。

4.2.2　建立外部 CSS 样式

建立外部 CSS 样式的方法与内部 CSS 样式的方法类似，只是在【规则定义】中要选择"新建样式表文件"选项，设置完成后，单击【确定】按钮，系统会弹出【将样式表文件另存为】对话框，如图 4 -7 所示。在该对话框中选择文件的保存位置，输入文件名称，即在指定位置建立一个扩展名为"css"的外部 CSS 样式文件，单击【保存】按钮，打开【CSS 规则定义】对话框，在其中设置属性及属性值。

图 4-7　【将样式表文件另存为】对话框

4.3 应用 CSS 样式

4.3.1　应用内部 CSS 样式

1. 应用【类】规则

在文档窗口中选中目标元素后，在属性检查器的【类】下拉列表中选择相应的样式即可。

> 小贴士　1) 在【CSS 样式】浮动面板的【所有规则】窗口中右击对应的 CSS 样式，在弹出的快捷菜单中选择"应用"也可应用【类】规则。
> 2) 如果选中的目标元素是文本，则会显示【目标规则】下拉列表框。

2. 应用【ID】规则

在文档窗口中选中目标元素后，在属性检查器的【ID】下拉列表中选择对应的 ID 名称，将样式定义赋给对应的元素。通常情况下若元素已经被赋予 ID，对应的【ID】规则会自动匹配。

3. 应用【标签】规则

【标签】规则类型的 CSS 样式无须手动应用。因为该类型的 CSS 样式原本就是针对 HTML

文档中标准的网页元素标签的，一旦用户对某个标签进行 CSS 规则定义，则该规则将自动应用到具有相应标签的网页元素上，有关修改也会自动体现在对应的网页元素上。

4．应用【复合内容】规则

【复合内容】规则是【类】【ID】【标签】3 类规则的组合，使用时需要将这 3 类规则的使用方法进行结合。用户通过【标签编辑器】可以对复合内容的不同部分设置对应的 CSS 规则的值。

4.3.2 应用外部 CSS 样式

外部 CSS 样式创建并保存后，可以被随时调用并应用在任意所需的文档中。若用户需要将外部 CSS 文件导入到打开的网页文档中，则可以在【CSS 样式】面板中单击 ━ 按钮，打开【链接外部样式表】对话框，如图 4-8 所示，通过单击【浏览】按钮，在弹出的【选择样式表文件】对话框中查找外部 CSS 文件，如图 4-9 所示。

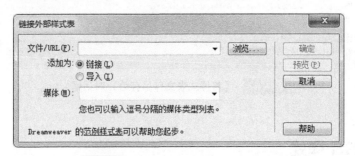

图 4-8 【链接外部样式表】对话框

图 4-9 【选择样式表文件】对话框

【链接外部样式表】对话框主要包括以下属性。

【文件/URL】：选择外部 CSS 样式文件。

【添加为】：选择添加链接外部 CSS 样式的目标方式，包括"链接"和"导入"两种方式。

- 链接：链接使用 CSS 样式文件。
- 导入：将 CSS 样式文件中的规则导入到当前文档并作为文档的一部分，类似于内部 CSS 样式。

【媒体】：根据用户浏览网页时的设备，判断是否启用该 CSS 样式。

> **小贴士** 如果用户需要创建针对某一个网页对象的 CSS 属性，则可以选中该对象，直接在【CSS 样式】面板中单击按钮 ⊞，Dreamweaver CS6 将自动选择【选择器类型】为【复合内容】，并生成该网页对象的复合选择器名称。

4.4 利用 CSS 样式美化网页

4.4.1 设置【类型】属性

CSS 的【类型】属性主要用于设置文本的样式和格式，如图 4 - 10 所示。

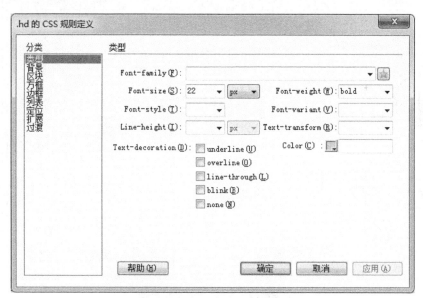

图 4 - 10　设置【类型】属性

【类型】主要包括以下属性。

【Font-family】：设置文本的字体。

【Font-size】：设置文本的大小。

【Font-style】：设置文本的字体样式。

【Line-height】：设置行高。单位可选"像素""磅""厘米"等10个选项。

【Text-decoration】：设置添加到文本的装饰。

- underline：设置文本下划线。
- overline：设置文本上划线。
- line-through：设置穿过文本的线。
- blink：设置闪烁的文本。
- none：无修饰，定义标准文本。

【Font-weight】：设置字体的粗细。

【Font-variant】：设置是否以小型大写字母的字体显示文本。

【Text-transform】：控制文本的大小写。

【Color】：设置文本颜色。

 IE（Internet Explorer）、Chrome 或 Safari 等浏览器不支持"blink"属性。

4.4.2　设置【背景】属性

CSS 的【背景】属性主要用于设置网页的背景样式，如图 4–11 所示。

图 4-11　设置【背景】属性

【背景】主要包括以下属性。

【Background-color】：设置背景颜色。

【Background-image】：设置背景图像。

【Background-repeat】：设置背景图像的重复方式，包括"no-repeat（不重复）""repeat（平铺）""repeat-x（横向平铺）""repeat-y（纵向平铺）"4 个选项。

【Background-attachment】：设置背景图像为固定在原始位置或可以滚动。

【Background-position】：设置背景图像的水平位置，既可以选择"左对齐""居中对齐"或"右对齐"选项，也可以直接输入水平位置的值。

【Background-position】：设置背景图像的垂直位置，既可以选择"顶部对齐""居中对齐"或"底部对齐"选项，也可以直接输入垂直位置的值。

4.4.3　设置【区块】属性

CSS 的【区块】属性主要用于定义标签和属性的间距与对齐设置，如图 4 - 12 所示。

图 4 - 12　设置【区块】属性

【区块】主要包括以下属性。

【Word-spacing】：设置单词之间的间距，只适用于英文。

【Letter-spacing】：设置字母之间的间距。

【Vertical-align】：设置文本垂直对齐方式。

【Text-align】：设置文本水平对齐方式。

【Text-indent】：设置文本首行缩进的距离。

【White-space】：设置处理空格的方式。

小贴士　【White-space】包括"normal（正常）""pre（保留）""nowrap（不换行）"3个选项，"normal（正常）"是指将多个空格显示为 1 个空格；"pre（保留）"是指保留文本原有的格式来显示空格和回车；"nowrap（不换行）"是指以文本原有的格式显示空格但不显示回车。

4.4.4　设置【方框】属性

文档中的每个元素都可以装在一个方框内，通过 CSS 可以控制框的大小、外观和位置。CSS 的【方框】属性主要用于定义方框的样式，如图 4-13 所示。

图 4-13　设置【方框】属性

【方框】主要包括以下属性。

【Width】：设置方框的宽度。

【Height】：设置方框的高度。

【Float】：设置方框中文本的环绕方式。

【Clear】：设置不允许应用样式元素的某个侧边。

【Padding】：设置元素内容与元素边框之间的间距。

【Margin】：设置元素的边框与另一个元素之间的间距。

> **小贴士**　设置【方框】是指将某个对象（图片或文本）放入一个容器（可以理解为只有一行一列的表格），然后通过控制这个容器的位置以达到控制对象的目的。这也就是我们常说的"盒子模型"。

4.4.5　设置【边框】属性

CSS 的【边框】属性主要用于定义边框的样式，并且可以应用于任何元素，如图 4-14 所示。

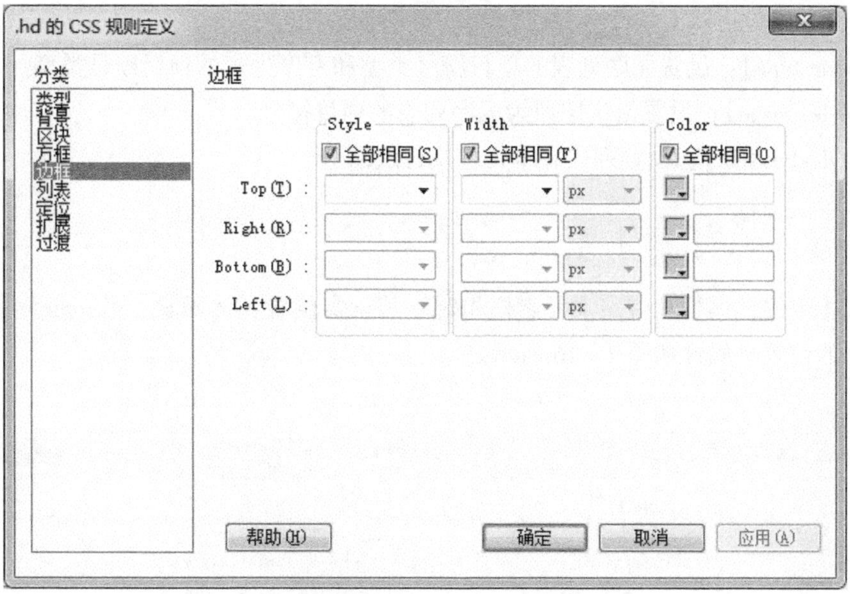

图 4 - 14 设置【边框】属性

【边框】主要包括以下属性。

【Style】：设置元素上、下、左、右的边框样式。

【Width】：设置元素上、下、左、右的边框宽度。

【Color】：设置元素上、下、左、右的边框颜色。

4.4.6 设置【列表】属性

CSS 的【列表】属性主要用于定义列表的样式，允许用户放置、改变列表的项目标志以及将图像作为列表的项目符号，如图 4 - 15 所示。

图 4 - 15 设置【列表】属性

【列表】主要包括以下属性。

【List-style-type】：设置无序列表的项目符号类型和有序列表的项目编号类型。

【List-style-image】：设置指定图像为无序列表的项目符号。

【List-style-Position】：设置列表文本是否换行或缩进。

4.4.7 设置【定位】属性

CSS 的【定位】属性允许定义元素框相对于其正常位置、父元素、另一个元素甚至浏览器窗口本身的位置，属性如图 4 - 16 所示。

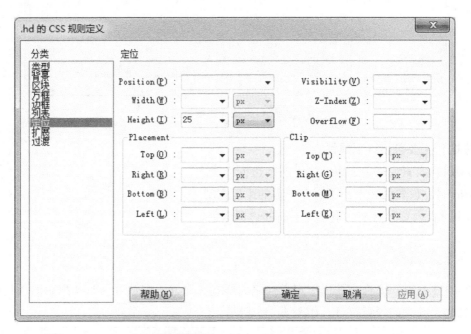

图 4 - 16 设置【定位】属性

【定位】主要包括以下属性。

【Position】：设置定位的类型。

【Width】：设置元素的宽度。

【Height】：设置元素的高度。

【Visibility】：设置元素的显示方式。

【Z - Index】：设置元素的堆叠顺序。

【Overflow】：设置元素内容溢出其区域时的处理方式。

【Placement】：设置元素的位置和大小。

【Clip】：设置元素的可见部分。

4.4.8　设置【扩展】属性

CSS 的【扩展】属性中的大部分效果仅受 Internet Explorer 4.0 和其更高版本的支持，如图 4-17 所示。

图 4-17 设置【扩展】属性

【扩展】主要包括以下属性。

【分页】

* Page-break-before：设置打印时在应用 CSS 样式的网页元素之前进行分页。
* Page-break-after：设置打印时在应用 CSS 样式的网页元素之后进行分页。

【视觉效果】

* Cursor：设置鼠标（指针）移动到应用 CSS 样式的网页元素上的指针形状。
* Filter：设置应用 CSS 样式的网页元素的特殊效果。

> **小贴士**　定义了【扩展】属性后，在【CSS 样式】面板的【属性】中还可选择更多的鼠标样式。

4.4.9　设置【过渡】属性

CSS 的【过渡】属性包括属性、持续时间、延迟、计时功能等选项，是用户在不使用 Flash 动画或 JavaScript 的情况下，使元素从一种样式逐渐改变为另一种样式时为元素添加的效果，如图 4-18 所示。

图 4-18 设置【过渡】属性

【过渡】主要包括以下属性。

【所有可动画属性】：选中该项，则选项卡中【属性】栏不可用，将为网页中所有动画属性设置相同的参数。

【属性】：通过 ⊕ 和 ⊟ 添加或删除需要设置的属性。

【持续时间】：设置动画的持续时间，单位有"秒"和"毫秒"。

【延迟】：设置动画的延迟时间，单位有"秒"和"毫秒"。

【计时功能】：设置计时器。

4.5 课堂案例——CSS 应用

1. 打开文件

打开素材文件"example \ chapter04 \ index1. html"，如图 4-19 所示。

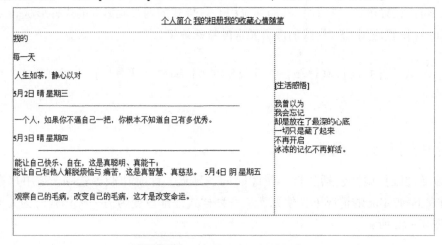

图 4-19 未应用 CSS 样式的网页

2. 创建内联 CSS 样式

（1）在设计窗口状态栏左侧的标签选择器中，选择 "＜body＞＜table#tb＞"后的＜tr＞标签，如图 4 - 20 所示。

`<body><table#tb><tr><td#top><p><a>` ▶ ✋ ○ 100% ▾ □ ▣ ▦ 705 x 264▾ 46 K / 1 秒 Unicode (UTF-8)

图 4 - 20　标签选择器

（2）单击设计窗口顶部文档工具栏左侧的【拆分】按钮，将鼠标指针定位到左侧代码视图窗口已选区域的＜tr＞标签内部，输入一个空格，在展开的提示列表中选择 "style"，根据提示输入或选择 "style" 的 background 属性值，即 "＜tr style = " background：url（images/bg. jpg)" ＞"，网页效果如图 4 - 21 所示。

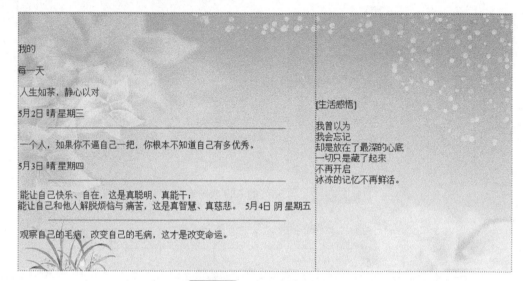

图 4 - 21　应用内联 CSS 样式

> **小贴士**　因为内联 CSS 样式是直接在 HTML 标签中使用 style 属性的，所以无须套用即可显示样式。

3. 创建内部 CSS 样式

选择【窗口】/【CSS 样式】命令，打开【CSS 样式】面板，单击面板底部 🖬 按钮，打开【新建 CSS 规则】对话框，通过选取不同的【选择器类型】来创建不同的 CSS 样式。

（1）【类】

本例定义的是文本样式。

1）创建 CSS 样式。在【选择器类型】中选择【类（可应用于任何 HTML 元素）】，输入【选择器名称】为 ". hd"，单击【确定】按钮，进入【. hd 的 CSS 规则定义】对话框，属性设置如图 4 - 22 所示。用同样的方法定义新样式 ". txt"，属性设置如图 4 - 23 所示。

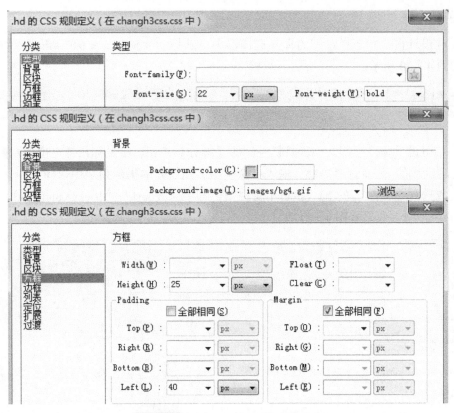

图 4-22　".hd" 的 CSS 规则定义

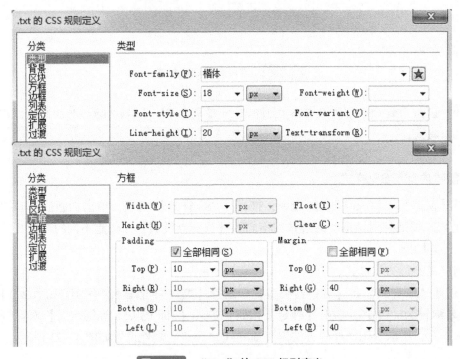

图 4-23　".txt" 的 CSS 规则定义

2）应用 CSS 样式。选取设计窗口中"［生活感悟］"文本，右击【CSS 面板】／【所有规则】下的".hd"样式，在弹出的快捷菜单中选择"应用"，完成题目文本样式的套用。然后分别选取设计窗口左侧的日记列表和窗口右侧"［生活感悟］"下的所有文本，使用上述方法应用".txt"样式。应用【类】CSS 样式后的网页效果如图 4-24 所示。

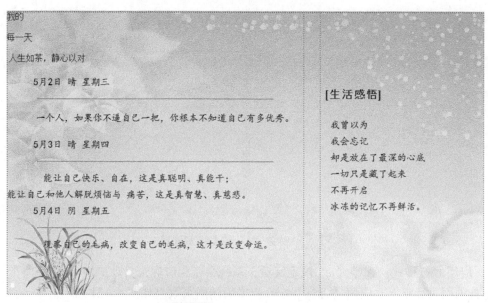

图 4-24 应用【类】CSS 样式

 用户也可以通过属性检查器中的【类】来选择应用对应的样式。

（2）【ID】

本例定义了 ID 为"top"的窗口顶部单元格的样式。

1）定义 CSS 样式。在【选择器类型】中选择【ID（仅应用于一个 HTML 元素）】，在【选择器名称】下拉列表中选择"#top"，单击【确定】按钮，然后设置【背景】的【Background-color】属性为"#AACF68"。

2）应用 CSS 样式。当元素已经被赋予 ID 时，对应的 ID 规则将会与其自动匹配。应用【ID】CSS 样式后的网页效果如图 4-25 所示。

个人简介 我的相册我的收藏心情随笔

图 4-25 应用【ID】CSS 样式

（3）【标签】

本例定义了超链接标签"a"的样式。

1）定义 CSS 样式。在【选择器类型】中选择【标签（重新定义 HTML 元素）】，在【选择器名称】中选择"a"，单击【确定】按钮，进入【a 的 CSS 规则定义】对话框，属性设置如图 4-26 所示。

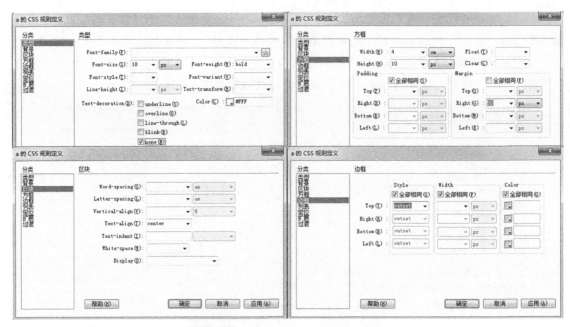

图 4-26　标签 "a" 的 CSS 规则定义

2）应用 CSS 样式。标签 "a" 被定义后，系统会将相应规则自动应用到标签 "a"，即具有超链接的网页元素上。应用【标签】CSS 样式后的网页效果如图 4-27 所示。

图 4-27　应用【标签】CSS 样式

（4）【复合内容】

本例定义了页面底部单元格的背景图像。

1）定义 CSS 样式。将鼠标指针定位到底部的单元格中，单击【CSS 面板】底部 按钮，打开【新建 CSS 规则】对话框，在【选择器类型】中选择【复合内容（基于选择的内容）】，在【选择器名称】中输入 "#tb tr #bot"（表示当前鼠标指针位于 ID 为 "tb" 的表格的行内 ID 为 "bot" 的单元格内部），单击【确定】按钮，然后设置【背景】的【Background-image】属性为 "images/bot. png"。

2）应用 CSS 样式。【复合内容】CSS 样式的应用结合了【类】【ID】【标签】3 类规则的使用方法。应用【复合内容】CSS 样式后的网页效果如图 4-28 所示。

图 4-28　应用【复合内容】CSS 样式

4. 导入和应用 CSS 样式

本例定义的是标题文本样式。

（1）导入 CSS 样式

单击【CSS 面板】底部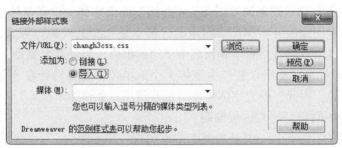按钮，打开【链接外部样式表】对话框，选择【文件/URL】为"chang3css. css"，选择【添加】为"导入"，单击【确定】按钮，完成外部 CSS 样式的导入，如图 4-29 所示。

"chang3css. css"文件包含两个样式。"h3"是【标签】CSS 样式，定义的是标题样式；". myday"定义的是文本样式。

图 4-29　【链接外部样式表】对话框

（2）应用 CSS 样式

1）选中"我的每一天"和"人生如茶，静心以对"文本，右击". myday"样式，在弹出的快捷菜单中选择"应用"，然后再次选择"人生如茶，静心以对"文本，应用". hd"样式，完成文本样式的套用。

2）分别选中"5 月 2 日 晴 星期三""5 月 3 日 晴 星期四"和"5 月 4 日 阴 星期五"文本，单击属性检查器 HTML 标签中【格式】后的下拉列表，在展开的列表中选择"标题 3"。设置了标题的文本会自动应用"h3"样式。

5. 预览

按下 < F12 >键预览网页，网页效果如图 4-30 所示。

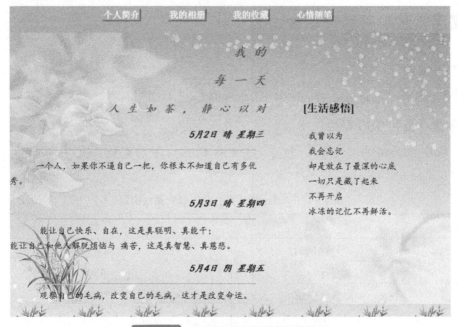

图 4-30　应用样式后的网页预览效果

4.6 答疑与技巧

4.6.1 疑问解答

Q1：在网页设计所使用的单位中，像素和点数有什么区别呢？

A1：通常情况下，像素用来调整图像，点数用于调节字体。像素是构成数字图像的基本单元，可以用来表示图像的分辨率，如图像的分辨率是"300×200"像素，即图像长为 300 像素，高为 200 像素。点数是出版印刷领域中使用的单位，与像素大概是 0.75 倍的关系，如 12 磅大约相当于 16 像素。使用点数作为字体大小的单位，能够防止在不同分辨率条件下显示的字体大小不一致，因此，设置字体大小时推荐使用点数作为单位。

Q2：如何区分不同类型的 CSS 规则呢？

A2：不同类型的 CSS 规则，其选择器名称前的符号是不同的，"."符号表示选择器类型为【类】，"#"符号表示选择器类型为【ID】，【复合内容】则会由多个名称组成。这些符号是在新建 CSS 规则时，设置选择器类型后由系统自动添加的，用户在输入规则名称时无须手动添加。

4.6.2 常用技巧

S1：在 Dreamweaver CS6 中，通过【文件】/【新建】命令，在打开的【新建文档】对话框的【空白页】选项的【页面类型】列表框中选择"CSS"选项，可以直接新建 CSS 样式文件。

S2：在编写 XHTML 文档的 CSS 样式时，通常在布局标签所使用的样式（这些样式通常不会重复）中使用【ID】选择器，在内容标签所使用的样式（这些样式通常会多次重复）中使用【类】选择器。

4.7 课后实践——修饰美食网页

1. 打开文件

打开素材文件"example \ chapter04 \ Delicious Food. html"。

2. 创建【类】CSS 样式

（1）新建一个名为".logo"的【类】CSS 样式，用来修饰 LOGO 文本，属性设置见表 4-1。

表 4-1   ".logo"【类】CSS 样式属性设置

分类	属性	值
类型	Font-family	华文行楷
	Font-size	18px
	Font-weight	bold
	Color	#6C3

（续）

分类	属性		值
区块	Text-align		center
方框	Padding	Top	40px
		Left	15px
扩展	Filter		Shadow（Color = red, Direction = 225）

（2）新建一个名为".txt"的【类】CSS 样式，用来修饰段落文本，属性设置见表 4-2。

表 4-2 ".txt"【类】CSS 样式属性设置

分类	属性		值
类型	Font-family		楷体
	Font-size		16px
	Line-height		22px
区块	Text-indent		32px
方框	Padding	Left	20px

3. 创建【标签】CSS 样式

（1）重新定义"a"【标签】CSS 样式，属性设置见表 4-3。

表 4-3 "a"【标签】CSS 样式属性设置

分类	属性	值
类型	Font-family	楷体
	Font-size	20px
	Color	#FFF
	Text-decoration	none
背景	Background-color	#804000
区块	Text-align	center
方框	Width	2em
	Height	50px
	Padding	均为 10px

（2）重新定义"img"标签 CSS 样式，属性设置见表 4-4。

表 4-4 "img"【标签】CSS 样式属性设置

分类	属性	值
边框	Style	inset
	Width	10px
	Color	#914800

4. 创建【ID】CSS 样式

将鼠标指针定位到位网页首行的右侧单元格中，新建一个名为"#yemei tr #search"的【ID】CSS 样式，用来修饰包含"登录"和"搜索"的文本，属性设置见表 4-5。

表 4-5　"#yemei tr #search"【ID】CSS 样式属性设置

分类	属性	值
类型	Font-family	楷体
	Font-size	18px
背景	Background-image	images/login. png
	Background-repeat	no-repeat

5. 创建【复合内容】CSS 样式

将鼠标指针定位在窗口下方中间位置的项目列表中，新建一个名为 "#bot tr #nav ul li" 的【复合内容】CSS 样式，用来修饰项目列表，属性设置见表 4-6。

表 4-6　"#bot tr #nav ul li"【复合内容】CSS 样式属性设置

分类	属性		值
类型	Font-family		楷体
	Font-size		16px
	Line-height		22px
方框	Margin	Left	80px
列表	List-style-image		images/list. png

6. 应用 CSS 样式

（1）在网页左上方选中 "Delicious Food" 文本，右击【CSS 样式】面板中的 ". logo" 样式，在弹出的快捷菜单中选择 "应用"，完成 LOGO 文本样式的套用。

（2）分别选择网页中 "五彩时蔬" 和 "炒时蔬" 的整段文本，右击【CSS 样式】面板中的 ". txt" 样式，在弹出的快捷菜单中选择 "应用"；然后选择 "蔬菜牛肉饼" 的整段文本，采取同样方法应用 ". txtright" 样式，完成段落文本样式的套用。

最终网页效果如图 4-31 所示。

图 4-31　"美食网" 网页效果

第 5 章

05

新媒体网页布局

本章学习要点

➤ 建立及编辑表格
➤ 单元格操作
➤ Div + CSS 布局
➤ 框架及框架集的操作
➤ 浮动框架

网页设计人员在制作网页前一般会对网页进行布局设计和整体规划，如导航栏的位置、图片的大小和位置、文本的内容等。在 Dreamweaver CS6 中，用户可以通过表格、Div + CSS 以及框架对网页进行布局。

5.1 使用表格进行网页布局

表格是由行和列组成的，其形状由行和列的数量来决定。行和列交叉形成了矩形区域，其中的一个矩形单元称为单元格。使用表格布局页面是网页布局最常用的方法之一。浏览器窗口与表格均为矩形形状，因此使用表格来分割页面是最为合适的。网页中的表格操作和 Excel 文档中的表格操作基本相同，例如设置表格属性、合并/拆分单元格、在单元格中添加内容等，但是除以上基本操作外，网页中的表格还包括了扩展表格模式。

5.1.1 创建表格

Dreamweaver CS6 为用户提供了方便地插入表格的方法。用户通过选择【插入】/【表格】命令，在弹出的【表格】对话框中完成相关设置即可创建表格，如图 5-1 所示。

图 5-1　【表格】对话框

【表格】对话框主要包括以下属性。

【行数】：设置表格的行数。

【列】：设置表格的列数。

【表格宽度】：设置表格的宽度。单位为"像素"或"百分比"。

【边框粗细】：设置表格边框的宽度。单位为"像素"。

【单元格边距】：设置单元格内容与单元格边框之间的距离。单位为"像素"。

【单元格间距】：设置表格中相邻单元格之间的距离。单位为"像素"。

【标题】：设置表格的标题样式。包括"无""左""顶部""两者"4 个选项，默认设置为"无"。

【辅助功能】：设置表格的标题名称和摘要。

> **小贴士** 以像素为单位的表格的大小是固定的，不会根据浏览器窗口的变化而改变；以百分比为单位的表格会随着浏览器窗口的变化而改变表格的大小。通过【插入】浮动面板中【常用】分类下的【表格】按钮也可以插入表格。

5.1.2 表格属性设置

表格是常用的页面元素。用户在网页中插入表格后，可以通过属性检查器更改其属性。

1. 表格属性设置

（1）选定表格。在设置表格属性前，需要通过以下任意一种方式选择整个表格。

1）鼠标单击表格边缘或内部任意一个边框。

2）将鼠标指针置于表格中，选择【修改】/【表格】/【选择表格】命令。

3）单击窗口左下方标签选择器中的"<table>"标签。

（2）设置表格属性。选中整个表格，设置表格属性如图 5-2 所示。

图 5-2 设置表格属性

【表格】属性检查器主要包括以下属性。

● 表格 ID：设置表格的标识名称，即表格的 ID。

【行】：设置表格的行数。

【列】：设置表格的列数。

【宽】：设置表格的宽度。单位为"像素"或"百分比"。

【边框】：设置表格边框的宽度。单位为"像素"。

【填充】：设置单元格内容与单元格边框之间的距离。单位为"像素"。

【间距】：设置表格中相邻单元格之间的距离。单位为"像素"。

【对齐】：设置表格与同段落文本或图像等网页元素之间的对齐方式。包括"左对齐""居中对齐""右对齐"3 种。

【类】：设置表格的类、重命名和样式表的引用。

【⯊】：清除列宽。清除已设置列宽的表格宽度，将其转换为无列宽定义的表格，使表格随内容增加而自动扩展列宽。

【⯊】：清除行高。清除已设置行高的表行高度，将其转换为无行高定义的表格，使表格随内容增加而自动扩展行高。

【⯊】：将表格宽度单位转换成像素。将单位为百分比的表格宽度转换为单位为像素的表格宽度。

【⯊】：将表格宽度单位转换成百分比。将单位为像素的表格宽度转换为单位为百分比的表格宽度。

在表格属性设置完成后，即在网页设计窗口显示一个宽度为 950 像素、1 行 2 列、单元格填充和间距均为 0 的无边框表格，如图 5 - 3 所示。

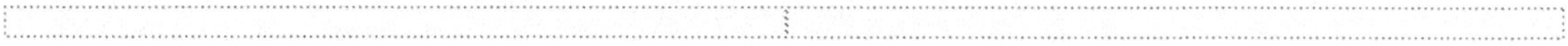

图 5 - 3　插入表格

2．单元格属性设置

将鼠标指针定位在表格的某个单元格内，其属性检查器如图 5 - 4 所示。

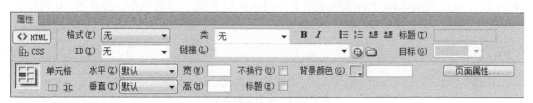

图 5 - 4　设置单元格属性

【单元格】属性检查器主要包括以下属性。

【⯊】：合并所选单元格，使用跨度。将选定的多个连续单元格合并成一个单元格。

【⯊】：拆分单元格。将当前选定的单元格拆分成多个单元格。

【水平】：设置单元格中内容的水平对齐方式。包括"左对齐""居中对齐""右对齐"3 种。

【垂直】：设置单元格中内容的垂直对齐方式。包括"顶端""居中""底端""基线"4 种。

【宽】：设置单元格的宽度。单位为"像素"或"百分比"。

【高】：设置单元格的高度。单位为"像素"或"百分比"。

【不换行】：防止单元格中较长的文本自动换行。单元格会自动延展以容纳内容。

【标题】：设置单元格为表格的标题。其文本将居中且加粗显示。

【背景颜色】：设置单元格背景颜色。

5.1.3 插入表格元素

在表格中插入网页元素的方法与直接在网页中插入元素的方法基本相同，只需将插入点定位到某个单元格，然后插入文本内容、图像或 Flash 等网页元素即可。插入的内容也可以是一个表格，即形成表格的嵌套。

在输入文本之前，需要将鼠标指针定位到表格的某个单元格中，然后直接输入文本，如图 5-5 所示。

> **小贴士**　当表格的单位为百分比（%）时，其单元格将随着网页内容的增多而向右延伸；单位为像素（px）时，其单元格的宽度不会随着内容的增多而发生变化，但单元格的高度会随着内容的增多而增加。

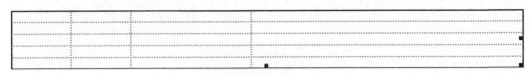

饮食网 美食搜索　　　　　　　　　　　　　　商家管理 注册

图 5-5　输入表格数据

5.1.4 编辑表格

1. 调整表格大小

（1）调整整个表格大小。当选中整个表格后，在表格的右边框、下边框和右下角会出现 3 个控制点，用户利用鼠标分别拖动这 3 个控制点可以改变表格的大小，如图 5-6 所示。

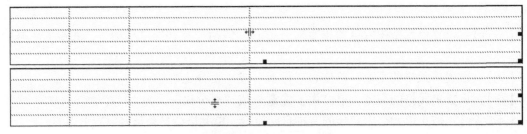

图 5-6　调整表格大小

（2）调整行高和列宽。除通过属性检查器调整行高或列宽外，用户还可以通过拖动的方法来改变其大小。将鼠标指针移动到要调整行高或列宽的单元格边框上，当鼠标指针变成"╪"或"╫"时，单击鼠标左键并横向或纵向拖动鼠标即可改变行高或列宽，如图 5-7 所示。

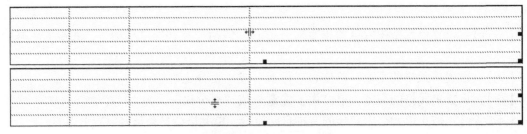

图 5-7　调整行高或列宽

小贴士 若只改变当前单元格所在列的宽度而不影响其他列的宽度，则可以通过按住
〈Shift〉键并单击拖动鼠标来实现。

2．选择表格元素

（1）选择单元格。将鼠标指针定位在某个单元格中即表示已选择该单元格。如果想要选择
多个连续的单元格，按住鼠标左键并沿任意方向拖动鼠标或按住＜Shift＞键选择多个连续的单
元格即可；如果想要选择多个不连续的单元格，按住＜Ctrl＞键并选择其他任意的单元格即可。

（2）选择行或列。选择表格中的行或列即选择行或列中所有连续的单元格。将鼠标指针
移动到行的最左侧或列的顶端，当鼠标指针变成"➡"或"⬇"箭头时，单击鼠标左键即可
选择整行或整列，如图 5 - 8 所示。

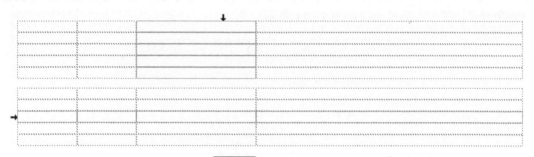

图 5 - 8 选择行或列

3．添加和删除行或列

（1）添加行或列。若想在现有表格中添加行或列，则可先将鼠标指针定位在待插入行或
列的单元格中，然后选择【修改】／【表格】命令，在展开的菜单中选择【插入行】【插入
列】或【插入行或列】命令即可。

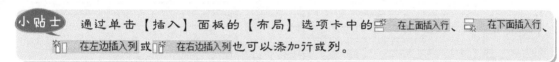

小贴士 通过单击【插入】面板的【布局】选项卡中的 在上面插入行、 在下面插入行、
 在左边插入列或 在右边插入列也可以添加行或列。

（2）删除行或列。若想删除表格中的某行或某列，则可先将鼠标指针定位在待删除行或
列的单元格中，然后选择【修改】／【表格】命令，在展开的菜单中选择【删除行】或【删
除列】即可。

小贴士 当某列被删除后，其他列将平均分配被删除列的宽度。

4．合并和拆分单元格

（1）合并单元格。合并单元格是指将同行或同列的多个连续的单元格合并为一个单元
格。选择两个或两个以上的单元格，单击属性检查器中的 按钮，即可将选定的多个单元格
合并成一个单元格，如图 5 - 9 所示。

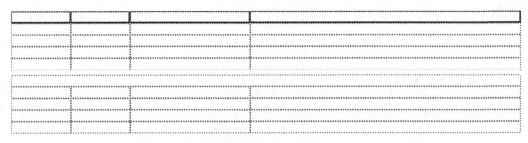

图 5 – 9　合并单元格

（2）拆分单元格。拆分单元格是指将一个单元格以行或列的形式拆分成多个单元格。将鼠标指针置于要拆分的单元格中，单击属性检查器中的 ▓ 按钮，在弹出的【拆分单元格】对话框中，选择【把单元格拆分】为【行】或【列】，并设置拆分的行数或列数即可，如图 5 – 10 所示。拆分后的单元格如图 5 – 11 所示。

图 5 – 10　【拆分单元格】对话框

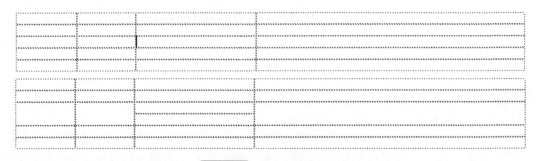

图 5 – 11　拆分后的单元格

5.1.5　扩展表格模式

在 Dreamweaver CS6 中，扩展表格模式是针对用户在选择比较小的表格或单元格时的一种显示模式。由于这类表格或单元格不易被选中，所以需要通过扩展表格模式将其放大，以便用户进行表格调整。用户在【插入】浮动面板的【布局】选项卡中单击 ▓ 按钮，即可切换到扩展表格模式对表格进行操作。扩展表格模式如图 5 – 12 所示。

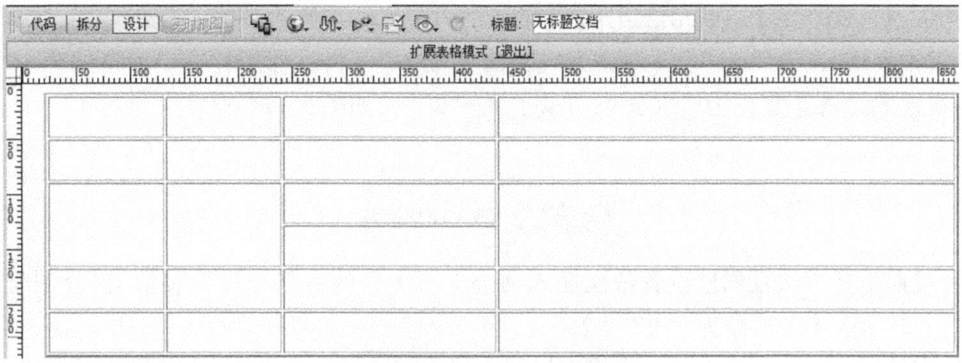

图 5 - 12 扩展表格模式

5.1.6 课堂案例——用表格布局网站首页

创建 Web 站点不是以打开 Dreamweaver 并立即对页面进行布局开始的，而是从纸张或图形编辑应用程序开始的。设计人员通常会先画出 Web 站点综合图形的草图，确定站点的初始构思，然后才进行网页的详细设计。本例将使用表格来布局制作"Coffee"网站首页，网站首页结构如图 5 - 13 所示。

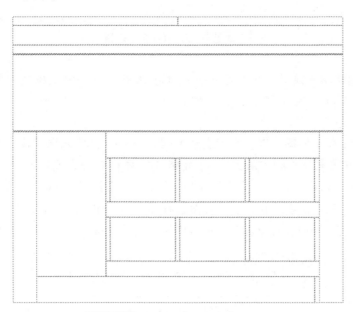

图 5 - 13 "Coffee"网站首页结构

1. 表格布局

（1）选择【文件】/【新建】命令，新建一个空白 HTML 文档，将文件另存为"example \ chapter05 \ coffee \ coffee. html"。

（2）网页布局。

1）选择【插入】/【表格】命令，在设计窗口插入一个 1 行 2 列的表格，【表格宽度】

为"770"，【边框粗细】【单元格边距】【单元格间距】均设置为"0"；选中表格，在属性检查器中设置表格 ID 为"top"，【对齐方式】为"居中"；将鼠标指针置于表格的第一个单元格中，设置单元格【宽】为"50%"，【高】为"20"，如图 5 - 14 所示。

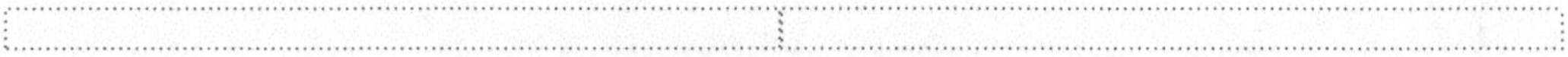

图 5 - 14 插入顶部表格

2）按照上述方法及属性设置依次插入两个 1 行 1 列的表格，设置表格 ID 分别为"tle""menu"；单元格【高】分为"45""25"。

3）继续插入一个 3 行 1 列的表格，设置表格 ID 为"banner"，3 个单元格的高度分别为"2""174""2"，如图 5 - 15 所示。

图 5 - 15 插入其他多个表格

小贴士 设置单元格高度为"2"时，需要进入代码窗口，将鼠标指针所在行的所有 < td > < /td > 标签中的" "删除。

4）插入一个 1 行 1 列的表格，设置表格 ID 为"main"，单元格【高】为"354"，单元格【水平】对齐方式选择"居中对齐"，单元格【垂直】对齐方式选择"顶端对齐"；将鼠标指针置于当前单元格中，插入一个 6 行 8 列、【表格宽度】为"660"的嵌套表格，设置表格 ID 为"nmain"。选中嵌套表格，右击标签选择器上的 < table#nmain >，在弹出的快捷菜单中选择【快捷标签编辑器】，在 < table > 标签中添加属性"height = 390"，如图 5 - 16 所示。

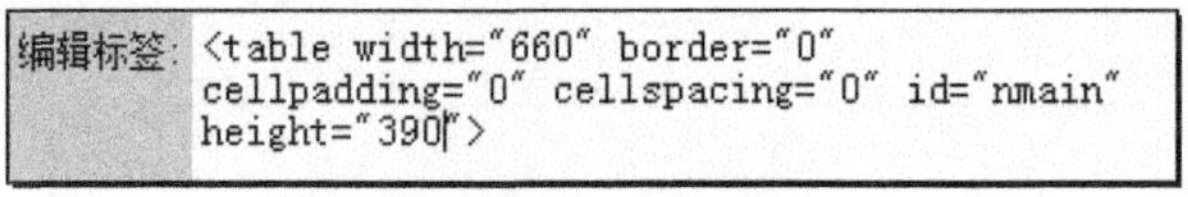

编辑标签：
```
<table width="660" border="0"
cellpadding="0" cellspacing="0" id="nmain"
height="390">
```

图 5 - 16 编辑标签

（3）"nmain"嵌套表格的设置。

1）选中表格第一列的 5 个单元格，单击属性检查器上的按钮将多个单元格合并，设置【宽】为"160"。

2）分别选择右侧第一行、第三行和第五行的剩余单元格进行合并，设置第一行的单元格 ID 为"biaoti"，分别设置三行高度为"70""35""35"。

3）将鼠标指针置于表格右侧第二行第一列单元格中，设置单元格【宽】为"10"，

【高】为"100",用同样的方法设置第二行第三列、第五列和第七列及第四行的对应列。

4)将鼠标指针置于表格右侧第二行第二列单元格中,设置单元格【宽】为"150",【高】为"100",用同样的方法设置第二行第四列、第六列及第四行的对应列。

5)将鼠标指针置于表格最后一行,设置单元格【高】为"50"。

插入的嵌套表格如图 5 - 17 所示。

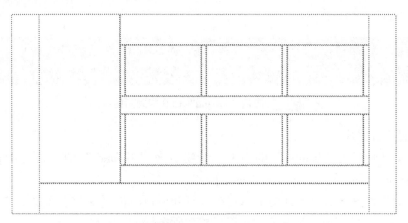

图 5 - 17　插入的嵌套表格

2. 完善网页

(1)设置页面属性。将鼠标指针置于设计窗口的空白处,单击属性检查器上的【页面属性】,选择【链接】选项,设置【链接颜色】为"#840"。

(2)设置网页页眉。

1)将鼠标指针置于顶部名为"top"的表格的第一个单元格中,分别输入"饮食网""美食搜索",在第二个单元格中输入"商家管理""注册",并设置单元格【水平】对齐方式为"右对齐"。

2)选中整个表格,选择【窗口】/【CSS 样式】命令,打开【CSS 样式】浮动面板,单击面板底部的 按钮,新建名为"#top"的表格【ID】CSS 规则,属性设置见表 5 - 1。

3)应用 CSS 规则后的效果如图 5 - 18 所示。

表 5 - 1　"#top" CSS 规则属性设置

分类	属性	值
类型	Font-family	楷体
	Font-size	18px
	Linet-height	22px
背景	Background-image	image/bg1. png

图 5 - 18　应用"#top" CSS 规则后的效果

（3）设置菜单项。

1）选中第二行名为"tle"的表格，新建名为"#tle"的表格【ID】CSS 规则，设置【Background-image】为"image/top. png"。

2）将鼠标指针置于第三行名为"menu"的表格中，新建名为"#menu"的表格【ID】CSS 规则，设置【Background-color】为"#685643"，单击【确定】按钮，插入图像"image/menuj. png"，如图 5 - 19 所示。

图 5 - 19　应用"#menu" CSS 规则后的效果

（4）设置广告图片。

1）选中第四行名为"banner"的表格，新建名为"#banner"的表格【ID】CSS 规则，设置【Background-image】为"image/menuj. png"。

2）将鼠标指针置于当前表格的第二行中，打开窗口右侧【文件】面板，在站点中选择名为"banner. png"的图像，将其拖动到鼠标指针所在行，如图 5 - 20 所示。

图 5 - 20　应用"#banner" CSS 规则后的效果

（5）设置主窗口。

1）选中名为"main"的表格，新建名为"#main"的表格【ID】CSS 规则，设置【Background-image】为"bg1. png"。

2）选中名为"nmain"的嵌套表格，新建名为"#nmain"的表格【ID】CSS 规则，设置【Background-image】为"image/neibg. png"。

3）将鼠标指针置于嵌套表格的第一列中，将名为"leftmenu. png"的图像插入其中。

4）将鼠标指针置于当前表格的第一行中，新建名为"#biaoti"的【ID】CSS 规则，设置【Background-image】为"image/coff. png"，【Background-repeat】为"no-repeat"，【Background-position】为"left"。

5）在右侧单元格中分别插入"catc. jpg""cakec. jpg""heartc. jpg""leaf. jpg""flower. jpg""cake2. jpg"等图片

6）将鼠标指针置于表格底部，新建名为"#bot"的【ID】CSS 规则，设置【Background-image】为"images/botmenu. png"，网页预览效果如图 5 - 21 所示。

图 5 – 21　网页预览效果

5.2 使用 Div + CSS 进行网页布局

5.2.1　认识 Div + CSS

Div（Division）是 HTML 中最重要的标签元素之一，也是最基础的布局方法之一，在网页设计布局中比表格、AP Div 更适用。使用 Div 布局页面主要通过 Div + CSS 技术来实现。Div + CSS 是网站标准中的常用术语之一，Div + CSS 网页布局可以实现网页页面内容与表现的分离，因此它也是目前最为广泛采用的网页布局方式。

Div 标签是 HTML 中的一种网页元素，以 < Div > </Div > 的形式存在，可以被用于定义 HTML 文档中的一个分隔区块或者一个区域部分，其承载的是结构。

CSS 技术可以有效地实现对页面布局、文字等内容的更精确控制，其承载的是表现。目前，CSS3 是最新的 CSS 标准。

使用 Div + CSS 布局，需要先利用 Div 进行页面布局，定位页面元素，然后通过 CSS 进行样式的定义和美化。

5.2.2　插入 Div 标签

将鼠标指针置于目标位置，选择【插入】/【布局对象】/【Div 标签】命令，在打开的对话框中设置【类】和【ID】名称，如图 5 – 22 所示，即可完成 Div 对象的插入。插入的 Div 效果如图 5 – 23 所示。

小贴士 通过【插入】浮动面板的【常用】分类列表中的 插入 Div 标签 按钮也可以插入 Div 标签。

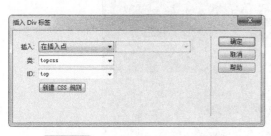

图 5 - 22　【插入 Div 标签】对话框

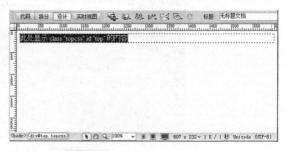

图 5 - 23　查看插入的 Div 标签

小贴士 在网页插入并选中 Div 对象后，用户可以通过属性检查器的【Div ID】和【类】对 Div 对象进行设置。

5.2.3　Div + CSS 的盒子模型

盒子模型是指把 HMTL 页面中的元素看作一个矩形的盒子，也就是一个盛装内容的容器。每个矩形都由元素的边框（border）、内边距（padding）、外边距（margin）和内容（content）组成，如图 5 - 24 所示。盒子模型是进行 Div + CSS 布局的一个重要概念，只有掌握了盒子模型的原理及其每一个元素的使用方法，用户才能熟练地使用 Div + CSS 的方法对页面中的元素进行定位和控制。

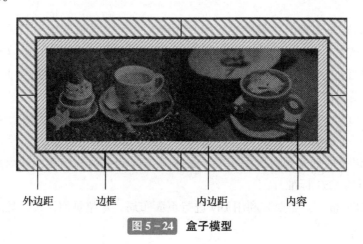

外边距　　　边框　　　　　内边距　　　　内容

图 5 - 24　盒子模型

1.边框（border）

为了分离页面元素，常常需要设置元素的边框效果。CSS 中的边框属性主要包括边框样式（border-style）、边框宽度（border-width）和边框颜色（border-color），如图 5 - 25 所示。

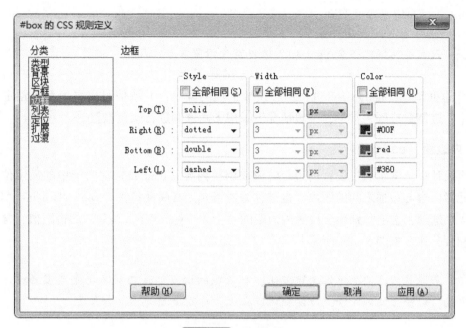

图 5 - 25　边框属性

（1）边框样式（border-style）。用于设置边框的样式，包含以下选项。

- none：没有边框（默认值）。
- dotted：点线边框。
- dashed：虚线边框。
- solid：单实线边框。
- double：双实线边框。
- groove：3D 凹槽边框。
- ridge：3D 凸槽边框。
- inset：3D 内嵌边框。
- outset：3D 凸出边框。
- inherit：从父元素继承边框样式。

小贴士　1）设置边框样式时，既可以设置盒子每条边框的样式，也可综合设置 4 条边框的样式。

2）只有边框宽度不为 0 时，边框样式设置才起作用。

（2）边框宽度（border-width）。用于设置边框的粗细，常用单位为像素（px），包含以下选项。

- medium：中等边框，一般情况下为 2px，默认值。
- thin：细边框。
- thick：粗边框。

- length：自定义边框宽度。

小贴士　只有边框样式不是 none 时，边框宽度设置才起作用。

（3）边框颜色（border-color）。用于设置边框的颜色，其取值可以采用系统预定义的颜色值、十六进制数或颜色常量，一般情况下采用十六进制进行颜色设置。

2. 内边距（padding）

网页设计中，常常通过设置内边距的值来调整内容（content）在盒子中的显示位置。内边距即元素内容与边框之间的距离，也被称为内填充。其属性包含"Top""Right""Bottom""Left" 4 个选项，选项分别用于设置内边距的"上""右""下""左"的边距值，常用单位为像素和百分比，如图 5 - 26 所示。

小贴士　若设置内外边距单位为百分比，则边距的设置都是相对父元素宽度的百分比而言的，边距会随父元素宽度的变化而变化，与高度无关。

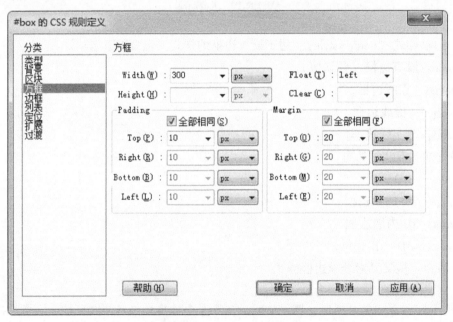

图 5 - 26　设置内外边距属性

3. 外边距（margin）

网页一般由多个盒子排列而成，若要拉开盒子间的距离、合理地进行网页布局，就需要为盒子设置外边距。外边距即元素边框与相邻元素之间的距离。其属性包含"Top""Right""Bottom""Left" 4 个选项，分别用于设置外边距的"上""右""下""左"的边距值，常用单位为像素和百分比，如图 5 - 26 所示。

4．内容（content）

内容即盒子包含的内容，也是网页要展示给用户观看的内容。它可以是网页中的任一元素，如文本、图像、视频、块元素等。

5.2.4　Div + CSS 定位

使用 Div 进行网页布局时，需要对 Div 进行定位，以确定容器在网页中的位置。通过 CSS 规则中的【Position】和【float】属性来进行定位。【Position】属性中包含了 "relative" "absolute" "fixed" "static" 4 个选项，决定着 Div 的布局方式；【float】属性可用来设置 Div 浮动属性，使其能够相对于另一个 Div 进行定位。

1．绝对定位（absolute）

用户通过设置【Position】属性的值，可将对象定位在网页中的绝对位置。设置 "Top" "Left" "Right" "Bottom" 的值以进行绝对定位，如图 5 - 27 所示。绝对定位效果如图 5 - 28 所示。

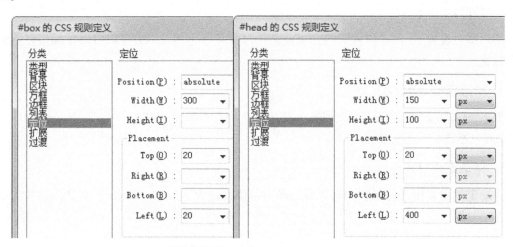

图 5 - 27　CSS 绝对定位规则定义

图 5 - 28　绝对定位效果

2．相对定位（relative）

在对象所在的位置上，用户既可以通过设置水平或垂直位置，让该对象相对于起点进行移动，也可以通过设置"Top""Left""Right""Bottom"的值对其进行具体的定位，如图 5 - 29 所示。相对定位效果如图 5 - 30 所示。

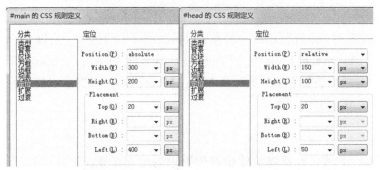

图 5 - 29 CSS 绝对和相对定位规则定义   **图 5 - 30** 内嵌 **Div** 相对定位效果

3．悬浮定位（fixed）

用户通过设置 Position 属性的值，可使某个对象悬浮于网页上方，以将对象固定在页面的某个位置。

4．静态定位（static）

静态定位表示对象遵循正常文档流，没有定位。选择静态定位时，"Top""Right""Bottom"和"Left"等选项不会被应用。

5．浮动定位（float）

浮动定位主要用于控制容器与容器之间的定位，包含"Left""Right"和"None"3 个选项，选项分别对应定位于盒子的"左侧""右侧"和"不进行定位"。

> **小贴士** 当使用是浮定位定位对象时，即使网页出现滚动条，该对象也不会随之一起滚动，会始终位于页面定位的位置。使用该属性可以制作固定层网页特效。

5.2.5 课堂案例——用 Div + CSS 布局网站首页

本例使用 Div + CSS 布局来制作"萌宠世界"网站首页。

1．新建 HTML 文档

选择【文件】/【新建】命令，新建一个空白 HTML 文档，并将文件另存为"example \ chapter05 \ mengchong \ mengchong. html"。

2．添加页面整体样式

单击设计窗口底部标签选择器上的 < body > 标签，选中整个页面，选择【窗口】/【CSS

样式】命令，单击【CSS 样式】面板底部的 **国** 按钮，系统会弹出【新建 CSS 规则】对话框，
如图 5-31 所示。【选择器类型】选择"标签（重新定义 HTML 元素）"，【选择器名称】选
择"body"，【规则定义】选择"新建样式表文件"，单击【确定】按钮，在弹出的【将新式
表文件另存为】对话框中选择样式表文件的存储位置，并设置样式表名为"for. css"。<body>
标签属性设置如图 5-32 和图 5-33 所示。

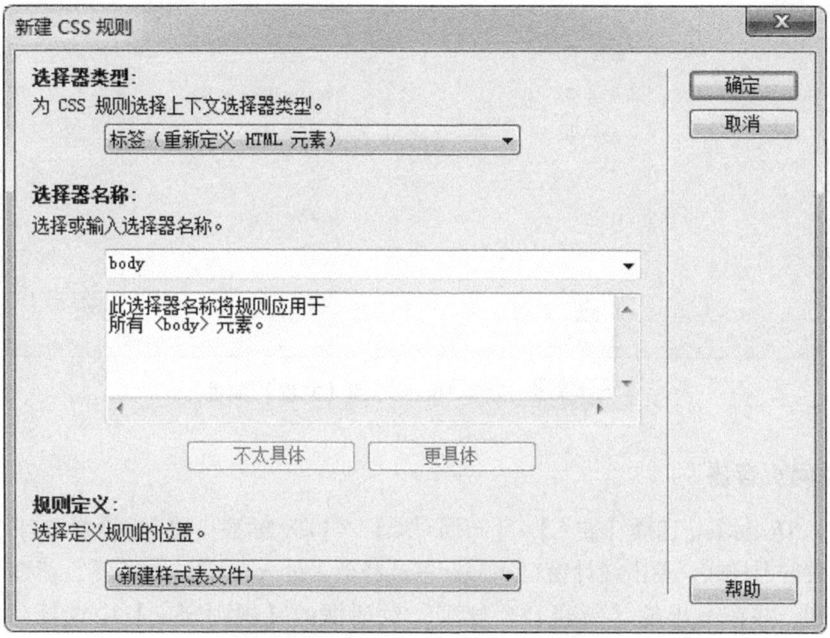

图 5-31　【新建 CSS 规则】对话框

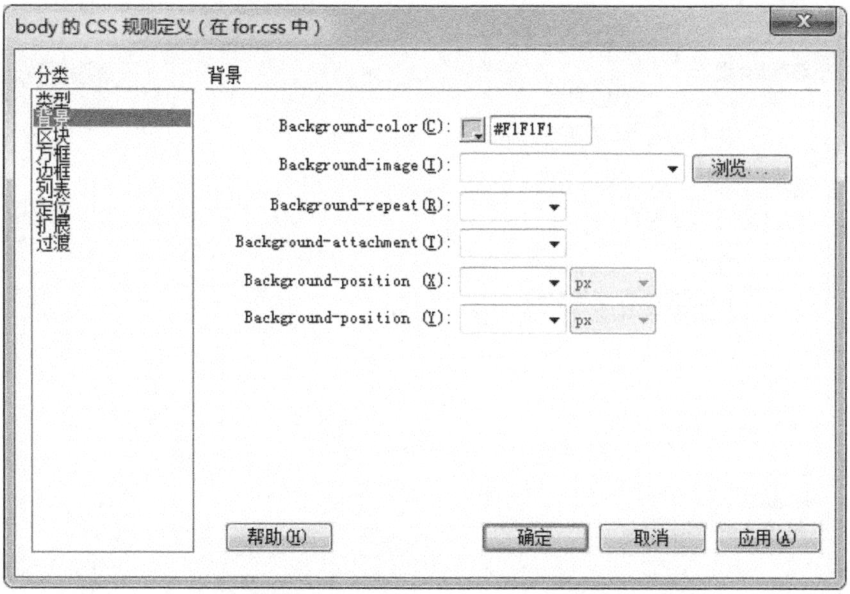

图 5-32　设置"body"的【背景】属性

图 5 - 33 设置 "body" 的【方框】属性

3. 设置网页容器

（1）插入 Div 标签。选择【插入】/【布局对象】/【Div 标签】命令，设置 Div 的 ID 为 "box"。

（2）设置容器样式。单击设计窗口底部标签选择器上的 < Div#box > 标签，新建 "#box" Div【ID】CSS 规则，并在弹出的【新建 CSS 规则】对话框的【规则定义】中选择 "for. css"，如图 5 - 34 所示，然后单击【确定】按钮，设置 "#box" 的 CSS 规则定义，如图 5 - 35 ~ 图 5 - 37 所示。

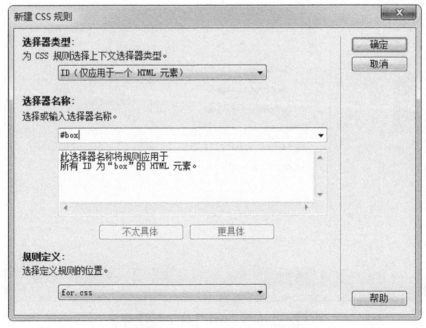

图 5 - 34 【新建 CSS 规则】对话框

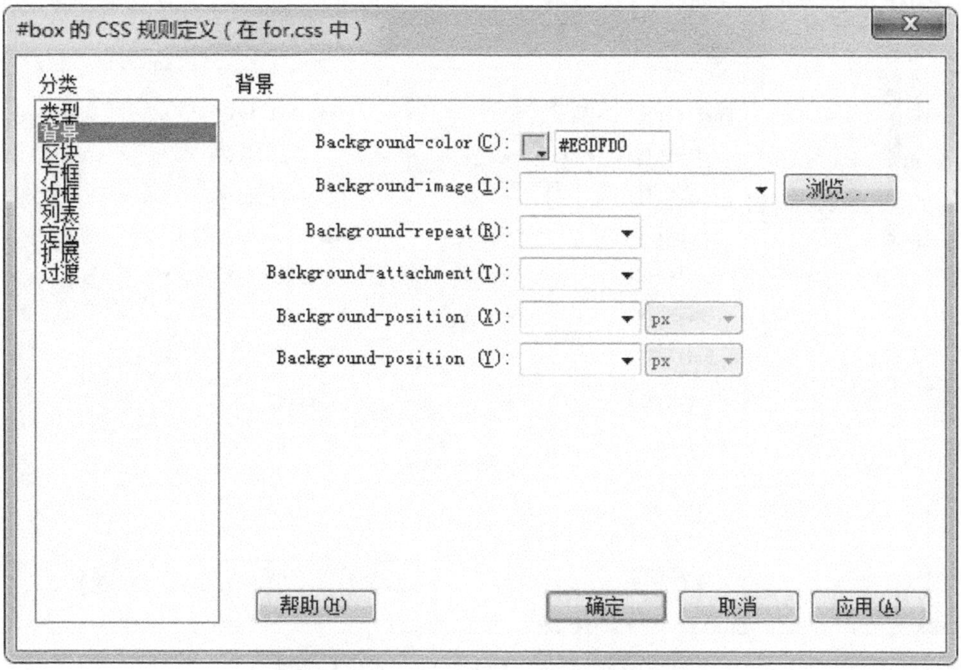

#box 的 CSS 规则定义（在 for.css 中）　　　　　　　　　　　　　　 ✕

分类　　　　　　　背景
类型
背景
区块　　　　　　　Background-color (C):　□　#E8DFD0
方框
边框　　　　　　　Background-image (I):　　　　　　　　▼　　浏览...
列表
定位　　　　　　　Background-repeat (R):　　　　　　　▼
扩展
过渡　　　　　　　Background-attachment (T):　　　　　　▼

　　　　　　　　　　Background-position (X):　　　　　▼　　px　▼

　　　　　　　　　　Background-position (Y):　　　　　▼　　px　▼

　　　　　　　帮助 (H)　　　　　　　确定　　　取消　　　应用 (A)

图 5 - 35　设置 "#box" 的【背景】属性

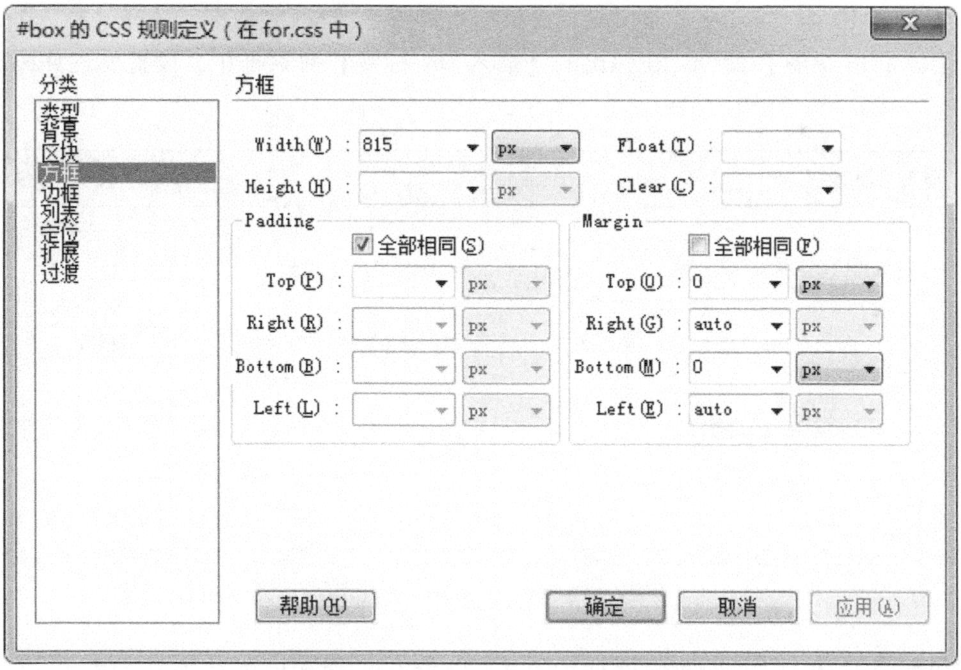

#box 的 CSS 规则定义（在 for.css 中）　　　　　　　　　　　　　　 ✕

分类　　　　　　　方框
类型
背景
区块　　　　　　　Width (W):　815　　　▼　px　▼　　Float (T):　　　　　▼
方框
边框　　　　　　　Height (H):　　　　　▼　px　▼　　Clear (C):　　　　　▼
列表
定位　　　　　　　┌Padding─────────────┐　┌Margin──────────────┐
扩展　　　　　　　│　　☑全部相同 (S)　　　│　│　　☐全部相同 (F)　　　│
过渡
　　　　　　　　　Top (P):　　　　　▼　px　▼　　Top (O):　0　　　▼　px　▼

　　　　　　　　　Right (R):　　　　▼　px　▼　　Right (G):　auto　▼　px　▼

　　　　　　　　　Bottom (B):　　　▼　px　▼　　Bottom (M):　0　　▼　px　▼

　　　　　　　　　Left (L):　　　　▼　px　▼　　Left (E):　auto　▼　px　▼

　　　　　　　帮助 (H)　　　　　　　确定　　　取消　　　应用 (A)

图 5 - 36　设置 "#box" 的【方框】属性

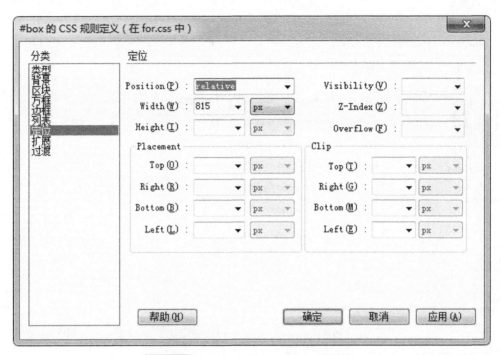

图 5-37 设置 "#box" 的【定位】属性

4. 在名为 "box" 的 Div 中插入嵌套 Div

（1）插入 ID 为 "content" 的 Div。将鼠标指针置于 "box" 内部，选择【插入】/【布局对象】/【Div 标签】命令，在弹出的【插入 Div 标签】对话框中，设置属性如图 5-38 所示。

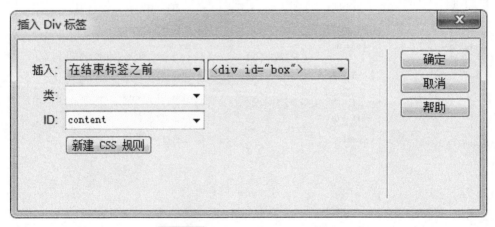

图 5-38 插入嵌套 Div "content"

将鼠标指针置于 "content" 内部，在【CSS 样式】浮动面板底部单击 ➕ 按钮，新建 "#box #content" CSS 规则，如图 5-39 所示。

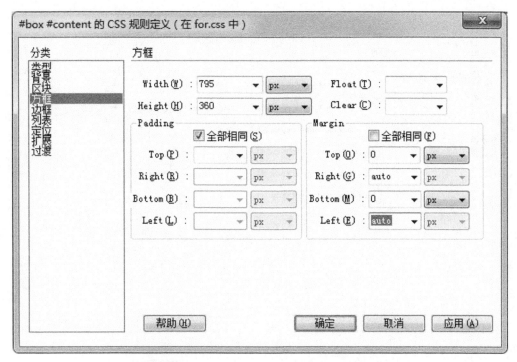

图 5 - 39　设置 "#box #content" 的【方框】属性

　　(2) 插入 ID 为 "main" 的 Div。将鼠标指针置于 "box" 内部，选择【插入】/【布局对象】/【Div 标签】命令，在弹出的【插入 Div 标签】对话框中，设置属性如图 5 - 40 所示。

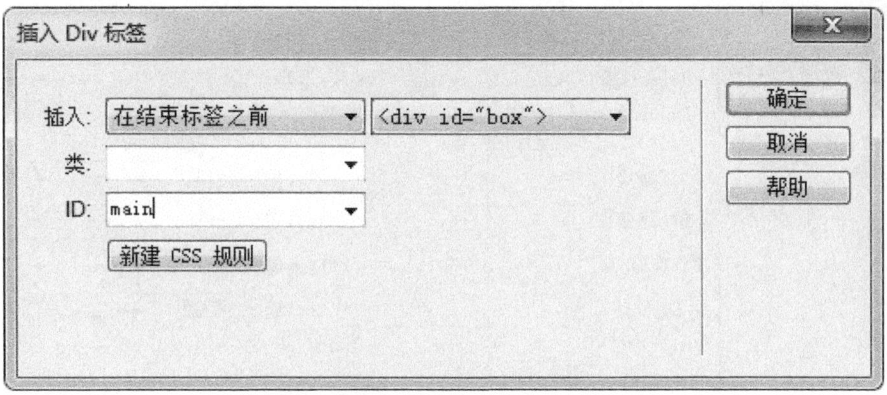

图 5 - 40　插入嵌套 Div "main"

　　将鼠标指针置于 "main" 内部，在【CSS 样式】浮动面板底部单击 按钮，新建 "#box #main" CSS 规则，如图 5 - 41 ~ 图 5 - 44 所示。

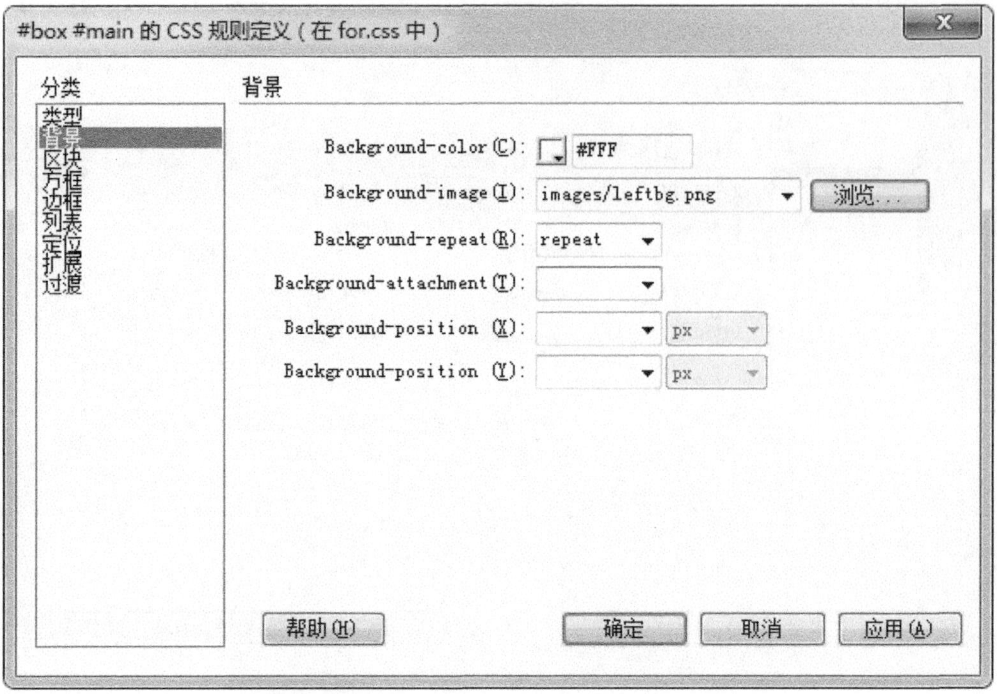

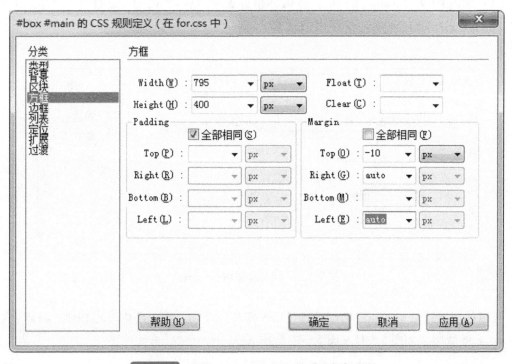

图 5 - 41 设置 "#box #main" 的【背景】属性

图 5 - 42 设置 "#box #main" 的【方框】属性

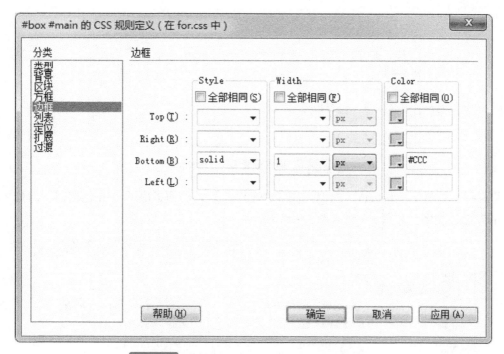

图 5-43　设置"#box #main"的【边框】属性

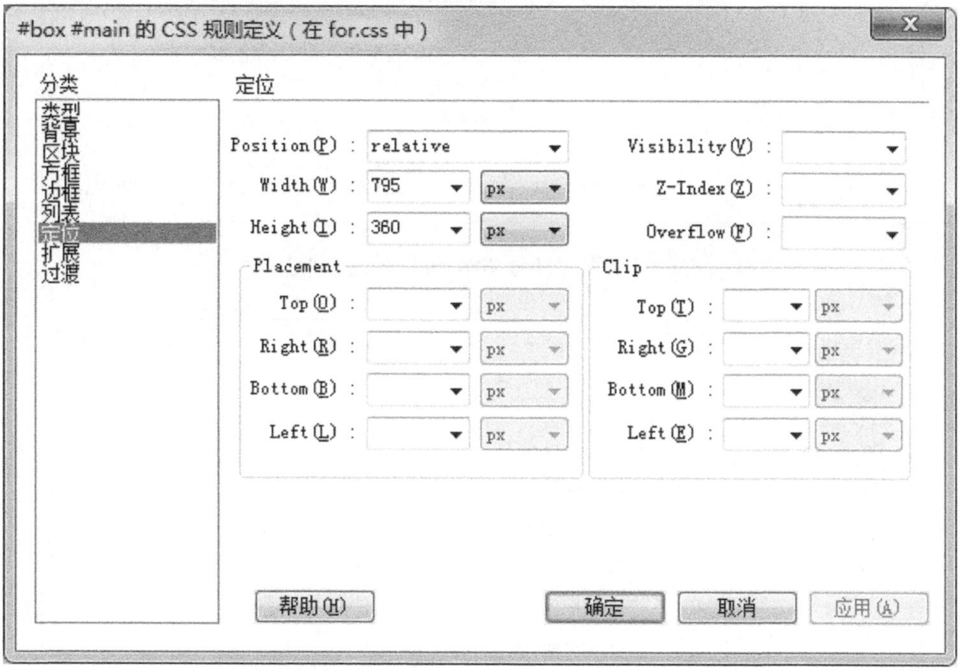

图 5-44　设置"#box #main"的【定位】属性

（3）插入 ID 为"bottom"的 Div。将鼠标指针置于"box"内部，选择【插入】/【布局对象】/【Div 标签】命令，在弹出的【插入 Div 标签】对话框中，设置属性如图 5-45所示。

图 5-45 插入嵌套 Div "bottom"

将鼠标指针置于"bottom"内部，在【CSS 样式】浮动面板底部单击 ⊞ 按钮，新建"#box #bottom" CSS 规则，如图 5-46 ~ 图 5-48 所示。

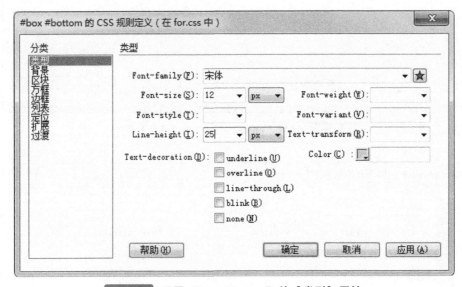

图 5-46 设置 "#box #bottom" 的【类型】属性

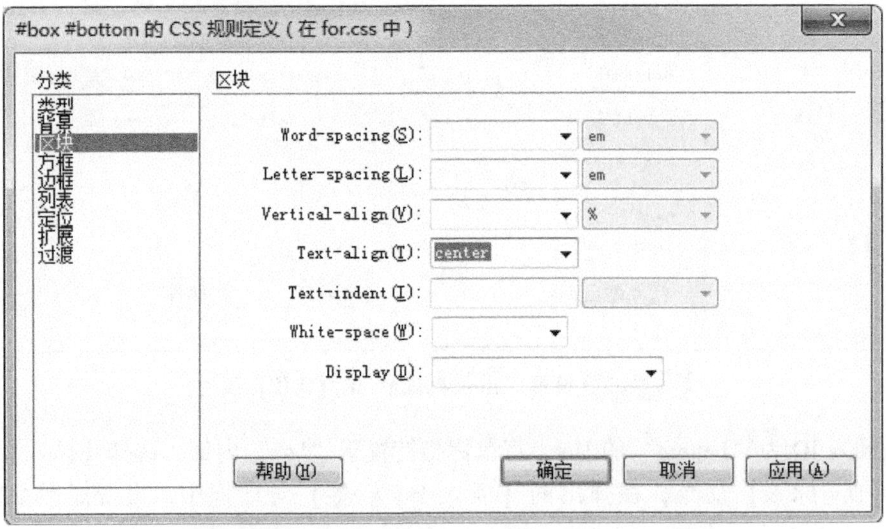

图 5-47 设置 "#box #bottom" 的【区块】属性

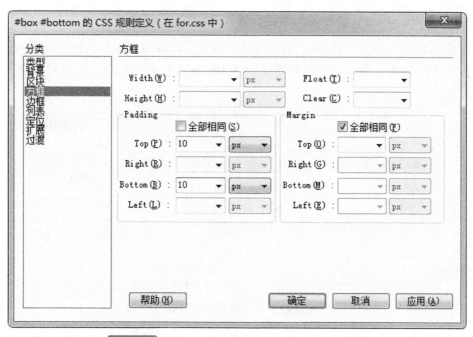

图 5 - 48 设置 "#box #bottom" 的【方框】属性

执行上述操作后，网页基本结构如图 5 - 49 所示。

此处显示 id "box" 的内容
此处显示 id "content" 的内容

此处显示 id "main" 的内容

此处显示 id "bottom" 的内容

图 5 - 49 网页基本结构

5. 在名为"content"的子 Div 中插入嵌套 Div

（1）插入 ID 为"logo"的 Div。将鼠标指针置于"content"内部，选择【插入】/【布局对象】/【Div 标签】命令，在弹出的【插入 Div 标签】对话框中，设置属性如图 5 - 50 所示。

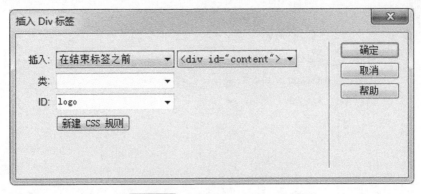

图 5 - 50 插入嵌套 Div "logo"

将鼠标指针置于"logo"内部，在【CSS 样式】浮动面板底部单击 按钮，新建"#box #content #logo" CSS 规则，如图 5 - 51 ~ 图 5 - 53 所示。

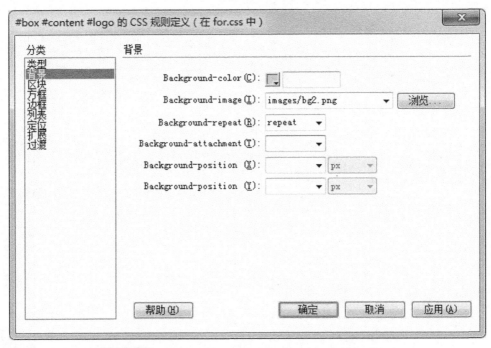

图 5 - 51 设置"#box #content #logo"的【背景】属性

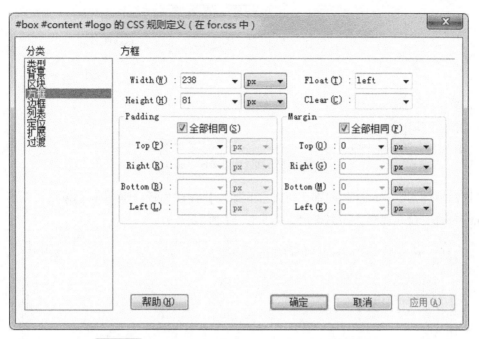

图 5 – 52　设置 "#box #content #logo" 的【方框】属性

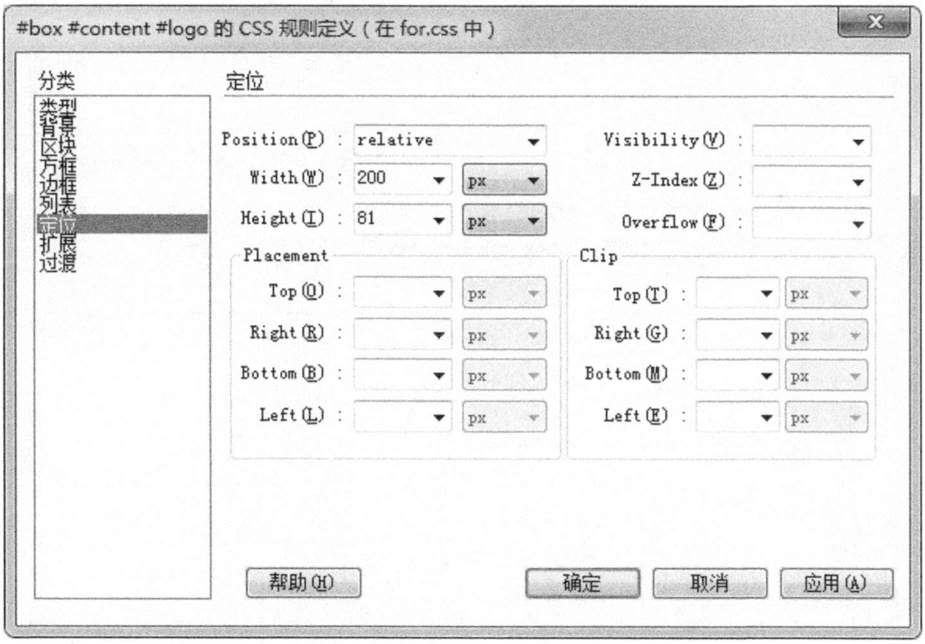

图 5 – 53　设置 "#box #content #logo" 的【定位】属性

（2）插入 ID 为 "nav1" 的 Div。将鼠标指针置于 "content" 内部，选择【插入】/【布局对象】/【Div 标签】命令，在弹出的【插入 Div 标签】对话框中，设置属性如图 5 – 54 所示。

图 5 – 54   插入嵌套 Div "nav1"

将鼠标指针置于 "nav1" 内部，在【CSS 样式】浮动面板底部单击➕按钮，新建 "#box #content #nav1" CSS 规则，如图 5 – 55 ~ 图 5 – 57 所示。

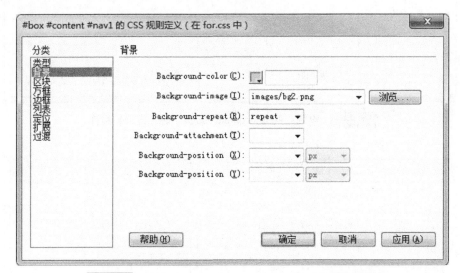

图 5 – 55   设置 "#box #content #nav1" 的【背景】属性

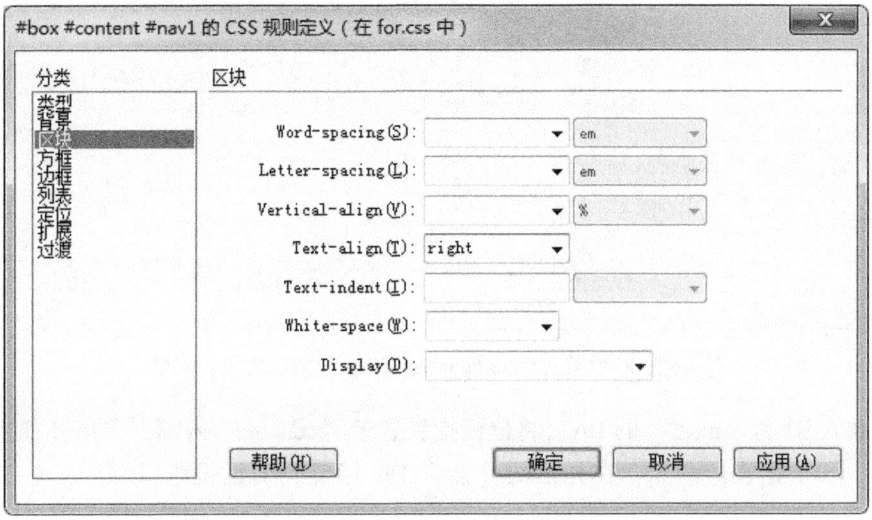

图 5 – 56   设置 "#box #content #nav1" 的【区块】属性

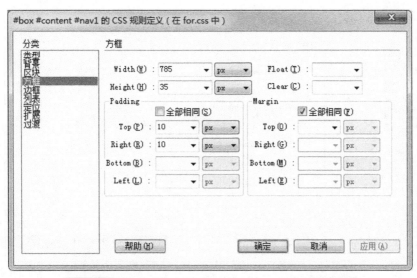

图 5 - 57　设置"**#box #content #nav1**"的【方框】属性

（3）插入 ID 为"nav2"的 Div。将鼠标指针置于"content"内部，选择【插入】/【布局对象】/【Div 标签】命令，在弹出的【插入 Div 标签】对话框中，设置属性如图 5 - 58 所示。

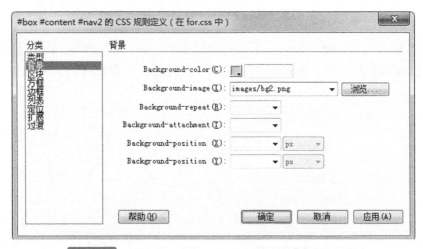

图 5 - 58　插入嵌套 Div "nav2"

将鼠标指针置于"nav2"内部，在【CSS 样式】浮动面板底部单击 按钮，新建"#box #content #nav2" CSS 规则，如图 5 - 59 ~ 图 5 - 61 所示。

![#box #content #nav2 的 CSS 规则定义（在 for.css 中）]

图 5 - 59　设置"**#box #content #nav2**"的【背景】属性

图 5-60 设置 "#box #content #nav2" 的【区块】属性

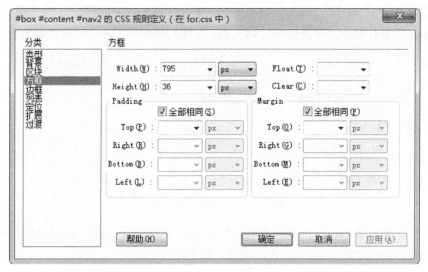

图 5-61 设置 "#box #content #nav2" 的【方框】属性

（4）插入 ID 为 "banner" 的 Div。将鼠标指针置于 "content" 内部，选择【插入】/【布局对象】/【Div 标签】命令，在弹出的【插入 Div 标签】对话框中，设置属性如图 5-62 所示。

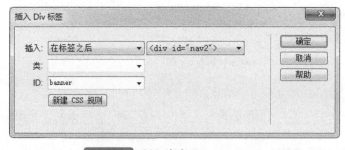

图 5-62 插入嵌套 Div "banner"

　　将鼠标指针置于"banner"内部，在【CSS 样式】浮动面板底部单击➕按钮，新建"#box #content #banner" CSS 规则，如图 5 - 63 和图 5 - 64 所示。

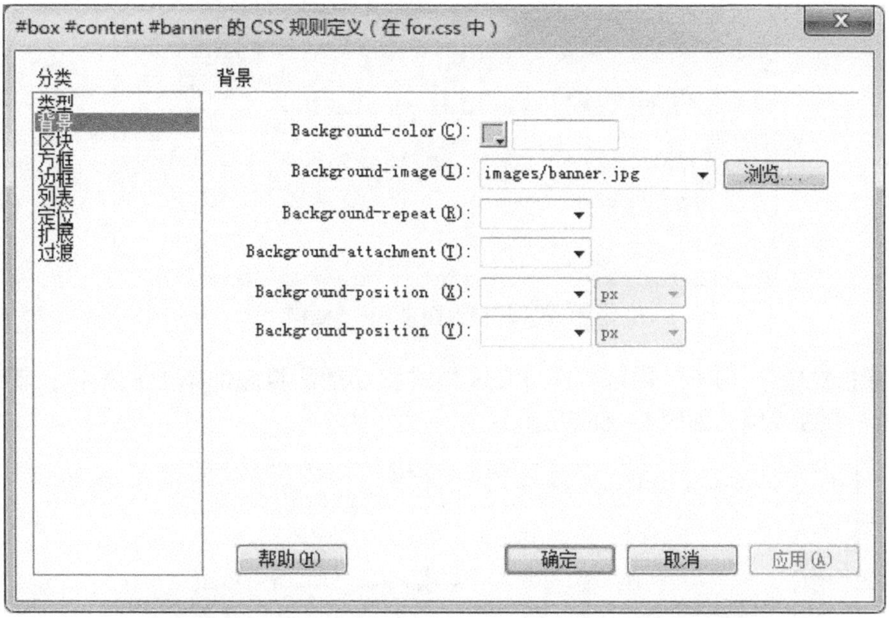

图 5 - 63　设置 "#box #content #banner" 的【背景】属性

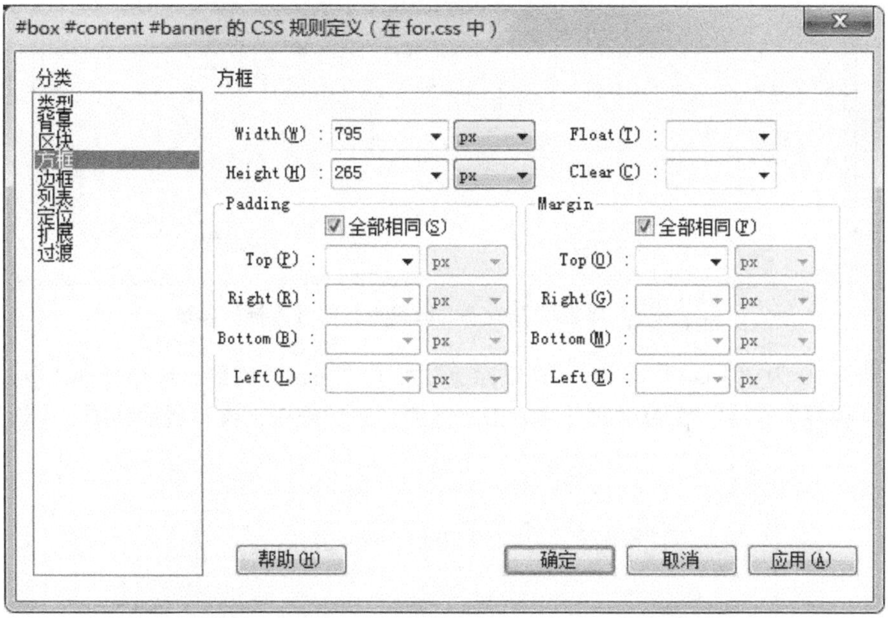

图 5 - 64　设置 "#box #content #banner" 的【方框】属性

6．在名为"main"的子 Div 中插入嵌套 Div

（1）插入 ID 为"left"的 Div。将鼠标指针置于"main"内部，选择【插入】/【布局对象】/【Div 标签】命令，在弹出的【插入 Div 标签】对话框中，设置属性如图 5 - 65 所示。

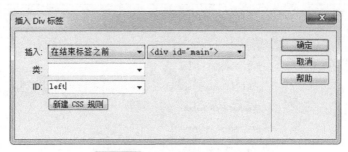

图 5 - 65 插入嵌套 Div "left"

将鼠标指针置于"left"内部，在【CSS 样式】浮动面板底部单击 按钮，新建"#box #main #left" CSS 规则，如图 5 - 66 所示。

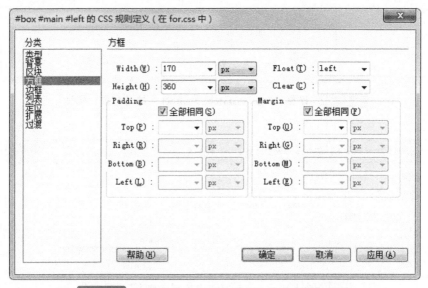

图 5 - 66 设置"#box #main #left"的【方框】属性

（2）插入 ID 为"detail"的 Div。将鼠标指针置于"main"内部，选择【插入】/【布局对象】/【Div 标签】命令，在弹出的【插入 Div 标签】对话框中，设置属性如图 5 - 67 所示。

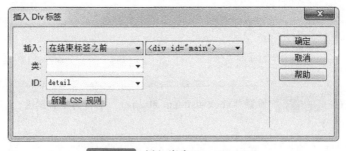

图 5 - 67 插入嵌套 Div "detail"

将鼠标指针置于"detail"内部，在【CSS 样式】浮动面板底部单击![]按钮，新建"#box #main #detail" CSS 规则，如图 5 - 68 和图 5 - 69 所示。

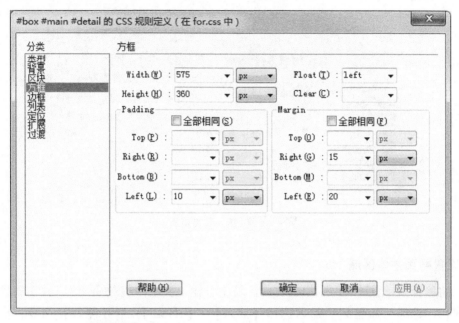

图 5 - 68　设置"#box #main #detail"的【方框】属性

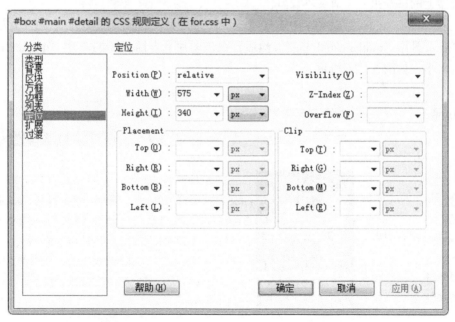

图 5 - 69　设置"#box #main #detail"的【定位】属性

7. 设置网页页眉

删除相关 Div 中的文本提示信息，执行以下操作：在 ID 为"logo"的 Div 中插入图像

"logo. jpg"，在 ID 为"nav1"的 Div 中输入文本"设为首页"，在 ID 为"nav2"的 Div 中插入图像"menu. png"，如图 5 – 70 所示。

图 5 – 70　插入网页页眉

8. 设置网页主体区域

（1）将鼠标指针置于 ID 为"left"的区域中，输入文本"宠物资讯"，并在属性检查器的【格式】中选择"标题 3"；然后选择【插入】／【HTML】／【水平线】命令，在文本下方插入一条水平线，用以分隔标题和其他文本；最后，在水平线下方输入文本并选中，单击属性检查器上的按钮，完成文本设置。

（2）在 ID 为"detail"的 Div 中输入"＞＞萌宠分类＞名犬＞秋田犬"，在 ID 为"title"的 Div 中插入图片"qiutiandetail. jpg"。然后，在该图片下方插入新的图片"qiutian. jpg"，并输入相应文本，如图 5 – 71 所示。

图 5 – 71　设置网页主体区域信息

（3）新建"h3"【标签】CSS 规则，如图 5 – 72 所示。

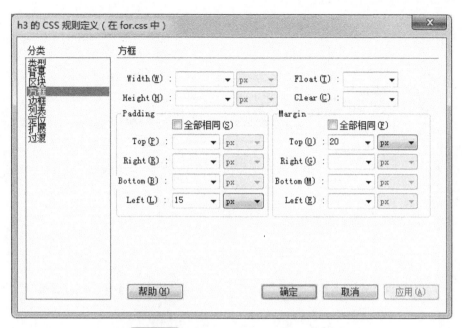

图 5－72　设置"h3"的【方框】属性

（4）新建"li"【标签】CSS 规则，如图 5－73 所示。

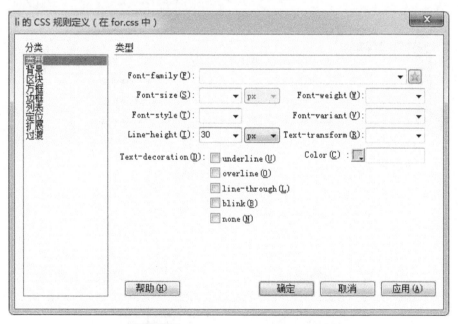

图 5－73　设置"li"的【类型】属性

（5）新建"#box #main #detail img"【复合内容】CSS 规则，如图 5－74 所示。

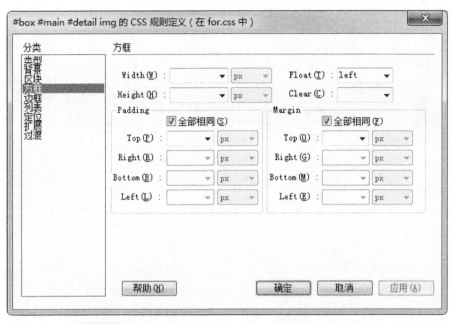

图 5 - 74 设置 "#box #main #detail img" 的【方框】属性

（6）新建 ".fontcss"【类】CSS 规则，如图 5 - 75 所示。

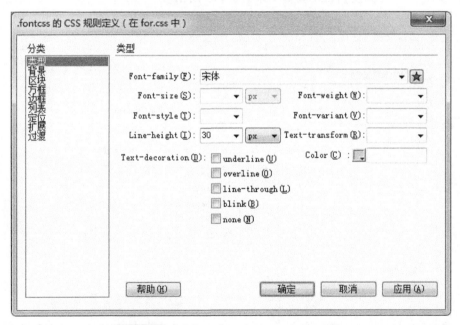

图 5 - 75 设置 ".fontcss" 的【类型】属性

（7）选中秋田犬图像之后的文本信息，在属性检查器的【类】下拉列表中选择 ".fontcss"。

（8）将鼠标指针定位在 ID 为 "bottom" 的 Div 中，输入文本 "版权所有：黑龙江省佳木斯市爱心萌宠协会 联系电话：0454 - 88888888 CopyRight © 2017 - 2018 All Rights Reserved"。

9. 预览网页

按下 < F12 > 键预览网页，网页效果如图 5 - 76 所示。

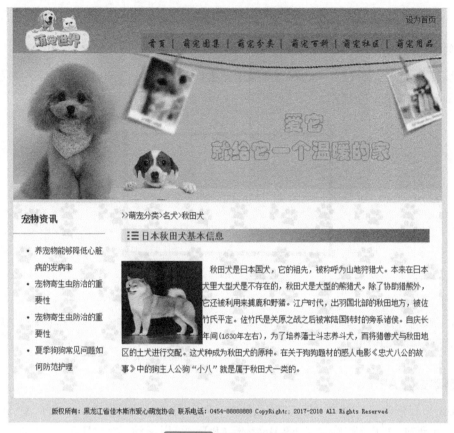

图 5 - 76 网页预览效果

5.3 插入 AP Div

AP Div 是 Dreamweaver 中一种特殊的 Div 标签元素，具有可移动的特点，其定位不会受网页中其他元素的限制，用户可以在页面中的任意位置对其进行创建和移动。

5.3.1 AP Div 的特性

移动性：AP Div 的位置由坐标值表示，用户可以通过拖动 AP Div 来随意调节其位置，同时属性检查器会显示其当前所在位置。

透明性：AP Div 本身为创建单纯区域的空间，是一个透明容器，当其内部没有任何对象插入时，它将如实显示当前网页文件的页面内容。

叠加性：AP Div 可以重叠，其叠加的顺序由 Z – index 属性决定，Z – index 值最大的 AP Div 会显示在最上方。

可见性：在网页设计中用户可以根据需要设置 AP Div 为显示或隐藏，以实现网页特效。

在网页设计中，用户通过使用 AP Div，可以自由地移动网页中的文本或图像等对象。

5.3.2 创建并设置 AP Div

1. 创建 AP Div

将鼠标指针置于目标位置，选择【插入】/【布局对象】/【AP Div】命令，即可插入或绘制 AP Div，如图 5-77 所示。

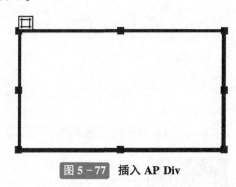

图 5-77 插入 AP Div

 选择【插入】面板的【布局】选项卡，在【标准】模式下选择【绘制 AP Div】也可以插入 AP Div。

2. 创建嵌套 AP Div

AP Div 可以嵌套。在某个 AP Div 中创建的 AP Div 被称为嵌套 AP Div 或子 AP Div，在嵌套 AP Div 外部的 AP Div 被称为父 AP Div。子 AP Div 可以浮动于父 AP Div 之外的任何位置，其位置不受父 AP Div 的限制。

创建嵌套 AP Div 的方法很简单。先将插入点置于 AP Div 对象之中，然后采用上述方法插入新的 AP Div 即可，如图 5-78 所示。

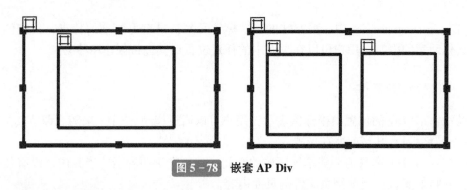

图 5-78 嵌套 AP Div

3. 设置 AP Div 属性

（1）设置单个 AP Div 属性。单击选中 AP Div 对象的任一边框，即可在属性检查器中对其属性进行设置，如图 5-79 所示。

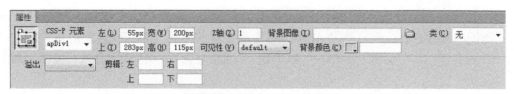

图 5 – 79 **AP Div 属性检查器**

【AP Div】属性检查器主要包括以下属性。

【CSS-P 元素】：设置当前 AP Div 的名称，以便在脚本中进行引用。

【左】：设置 AP Div 相对于页面或父 AP Div 左边的距离。

【上】：设置 AP Div 相对于页面或父 AP Div 顶端的距离。

【宽】：设置 AP Div 的宽度，单位默认为像素（px）。

【高】：设置 AP Div 的高度，单位默认为像素（px）。

【Z 轴】：设置 AP Div 的层叠顺序。Z 轴值较大的 AP Div 会出现在 Z 轴值较小的 AP Div 的上方。

【可见性】：设置 AP Div 的可见性。包含以下选项。

- default：默认值。其可见性由浏览器决定。
- inherit：继承父 AP Div 的可见性。
- visible：显示 AP Div 及其内容，与父 AP Div 无关。
- hidden：隐藏 AP Div 及其内容，与父 AP Div 无关。

【背景图像】：设置 AP Div 的背景图像。

【背景颜色】：设置 AP Div 的背景颜色。

【类】：设置 AP Div 的 CSS 样式。

【溢出】：设置 AP Div 中的内容超出 AP Div 范围时的显示方式。

- visible：AP Div 将自动向右或向下扩展，AP Div 的所有内容都可见。
- hidden：保持 AP Div 的大小不变，不显示滚动条，超出 AP Div 范围的内容将被裁剪。
- scroll：保持 AP Div 的大小不变，始终显示滚动条。
- auto：当 AP Div 的内容超出边界时自动显示滚动条，否则隐藏滚动条。

【剪辑】：设置 AP Div 的可见区域。其中，"左""右""上""下" 4 个文本框分别用于设置 AP Div 在对应方向上的可见区域与 AP Div 边界的距离，单位为像素（px）。

小贴士 当插入对象比 AP Div 大时，系统会忽略 AP Div 的宽度和高度，自动调节 AP Div 的大小。

（2）设置多个 AP Div 属性。如果需要将多个 AP Div 设置为相同的属性，那么可以同时选中这些 AP Div，在如图 5 – 80 所示的属性检查器中进行设置。

图 5 – 80 **多个 AP Div 属性检查器**

多个 AP Div 属性检查器的内容主要由两部分组成，上面部分用于设置 AP Div 中文本的样式，下面部分的多数属性与单个 AP Div 属性检查器的相同，唯一不同的是多了一个【标签】下拉列表框，其中包含了"span"和"Div"两个参数，它们都是 HTML 标签。两个参数的含义如下。

1）span 标签：选择该项后，表示 AP Div 是一个内联元素，支持 Style、Class 及 ID 等属性。使用该标签后，用户可以通过为其附加 CSS 样式来实现很多效果。span 标签可以与其他网页元素放置在同一行。

2）Div 标签：与 span 标签的功能相似。不同的是：Div 标签是一个块级元素，在默认情况下每个 Div 标签在页面中都独占一行。

 如果想在一行放置多个 Div 标签，用户可以通过设置 CSS 样式来实现。

5.3.3　管理和编辑 AP Div

1. 管理 AP Div

AP Div 元素的管理主要是通过【AP 元素】面板进行的。面板显示了网页中所有的 AP Div 及它们之间的相对关系，用户在面板中可以执行选择 AP Div、设置 AP Div 的可见性、设置 AP Div 的层叠顺序及重命名 AP Div 等操作。

（1）认识【AP 元素】面板。选择【窗口】/【AP 元素】命令，打开【AP 元素】面板，如图 5-81 所示。其中，嵌套 AP Div 以树状结构的方式进行显示。

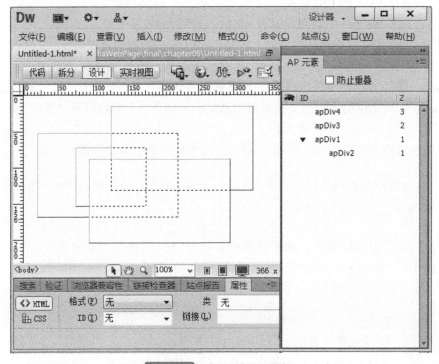

图 5-81　【AP 元素】面板

【AP 元素】面板主要包括以下功能。

【□防止重叠】：选中该项可以防止 AP Div 重叠。

【👁】：该图标用于设置 AP Div 的可见性。当显示为👁时，表示 AP Div 处于显示状态；当显示为👁时，表示 AP Div 处于隐藏状态。单击该图标可以切换 AP Div 的显示或隐藏状态。如果在 AP Div 前未显示眼睛图标，则表示用户未指定可见性，系统默认为显示。

【ID】：显示 AP Div 的 ID 编号。双击其 ID 可以重命名 AP Div。

【Z】轴：设置 AP Div 的层叠顺序。Z 轴值最大的 AP Div 显示在最上面。

 如果选中了□防止重叠，则不能够再创建嵌套 AP Div。

（2）选择 AP Div。在网页编辑区域单击 AP Div 边框或在【AP 元素】面板中单击 AP Div 都可选中 AP Div 元素；按住 < Shift > 键并单击 AP Div 可以选择多个连续的 AP 元素；按住 < Ctrl > 键并单击 AP Div 即可选择多个不连续的 AP 元素。

（3）设置 AP Div 层叠顺序。当网页包含多个 AP Div 时，需要对这些 AP Div 的层叠顺序进行设置以控制网页显示的内容。设置方法如下。

1）通过属性检查器的【Z 轴】文本框进行更改，如图 5 – 79 所示。

2）通过【AP 元素】面板的【Z】轴进行更改，如图 5 – 81 所示。

3）通过选择【修改】/【排列顺序】命令，选中【移动最上层】或【移动最下层】进行更改。

2. 编辑 AP Div

由于设计的需要，在网页中经常要插入不同的 AP Div，这时用户需要根据情况进行相应的调整，例如改变 AP Div 的大小、移动 AP Div 及对齐 AP Div。

（1）调整 AP Div 大小。

1）通过属性检查器的【宽】和【高】进行更改。

2）通过鼠标拖动的方法进行更改。选中 AP Div，将鼠标指针移动到 AP Div 的边缘，当出现"↔"、"↕"、"⤢" 或 "⤡" 形状时，按住鼠标左键拖动 AP Div 进行缩放，同时观察【属性】检查器的【宽】和【高】值的变化，直到调整到所需要大小后释放鼠标。

（2）移动 AP Div。先选中 AP Div，将鼠标指针移动到 AP Div 边框上，当指针变成 "✥" 形状时，按住鼠标左键并拖动至目标位置即可。

 用户选中 AP Div 后，通过属性检查器的【左】和【上】也能移动 AP Div。

（3）对齐 AP Div。网页制作中如果想对多个 AP Div 统一设置对齐方式，用户可以通过选择【修改】/【排列顺序】命令来实现，如图 5 – 82 所示。

排列顺序(A)	▶		移到最上层(G)	
转换(C)	▶		移到最下层(D)	
库(I)	▶		左对齐(L)	Ctrl+Shift+1
模板(E)	▶		右对齐(R)	Ctrl+Shift+3
			上对齐(T)	Ctrl+Shift+4
			对齐下缘(B)	Ctrl+Shift+6
			设成宽度相同(W)	Ctrl+Shift+7
			设成高度相同(H)	Ctrl+Shift+9
			防止 AP 元素重叠(P)	

图 5-82 对齐 AP Div

小贴士 在对齐 AP Div 的过程中，Dreamweaver CS6 会默认以最后选中的 AP Div 为标准进行对齐。

5.3.4 课堂案例——使用 AP Div 布局网页

本例使用 AP Div 来实现网页的简单布局。具体操作步骤如下。

1. 新建文档

选择【文件】/【新建】命令，新建一个空白 HTML 文档，将文件另存为"example \ chapter05 \ AP Div \ apindex. html"。

2. 设置网页背景图像

单击属性检查器中【页面属性】按钮，系统弹出【页面属性】对话框，在【分类】中选择【外观】选项，设置【背景图像】为"images/bglan. jpg"。

3. 插入并设置 AP Div 属性

（1）选择【插入】/【布局对象】/【AP Div】命令，在页面插入一个 AP Div，然后选中该 AP Div，在属性检查器中设置该 AP Div 的【宽】为"750px"，【高】为"562px"，【左】为"215px"，【上】为"10px"。插入的 AP Div 如图 5-83 所示。

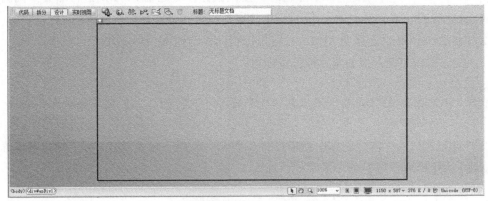

图 5-83 插入的 AP Div

（2）将鼠标指针置于 AP Div 中，选择【插入】/【图像】命令，在【选择图像源文件】对话框中选择图像"xq. jpg"，效果如图 5 - 84 所示。

图5-84 在 AP Div 中插入图像

（3）将鼠标指针置于 AP Div 中，按照上述步骤继续插入一个嵌套 AP Div，然后选中该嵌套 AP Div，在属性检查器中设置该嵌套 AP Div 的【宽】为"200px"，【高】为"350px"，【左】为"500px"，【上】为"90px"，效果如图 5 - 85 所示。

图5-85 插入嵌套 AP Div

（4）将鼠标指针置于 apDiv2 中，输入文本，效果如图 5 - 86 所示。

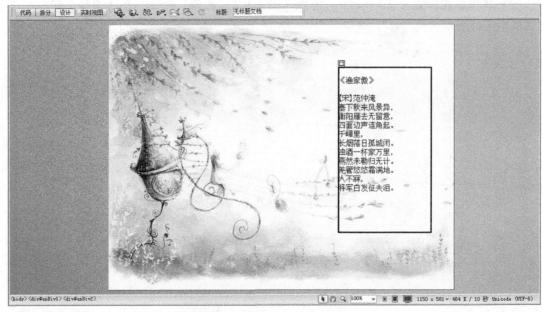

图 5 - 86   在嵌套 **AP Div** 中插入文本

4. 创建 CSS 样式

选择【窗口】/【CSS 样式】命令，在【CSS 样式】浮动面板的【所有规则】中选择并双击"#apDiv2"，打开【#apDiv2 的 CSS 规则定义】对话框，设置【类型】属性如图 5 - 87所示。

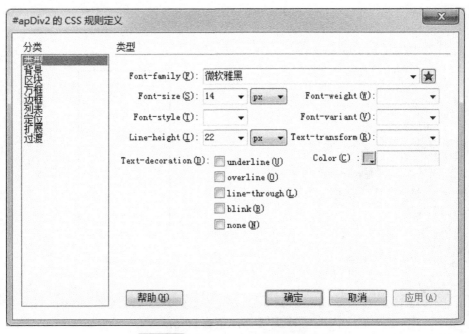

图 5 - 87   创建 "**#apDiv2**" CSS 样式

5．设置文本标题

选中文本"《渔家傲》"，在属性检查器中设置【格式】为"标题 2"。

6．预览网页

按 < F12 >键预览网页，网页效果如图 5 - 88 所示。

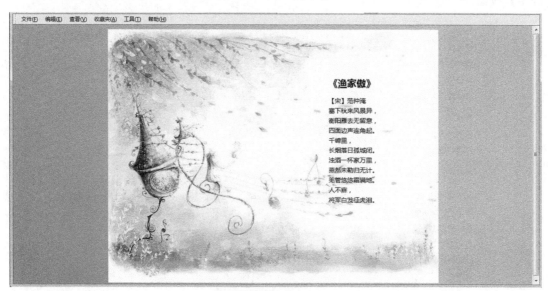

图 5 - 88　网页预览效果

5.4 框架布局

用户使用框架可以把浏览器窗口划分成多个区域，每个区域显示不同的独立网页文档。框架布局最常见的情况为：一个框架显示含有导航控制的文档，其他框架显示含有内容的文档。

5.4.1　框架和框架集

框架不是文件，是浏览器窗口中的一个区域，是存放文档的容器，它可以显示与浏览器窗口其余部分所显示内容无关的 HTML 文档，是一个独立的 HTML 页面。

框架集是 HTML 文件，它定义了一组框架的布局和属性，记录了整个框架页面中各框架的布局、框架的数目、框架的大小、位置以及在每个框架中初始显示的页面的 URL。框架集本身不包含在浏览器中显示的网页内容，但 noframes 部分除外。框架集文件只是向浏览器提供如何显示一组框架以及在这些框架中应显示哪些文档的有关信息。

5.4.2　创建框架和框架集

创建框架有两种方法：一是插入预定义的框架样式，二是创建自定义的框架样式。框架内可嵌套其他框架。

1. 插入预定义的框架

Dreamweaver CS6 预置了 13 种框架样式，如图 5 - 89 所示。将鼠标指针置于页面中，选择【插入】/【HTML】/【框架】命令，在展开的菜单中选择所需的框架类型，打开【框架标签辅助功能属性】对话框，如图 5 - 90 所示，在该对话框中为框架指定标题名称，单击【确定】按钮。

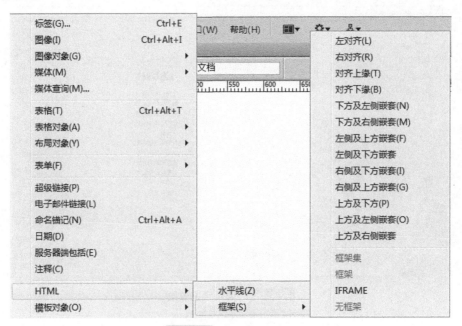

图 5 - 89　预置框架样式

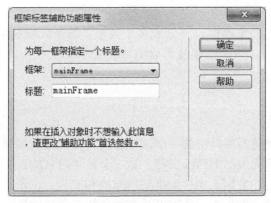

图 5 - 90　【框架标签辅助功能属性】对话框

2. 创建自定义框架

选择【查看】/【可视化助理】/【框架边框】命令，即会在页面中显示框架的边框，如图 5 - 91 所示。若要创建左右结构或上下结构的框架页面，可将鼠标指针放置在页面的左右或上下边框线上，当指针变为 "⟷" 或 "↕" 时，按住鼠标左键拖动边框到指定位置，即会出现一个左右结构或上下结构的框架页面，如图 5 - 92 所示。

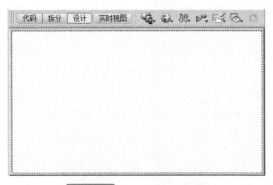

图 5 - 91　显示框架的边框　　　　　　　图 5 - 92　自定义框架样式

5.4.3　嵌套框架

嵌套框架是指在已有的框架中再插入其他框架，其创建方法与创建框架的方法相似。用户在创建一个框架之后，将插入点置于要创建嵌套框架的框架区域，然后执行创建框架的操作，即可创建嵌套框架，如图 5 - 93 所示。

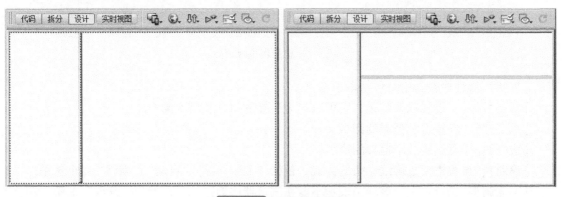

图 5 - 93　创建嵌套框架

 按住 < Ctrl > 键拖动框架边框，可插入嵌套框架。

5.4.4　设置框架和框架集属性

1. 设置框架属性

设置框架或框架集属性，应首先选择框架或框架集，用户可通过【框架】浮动面板来进行操作。选择【窗口】/【框架】命令打开【框架】浮动面板，其中会显示当前框架页的布局，如图 5 - 94 所示，在【框架】浮动面板中单击某一框架区域，即可选中该框架，属性检查器会显示其对应的属性，如图 5 - 95 所示。

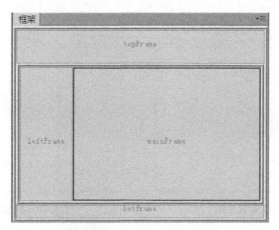

图 5 - 94　【框架】浮动面板

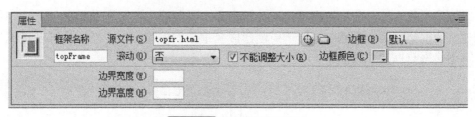

图 5 - 95　框架属性检查器

【框架】属性检查器主要包括以下属性。

【框架名称】：设置框架名称。它可以作为链接的目标和脚本的引用。

【源文件】：设置显示框架的网页文档。

【边框】：设置是否显示框架的边框。

【滚动】：设置框架显示滚动条的方式。包括"是""否""自动""默认"4 个选项。

【不能调整大小】：选中该项则表示不能在浏览器中通过拖动框架边框来改变框架大小。

【边框颜色】：设置框架边框的颜色。

【边界宽度】：设置框架的宽度。

【边界高度】：设置框架的高度。

 只有设置了框架边框的宽度值，边框颜色才会显示。

2. 设置框架集属性

在【框架】浮动面板中，单击框架集边框即可选中框架集，其属性检查器如图 5 - 96 所示。

图 5 - 96　框架集属性检查器

【框架集】属性检查器主要包括以下属性。

【边框】：设置框架集内框架的边框。包括 "是" "否" "默认" 3 个选项。

【边框颜色】：设置边框的颜色。

【边框宽度】：设置框架集中边框的宽度。

【行】【列】：显示当前的框架结构的行数、列数。

【行】【值】：用于设置当前框架行或列的大小。单位包括 "像素" "百分比" "相对" 3 个选项。

 只有设置了框架边框的宽度值，边框颜色才会显示。

5.4.5　保存框架集和框架文件

当用户在创建框架时，框架集和框架文件就已经存在了。当预览或关闭所有文档时，用户需要对框架集文件和框架文件进行保存。在 Dreamweaver 中，既可以单独保存每个框架集文件和带框架的文档，也可以一次性保存所有的文档。

1. 保存框架集文件

在文档窗口或【框架】浮动面板中单击需要保存的框架集，选择【文件】/【保存框架页】命令，在弹出的【另存为】对话框中选择文件的保存位置并输入文件名称。

若要将框架集文件另存为新文件，选择【文件】/【框架集另存为】命令，在弹出的【另存为】对话框中选择文件的保存位置并输入文件名称。

2. 保存框架网页文档

若只保存在框架中所显示的文档，则在框架中单击鼠标左键，选择【文件】/【保存框架】命令进行操作即可。若要将该文件另存为新文件，则需通过【文件】/【框架另存为】命令来实现。

3. 保存所有文件

选择【文件】/【保存全部】命令能够将与框架关联的所有文档全部进行保存。如果是首次保存框架集文件，那么在弹出【另存为】对话框的同时，当前被保存的框架集或框架周围会出现粗边框，通常情况下应先保存框架集文件，然后再保存各个框架网页文档。

小贴士　如果要删除框架，则只需把鼠标指针放置在想要删除框架的边框上，选中并拖动框架边框至页面边框外即可。

5.4.6　编辑无框架内容

Dreamweaver CS6 允许指定在不支持框架的浏览器中编辑内容，以给浏览网页的用户提示信息。选择【修改】/【框架集】/【编辑无框架内容】命令，如图 5-97 所示，在文档窗口像编辑普通网页文档一样编辑提示内容即可。当浏览器不支持带有框架的网页文档时，就会显示用户编辑的无框架内容信息。

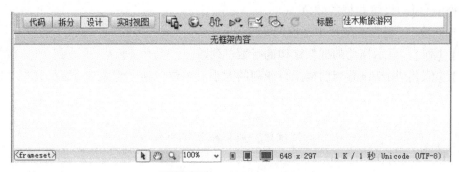

图 5 - 97　编辑无框架内容

在无框架内容界面中完成编辑后，再次选择【修改】/【框架集】/【编辑无框架内容】命令即可返回至框架集文档的普通视图。

5.4.7　浮动框架

浮动框架是一种特殊的框架结构，是在浏览器窗口中嵌套的子窗口。整个页面并不一定是框架页面，但要包含一个框架窗口。浮动框架可由用户定义宽度和高度，并且可被放置在一个网页的任何位置。

1. 插入 iframe 浮动框架

打开要插入浮动框架的网页，将鼠标指针置于目标位置，选择【插入】/【HTML】/【框架】/【IFRAME】命令，系统自动切换到拆分视图，用户可以利用 HTML 代码对浮动框架进行设置，如图 5 - 98 所示。

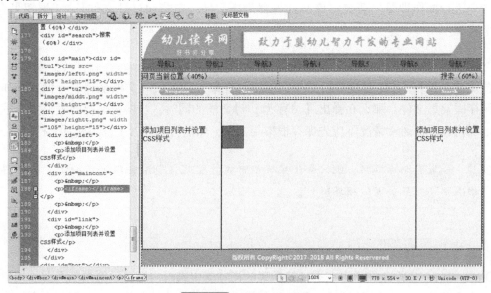

图 5 - 98　插入浮动框架

2．iframe 的属性设置

选择【修改】/【编辑标签】命令，打开 iframe【标签编辑器】对话框，在【常规】选项卡中即可设置 iframe 的主要属性，如图 5 - 99 所示。

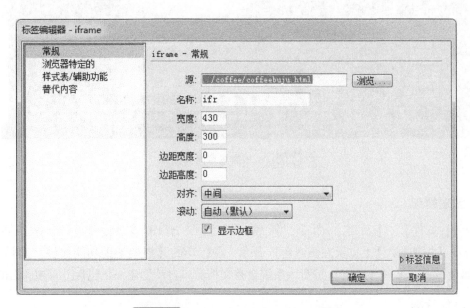

图 5 - 99　**iframe【标签编辑器】对话框**

iframe【标签编辑器】主要包括以下属性。

【源】：设置 iframe 框架载入的目标文件的 URL。

【名称】：设置 iframe 框架的名称。

【宽度】：设置 iframe 框架的宽度。单位为"像素"或"百分比"。

【高度】：设置 iframe 框架的高度。单位为"像素"或"百分比"。

【边距宽度】：设置 iframe 框架横向的边距。单位为"像素"。

【边距高度】：设置 iframe 框架纵向的边距。单位为"像素"。

【对齐】：设置 iframe 的对齐方式。包括"顶部""底部""中间""左""右"5 个选项。

【滚动】：设置浮动框架显示滚动条的方式。包括"自动（默认）""是""否"3 个选项。

【显示边框】：设置 iframe 框架是否显示边框。

5.4.8　课堂案例——框架的应用

本例使用框架技术进行网页布局，以制作旅游景点简介网页，目标网页如图 5 - 100 所示。具体操作步骤如下。

图 5 - 100   旅游景点简介主页

1. 创建框架

选择【文件】/【新建】命令，新建一个空白 HTML 文档，然后选择【插入】/【HTML】/【框架】/【上方及左侧嵌套】命令，在打开的【框架辅助功能属性】对话框中选择默认属性设置，单击【确定】按钮，系统会在文档窗口自动创建一个包含上、左、右的框架。

2. 添加框架

将鼠标指针放置在文档窗口下边框处，当鼠标指针变成"↕"时，向上拖动鼠标，在设计窗口底部自动添加一个框架。拖动框架的边框，调整上方、右侧及底部框架的高度和宽度，系统在其对应的属性检查器中会显示出设置的行高和列宽。

3. 设置框架集属性

选择【窗口】/【框架】命令，在打开的【框架】浮动面板中单击整个框架集边框，在属性检查器中设置框架集【边框宽度】为"1px"，【边框颜色】为"#333333"。

4. 设置框架文档

单击【框架】浮动面板上方框架缩览图选择"topframe"框架，然后在属性检查器中单击 按钮，在打开的对话框中选择【源文件】为"topfr. html"，效果如图 5 - 101 所示。

图 5 - 101   设置顶部框架源文件后的效果

采用同样方法设置左侧框架"leftframe"【源文件】为"leftfr. html",主框架"mainframe"【源文件】为"lzh. html",底部框架"botframe"【源文件】为"bot. html",效果如图 5 - 102 所示。

图 5 - 102 设置左侧框架源文件

5. 设置链接及目标

选中左侧框架菜单中的"黑瞎子岛"图片,在属性检查器中的【链接】后单击 按钮,在打开的对话框中选择源文件为"hxzd. html",【目标】选择"mainframe"。

用同样的方法设置其他三个菜单的链接,源文件分别为"sjk. html""wsz. html""lzh. html"。

6. 设置网页标题

在右侧【框架】浮动面板中选择整个框架集,设置网页标题为"佳木斯旅游网"。

7. 保存文件

将框架集文件另存为"index. htm",完成网页的创建。

5.5 答疑与技巧

5.5.1 疑问解答

Q1:用户已经删除 AP Div 元素,但在"CSS - P"中文本框中输入刚删除的 AP Div 元素的名称时,为什么它还会出现在网页编辑区域中?

A1:当用户在网页编辑区中将 AP Div 元素删除时,其实系统并没有真正将其删除。只有进入当前代码窗口将其对应的 CSS 规则代码删除后,系统才真正将 AP Div 元素从网页中删除了。

Q2:使用框架布局网页有什么优缺点?

A2:优点是网页结构清晰,便于网页的更新与维护;支持滚动条,可以实现对每个页面的单独控制；方便导航，可以节省页面下载时间等。缺点是兼容性不好，保存不方便，应用范围有限等。

Q3：如果 Dreamweaver 自带的框架结构不能满足要求怎么办？

A3：可以手动制作框架集。将鼠标指针放在框架的水平或垂直边框上，当鼠标指针变成双向箭头时，按住鼠标左键并拖动即可拖拽出一条水平或垂直的框架边框，结合 < Ctrl > 键，可以制作出多样的框架集结构。

Q4：在 iframer 的属性设置中，为什么一定要设置 name 属性？

A4：因为 iframe 的 name 属性可用于 JavaScript 中的引用元素，或者作为链接标签或表单元素的 target 属性的值，或者作为 < input > 或 < button > 的 formtarget 属性的值。

Q5：浮动框架 iframe 与框架 frame 有什么区别？

A5：frame 是整个页面的框架，iframe 是内嵌的网页元素，即内嵌的框架。iframe 标签又叫浮动帧标签，用户可以用它将一个 HTML 文档嵌入在另一个 HTML 文档中显示。它和 frame 标签的最大区别是在网页中嵌入的 < iframe > </iframe > 所包含的内容与整个页面是一个整体，而 < frame > < /frame > 所包含的内容是一个独立的个体，是可以独立显示的。另外，应用 iframe 还可以实现在同一个页面中多次显示同一内容而不必重复这段内容的代码。

Q6：什么是文档流？

A6：将窗体自上而下分成一行行，并在每行中按从左至右的顺序排放元素，这种方式即为文档流。只有三种情况会使元素脱离文档流，分别是：浮动、绝对定位和相对定位。

Q7：为什么插入表格为灰色不可用？

A7：是因为工作模式的问题。此种情况下，用户可以在菜单栏依次选择【查看】/【表格模式】/【标准模式】来更改工作模式。

5.5.2 常用技巧

S1：制作细线表格。选中表格，设置表格【边框】为"0"，单元格【间距】为"1"，【边距】为"0"，表格【背景颜色】为"#999999"；选中表格中的所有单元格，设置单元格【背景颜色】为"#FFFFFF"，即制作了一个细线表格。参考代码如下。

```
< table border = "0" width = "200" cellspacing = "1" cellpadding = "0"  bgcolor = "#999999" >
< tr align = "center" bgcolor = "#FFFFFF" >
< td bgcolor = "#FFFFFF" >细 </td >
< td bgcolor = "#FFFFFF" >表 </td >
< /tr >
< tr align = "center" bgcolor = "#FFFFFF" >
< td bgcolor = "#FFFFFF" >线 </td >
< td bgcolor = "#FFFFFF" >格 </td >
< /tr >
< /table >
```

S2：细线表格扩展。制作如图 5 - 103 所示的表格。在网页中插入一个 2 行 2 列的表格，设置表格【宽】为"300"像素，【边框】为"0"，单元格【间距】为"2"，【边距】为"0"。将鼠标指针置于第一个单元格中，插入一个 1 行 1 列的表格，设置表格【宽】为

"100%"，【边框】为 "0"，单元格【间距】为 "1"，【边距】为 "0"，【背景颜色】为
"#999999"。选中该表格中的单元格，设置单元格【背景颜色】为 "#FFFFFF"。选中该嵌套
表格并右击，在弹出的快捷菜单中选择【拷贝】，将该表格复制到其他 3 个单元格中。

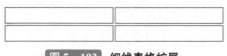

图 5-103　细线表格扩展

S3：如果不想在插入框架时弹出【框架辅助功能属性】对话框，用户可选择【编辑】/
【首选参数】命令，在【分类】选项卡的【辅助功能】选项中进行设置。

S4：在执行调整框架页大小、删除框架页等涉及框架边框线的操作时，用户可选择【查
看】/【可视化助理】/【框架边框】命令以显示框架边框。

5.6　课后实践——利用表格和 Div+CSS 布局

5.6.1　利用表格布局技术制作页面

本例使用表格技术对网页进行布局，目标网页如图 5-104 所示。

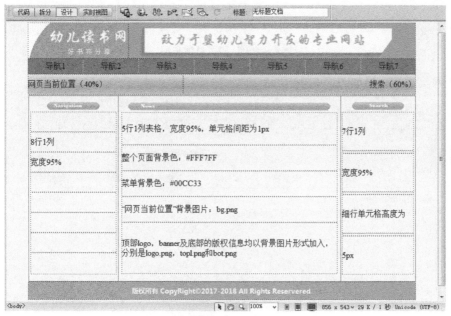

图 5-104　表格布局

（1）在布局之前，应先确定整幅页面需要分为几个部分。此例中，页面可分为四个部
分，如图 5-105 所示。

标题部分（ 770 × 70 ）
导航部分（ 770 × 70，该部分由于两行组成，高度分别为 30, 40）
具体内容（ 770 × 270 ）
说明部分（ 770 × 360 ）

图 5-105　页面结构

（2）选择【插入】／【表格】命令，依次插入 5 个 1 行 1 列，宽度 为 770px，边距、间距、边框均为 0 的表格，网页总体布局如图 5 - 106 所示。

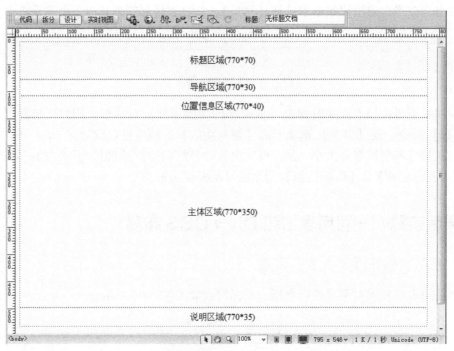

图 5 - 106 网页总体布局

（3）网页详细布局如图 5 - 107 所示。

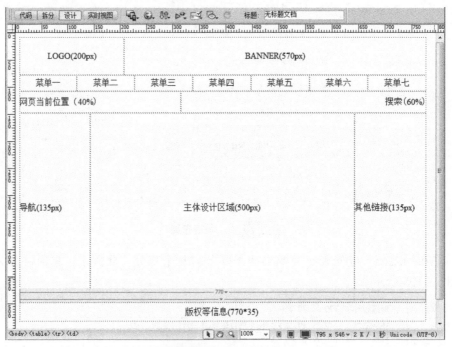

图 5 - 107 网页详细布局

（4）着色背景，格式化布局。网页设置及效果如图 5 – 104 所示。

5.6.2　利用 Div + CSS 布局技术布局网页

本例使用 Div + CSS 布局技术布局图 5 – 104 所示网页。具体操作步骤如下

1. 插入 Div

将鼠标指针置于目标位置，选择【插入】/【布局对象】/【Div 标签】命令，依次按要求插入 14 个 Div，其中，ID 为"box"的 Div 是整个网页的容器，其他 Div 均包含在"box"中；ID 为"tu1""tu2""tu3""left""maincont""link"的 Div 均嵌套在 ID 为"main"的 Div 内部，如图 5 – 108 所示。

图 5 – 108　插入 Div

2. 设置 CSS 规则

（1）新建"*"CSS 样式，属性设置见表 5 – 2。

表 5 – 2　"*"CSS 样式属性设置

分类	属性		值
背景	Background-color		#FFF7FF
方框	Margin	Top	10px
		Right	0 px
		Bottom	0 px
		Left	0 px

（2）新建 ID 为"box"的 Div CSS 样式，属性设置见表 5 – 3。

表 5 - 3   "#box" CSS 样式属性设置

分类	属性		值
方框	Width		770px
	Height		530px
	Margin	Top	0px
		Right	auto
		Left	auto

小贴士   CSS 属性设置完成后需要将 Div 中默认显示的提示文本删除。以下操作相同。

（3）新建 ID 为"logo"的 Div CSS 样式，属性设置见表 5 - 4。

表 5 - 4   "#logo" CSS 样式属性设置

分类	属性	值
背景	Background-image	shijian/images/logo. png
	Background-repeat	No-repeat
方框	Width	200px
	Height	70px
	Float	left

（4）新建 ID 为"bann"的 Div CSS 样式，属性设置见表 5 - 5。

表 5 - 5   "#bann" CSS 样式属性设置

分类	属性	值
背景	Background-image	shijian/images/topl. png
	Background-repeat	No-repeat
方框	Width	570px
	Height	70px
	Float	left

（5）创建菜单样式

1）新建 ID 为"menu"的 Div CSS 样式，属性设置见表 5 - 6。

表 5 - 6   "#menu" CSS 样式属性设置

分类	属性	值
方框	Width	770px
	Height	30px
	Float	left

2）新建"ul, li" CSS 样式，属性设置见表 5 - 7。

表 5 - 7　　"ul，li" CSS 样式属性设置

分类	属性	值
列表	List-style-type	none
	List-style-image	none

3）新建名为"．nav"的基本类样式，属性设置见表 5 - 8。

表 5 - 8　　".nav" CSS 样式属性设置

分类	属性		值
方框	Width		770px
	Height		30px
	Margin	Top	0 px
		Right	auto
		Bottom	0 px
		Left	auto
背景	Background-color		#00CC33

4）新建".nav li a" CSS 样式，属性设置见表 5 - 9。

表 5 - 9　　".nav li a" CSS 样式属性设置

分类	属性	值
类型	Line-height	25px
	Text-decoration	none
区块	Text-align	center
	display	block
方框	Width	110px
	Float	left

（6）新建 ID 为"posi"的 Div CSS 样式，属性设置见表 5 - 10。

表 5 - 10　　"#posi" CSS 样式属性设置

分类	属性	值
背景	Background-image	shijian/images/bg. png
方框	Width	308px
	Height	30px
	Float	left

（7）新建 ID 为"search"的 Div CSS 样式，属性设置见表 5 - 11。

表 5 – 11   "#search" CSS 样式属性设置

分类	属性	值
背景	Background-image	shijian/images/bg. png
区块	Text-align	right
方框	Width	462px
	Height	30px
	Float	left

（8）新建 ID 为 "main" 的 Div CSS 样式，属性设置见表 5 – 12。

表 5 – 12   "#main" CSS 样式属性设置

分类	属性	值
方框	Width	770px
	Height	350px
	Float	left
边框	Style（复选全部相同）	solid
	Width（复选全部相同）	1px

（9）新建 ID 为 "tu1" 的 Div CSS 样式，属性设置见表 5 – 13。

表 5 – 13   "#tu1" CSS 样式属性设置

分类	属性		值
区块	Text-align		center
方框	Width		180px
	Height		20px
	Float		left
	Margin	Top	5px
		Right	auto
		Bottom	5px
		Left	auto

继续创建 ID 为 "tu2" 和 "tu3" 的 Div CSS 样式，分别设置【方框】的【width】属性值为 "440px" 和 "150px"，其余属性设置见表 5 – 13。

（10）新建 ID 为 "left" 的 Div CSS 样式，属性设置见表 5 – 14。

表 5 – 14   "#left" CSS 样式属性设置

分类	属性	值
方框	Width	178px
	Height	330px
	Float	left
边框	Style（复选全部相同）	solid
	Width（复选全部相同）	1px

继续创建 ID 为 "maincont" 和 "link" 的 Div CSS 样式, 分别设置【方框】的【width】属性值为 "438px" 和 "148px", 其余属性设置见表 5 - 14。

(11) 新建 ID 为 "bot" 的 Div CSS 样式, 属性设置见表 5 - 15。

表 5 - 15 "#bot" CSS 样式属性设置

分类	属性	值
背景	Background-image	shijian/images/bot. png
方框	Width	770px
	Height	35px
	Float	left

3. 设置菜单和其他信息

单击设计窗口顶部文档工具栏中的【拆分】按钮, 进入拆分视图, 将下列代码复制到代码窗口的 " < Div id = " menu" > </Div > " 标签中。复制完成后, 返回设计窗口, 再录入图示其他文本即可。

```
<ul class = "nav" >
<li > <a href = "" >导航 1 </a > </li >
<li > <a href = "" >导航 2 </a > </li >
<li > <a href = "" >导航 3 </a > </li >
<li > <a href = "" >导航 4 </a > </li >
<li > <a href = "" >导航 5 </a > </li >
<li > <a href = "" >导航 6 </a > </li >
<li > <a href = "" >导航 7 </a > </li >
</ul >
```

网页中的超级链接

➢ 超级链接的类型与路径
➢ 创建文本链接
➢ 创建锚点链接
➢ 创建图像及热点链接
➢ 创建电子邮件链接
➢ 创建其他链接
➢ Spry 菜单栏

　　网站是由多个页面和文件共同组成的。在浏览网页时，用户单击某文本、图像等对象即可快速打开相关页面。这一功能的实现是通过在网页中创建超级链接来完成的。

6.1 认识超级链接

6.1.1　超级链接的概念

　　超级链接也被称为超链接或链接。在互联网中，超级链接是极其重要的网页元素，如果网页中没有超级链接，就无法实现站点文件的互访。因此，超级链接是各类网站的"灵魂"。超级链接强调的是一种相互关系，即从一个页面指向一个目标对象的连接关系，其中有链接的一端被称为链接的源端点，跳转的页面被称为链接的目标端点。超级链接的源端点可以是文本、图像或其他网页元素，目标对象可以是图像、文件、页面或当前页面的不同位置。

6.1.2　超级链接的分类

　　根据创建链接对象的不同和链接到目标端点的位置及方式的不同，链接可分为源端点的链接和目标端点的链接。源端点的链接包括文本链接、图像链接和表单链接；目标端点的链接包括内部链接、外部链接、锚点链接、电子邮件链接、下载链接和空链接。

6.2　路径的概念

每个网页都有唯一的地址，这个地址被称作统一资源定位符（URL）。当需要将一个网页元素链接到某个目标时，用户应指定该目标的路径。当创建本地链接（即站内链接）时，通常不指定要链接到的文档的完整 URL，而是指定一个始于当前文档或站点根文件夹的相对路径。用户使用 Dreamweaver 可以方便地选择为链接所创建的文档路径的类型。

6.2.1　绝对路径

绝对路径提供了所链接文档的完整 URL，包括使用的协议（如 http、ftp 等），"http://www.sohu.com/"或"http://sports.sina.com.cn/index1.shtml"都属于绝对路径。

如果链接的目标是站点以外其他远程服务器上的文件，那就必须使用绝对路径进行链接，以防止因站点移动而出现断链的现象。

6.2.2　相对路径

相对路径是本地站点常用的链接形式，可分为文档相对路径和站点根目录相对路径。文档相对路径是以当前网页所在位置为起点，其他网页相对当前网页位置来创建的路径。这种路径省略了对于当前文档和所链接文档都相同的绝对 URL 部分，只提供不同的路径部分。站点根目录相对路径是指从站点的根文件夹到文档的路径。用户如果正在处理使用多个服务器的大型 Web 站点，或者在使用承载有多个不同站点的服务器，则需要使用这种类型的路径。路径以"/"开头，表示站点根文件夹。如"/mengchong/cat.html"是"cat.html"的站点根目录相对路径，则表示该文件位于站点根文件夹的"mengchong"子文件夹中。

在如图 6-1 所示的站点结构中，若要创建从"mengchong.html"到其他文件的链接，则相对路径见表6-1。

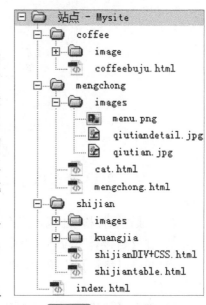

图6-1　站点结构图

表6-1　不同格式的文档相对路径

目标文件	路　径	说　明
cat.html	cat.html	两个文件在同一文件夹中
qiutian.jpg	images/qiutian.jpg	"qiutian.jpg"相对于"mengchong.html"在其名为"images"的子文件夹中。"/"表示在文件夹层次结构中下移一层
index.html	../index.html	"index.html"相对于"mengchong.html"在其父文件夹中，较"mengchong.html"向上一级。".../"表示在文件夹层次结构中上移一级
coffeebuju.html	../coffee/coffeebuju.html	"coffeebuju.html"相对于"mengchong.html"在其父文件夹的其他子文件夹中

当在 Dreamweaver 中移动或重命名文件时，系统会自动更新所有相关链接。

6.3 创建超级链接

创建超级链接的方法主要包括以下几种。

首先选择需要创建超级链接的源端点，如文本、图像等元素，然后执行以下操作中的一项。

（1）选择【插入】/【超级链接】命令，在打开的【超级链接】对话框中设置链接选项，如图 6-2 所示。

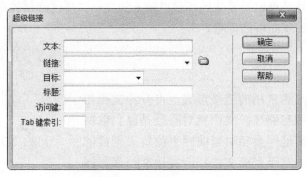

图 6-2 【超级链接】对话框

（2）在【插入】面板的【常用】类别中选择 按钮，同样能够打开【超级链接】对话框。

（3）通过属性检查器创建超级链接。

1）在【链接】下拉列表框中直接输入链接的目标文件及路径或链接的 URL。

2）单击【链接】下拉列表框后的 按钮，在打开的【选择文件】对话框中选择需要链接的文件。

3）按住【链接】下拉列表框后的 按钮，拖动到右侧的【文件】面板，并指向需要链接的文件。

（4）按住 <Shift> 键并拖动目标到右侧的【文件】面板，并指向需要链接的文件。

【超级链接】对话框主要包括以下属性。

【文本】：设置超级链接显示的文本。

【链接】：设置超级链接要链接到的文件路径。

【目标】：设置超级链接的打开方式。包括"_blank""new""_parent""_self""_top"5 个选项。

【标题】：设置鼠标指针经过链接文本时所显示的信息。

【访问键】：设置键盘快捷键，以便在浏览器中选择该超级链接。

【Tab 键索引】：设置 Tab 键顺序编号。

当设置【访问键】后，即可在浏览器窗口通过按 < Alt + 【访问键】 > 组合键来选择超级链接。

6.3.1　创建文本链接

在网页中选择需要设置超级链接的文本，在其属性检查器的【链接】下拉列表框后设置链接文件的路径，然后在【目标】下拉列表框中选择链接文件的打开方式，如图 6 - 3 所示。

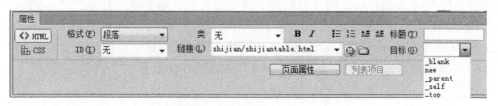

图 6 - 3 超级链接【目标】选项

【目标】下拉列表框主要包括以下 5 个选项。

- _blank：在新窗口中打开链接文件。
- new：作用同_blank，但与_blank 有所区别。当重复单击同一链接时，new 是始终在同一个新窗口刷新，而_blank 则是始终产生不同的新窗口。
- _parent：在上一级窗口中打开链接文件。在框架网页中比较常用。
- _self：在同一框架或窗口中打开链接文件。此选项为默认选项。
- _top：在浏览器的整个窗口中打开链接文件并删除所有框架。

小贴士　在未设置超级链接之前，【目标】选项是不可用的。

6.3.2　创建图像链接

在创建以图像为载体的超级链接时，既可以把整幅图像链接到一个目标，也可以在图像的不同区域设置不同的链接目标，以实现单击同一图像的不同区域打开不同的目标文件的目的。为整幅图像创建单独的超级链接的方法与创建文本链接相同，用户选择图像后在其属性检查器中进行链接属性设置即可。在浏览器中，浏览者只需单击该图像就可以直接转到目标文件。

如果需要为图像的一部分设置超级链接，则需先创建图像热点区域。选中图像后，使用图像属性检查器左下角的热点工具即可创建不同形状的热点，如图 6 - 4 所示。

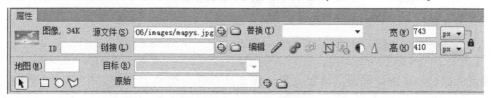

图 6 - 4 图像属性检查器

【图像】属性检查器主要包括以下属性。

【地图】：设置映像名称。若在同一网页中使用了多个映像图，映像图名称不允许重复。

【↖】：指针热点。用于对热点进行选择、移动及调整区域大小等操作。

【□】：矩形热点。用于创建规则的矩形或正方形热点区域。选择此工具后，当鼠标指针变成"十"形状时，按住鼠标左键向右下角拖动即可在图像上绘制矩形热点区域。

【○】：圆形热点。用于创建圆形热点区域，使用方法同矩形热点。

【♡】：多边形热点。用于创建不规则的热点区域。选择此工具后，当鼠标指针变成"十"形状时，将鼠标指针定位到选中图像上要创建热点区域的某一位置单击，然后继续在图像的另一位置单击，重复确定热点区域的调节点，最后回到第一个调节点上单击，将这些调节点连接成一个闭合的图形，即完成了多边形热点区域的创建。

图 6-5 所示的是为一幅图像创建了 3 种不同形状热点的效果。

图 6-5 创建 3 种热点区域

创建热点后，其属性检查器将显示关于热点的选项，如图 6-6 所示。

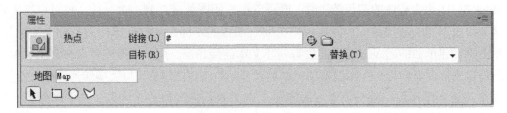

图 6-6 热点属性检查器

6.3.3 创建锚点链接

锚记可以被用来标记网页的特定位置。锚点链接能使浏览者快速定位到当前文档或其他文档中的标记位置，有利于加快信息检索速度，通常被用来实现到特定主题或者文档顶部的跳转。在网页中创建锚点链接分成两步,一是在网页中创建锚记,二是链接锚记。

1. 创建锚记

将鼠标指针置于要添加锚记的位置,然后选择【插入】/【命名锚记】命令,系统会弹出【命名锚记】对话框,如图 6 - 7 所示,用户在【锚记名称】文本框中输入锚记的名称即可。命名锚记后,在鼠标指针所在位置即出现一个代表锚记的图标🏖,该图标仅在设计界面可见,在浏览器中浏览时是不可见的。

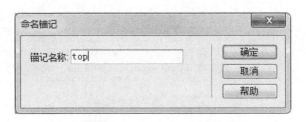

图 6 - 7　【命名锚记】对话框

 1)单击【插入】面板【常用】类别中的🏖按钮也可以创建锚记。
　　2)在使用锚点链接时,要注意锚记名称是区分英文字符大小写的,锚记名称中不能含有空格且不能置于 AP 元素内。

2. 链接锚记

创建锚记后,只有链接到锚记才可以实现网页内的快速跳转。选择要链接到锚记的文本或图像,在属性检查器的【链接】框中输入"#锚记名称",或通过属性检查器的【指向文件】按钮🎯指向已创建的锚记。如果已定义了一个名称为"top"的锚记,则可以在【链接】文本框中输入"#top"。

 1)链接锚记中的"#"号为半角英文符号,且"#"号与锚记名称之间没有空格。
　　2)若要链接其他网页的某个锚记,应输入"网页文档路径#锚记名称"。例如,"index. html#top",表示跳转到"index. html"文档中锚记名为"top"的位置。

6.3.4　创建电子邮件链接

电子邮件链接是指目标地址为电子邮件地址的超级链接。用户单击该链接时,系统将启动系统默认的收发电子邮件程序,并新建一封已经填写好收件人地址的空白电子邮件。选择文本或图像后,在属性检查器的【链接】文本框中输入"mailto:电子邮件地址",如图 6 - 8 所示。当用户单击电子邮件链接时,系统将打开计算机中默认的邮件客户端软件,并在收件人一栏中自动填写收件人地址,如图 6 - 9 所示。

图6-8 电子邮件链接

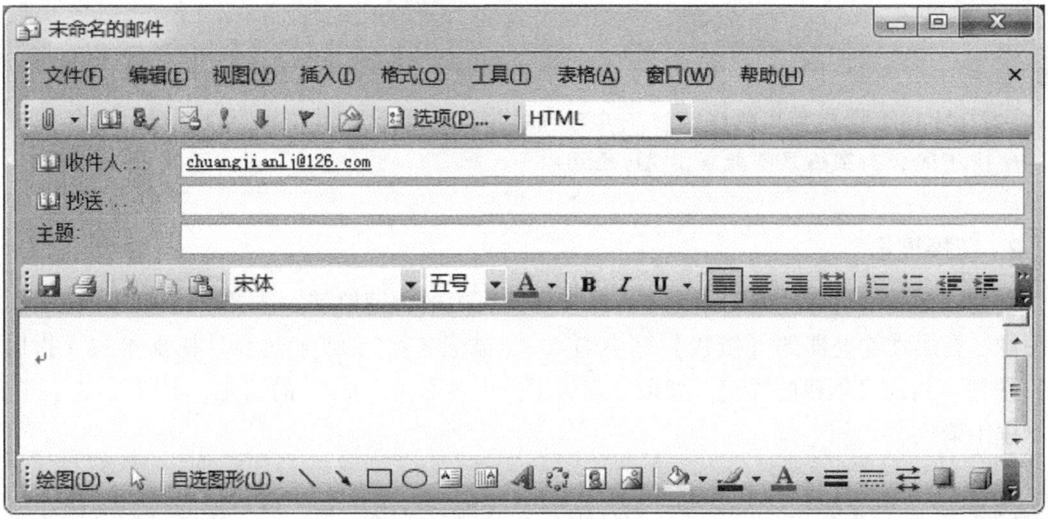

图6-9 启动电子邮件程序

6.3.5 创建空链接

空链接是指未指派的链接，用于为文本、图像等页面元素附加行为。例如，当鼠标指针经过空链接时系统会显示或隐藏图像、弹出窗口等。在网页中添加空链接的方法与添加其他超级链接相同，用户选择文本或图像后，在属性检查器的【链接】框中输入一个"#"即可，如图6-10所示。

> **小贴士** 用户也可以通过在【链接】框中输入"javascript:;"来创建空链接。

图 6 - 10 空链接

6.3.6 创建下载链接

下载链接的创建方法与一般链接相同,只不过其链接的对象不是网页而是一些独立的文件。

单击浏览器中无法显示的链接文件时,系统会自动给出提示,用户可以选择【保存】按钮将文件从服务器端下载到本地计算机,如图 6-11 所示。

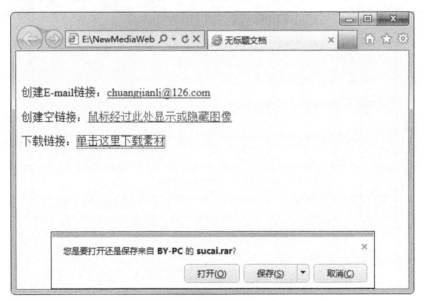

图 6 - 11 下载链接

6.3.7 创建脚本链接

脚本链接即执行 JavaScript 代码或调用 JavaScript 函数的链接。用户在属性检查器的【链接】框中输入 "javascript:" 并加上 JavaScript 代码或函数,如图 6 - 12 所示,即可创建脚本链接。

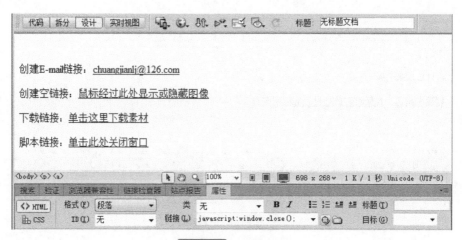

图 6-12　脚本链接

在浏览器中单击脚本链接，在弹出的对话框中单击 允许阻止的内容(A) 按钮，如图 6-13 所示。再次单击脚本链接，在弹出的如图 6-14 所示的对话框中，单击【是】按钮，系统即会关闭当前窗口。

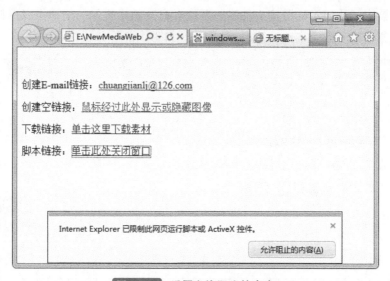

图 6-13　设置允许阻止的内容

图 6-14　关闭窗口

6.3.8　课堂案例——制作网站引导页面

1. 打开文件

打开素材文件"example \ chapter06 \ navpage \ navpage. html"，网页效果如图 6 – 15 所示。

图 6 – 15　网页显示效果

2. 设置文本链接

分别选中网页顶端右侧的"登录"和"注册"文本，在属性检查器【链接】框中设置链接文件分别为"denglu. html"和"zhuce. html"，链接目标为"new"。然后用同样的方法设置各菜单项的链接。

3. 设置图像链接

（1）创建图像链接。选中页面底部图像"mm. png"，在属性检查器【链接】框中设置链接文件为"images/mm. png"，然后用同样的方法设置"mm1. png""ms. png""fd. png"的链接文件分别为"images/mm1. png""images/ms. png""images/fd. png"，如图 6 – 16 所示。

图 6 - 16 设置图像链接

(2) 创建图像热点。选中菜单项下的图像 "banner. png"，在 "banner. png" 上分别绘制矩形选区、圆形选区和多边形选区，如图 6 - 17 所示，将它们分别链接到文件 "link. html" "imgrq. html" "navpage. html"。

图 6 - 17 绘制图像热点区域

4. 创建邮件链接

选中页面底部的 "联系我们" 文本，在属性检查器【链接】框中输入 "mailto：xianyibencao@ 126. com"。

5. 创建锚点链接

(1) 创建锚记。将鼠标光标置于页面顶部左侧的空白区域，选择【插入】/【命名锚记】命令，在弹出的【命名锚记】对话框中输入【锚记名称】"Top"，单击【确定】按钮，系统会在页面顶部显示一个锚记标记，如图 6 - 18 所示。

图 6 - 18 创建锚记

(2) 链接到锚记。将鼠标指针置于页面底部，选中 "返回顶部" 文本，在属性检查器【链接】文本框中输入 "#Top"。

6.4 链接管理

在创建好一个站点之后，向服务器上传之前，必须检查站点中所有的链接。如果发现站点中存在断掉的链接，则必须将它们修复，之后才能上传到服务器。

6.4.1 检查链接

打开要检查链接的站点，选择【文件】/【检查页】/【链接】命令，系统会自动检查整个站点中的链接情况，并弹出【链接检查器】面板，如图 6 - 19 所示，其中显示了整个站点中的断掉的链接、外部链接及文件列表。用户通过面板左侧的 □ 按钮，可以将这个断掉的链接的报告以一个文本文件的形式保存。

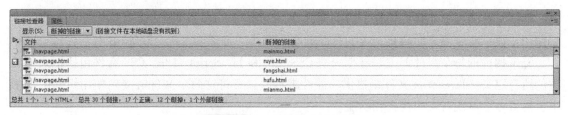

图 6 - 19　【链接检查器】面板

6.4.2　修复链接

在【链接检查器】面板的【断掉的链接】中单击某个链接，将其变成可编辑区域，然后直接输入新的链接或单击右侧的 □ 按钮在本地站点中查找，最终改变其链接文件即可。

 还可以通过【站点】/【改变站点范围的链接】命令来手动修复站点中的链接。

6.4.3　自动更新链接

选择【编辑】/【首选参数】命令，系统弹出【首选参数】对话框，如图 6 - 20 所示。用户在【分类】中选择【常规】，单击其右侧【文档选项】中的【移动文件时更新链接】下拉列表框，在"提示""总是""从不" 3 个选项中选择"提示"，然后单击【确定】按钮。完成设置后，每当移动或重命名文件时，Dreamweaver 就会自动更新链接，如图 6 - 20 所示。

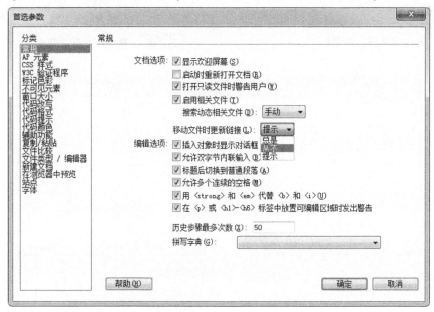

图 6 - 20　设置自动更新链接

159

6.5 Spry 菜单栏

Spry 构件是一个包含内建行为的页面元素，能给用户提供更好的交互体验。这些行为包括使用户显示或隐藏页面内容、改变页面的呈现样式，与菜单元素交互等功能。

Spry 构件的每个组件都关联着唯一的 CSS 文件和 JavaScript 文件。CSS 文件包括格式化组件的所有定义，JavaScript 文件则提供功能性脚本。只有将这两个文件链接到使用组件的页面上，网页才会展现对应的样式和功能。

Spry 菜单栏是一组可以用作导航的菜单按钮，当访问者将鼠标指针移动到其中的某个按钮上时，将会显示导航的子菜单。每当创建 Spry 菜单栏时，系统都会自动生成一些 CSS 文件并将其保存到站点的 SpryAssets 文件夹中。

6.5.1 插入 Spry 菜单栏

首先将鼠标指针置于待插入菜单栏的位置，选择【插入】/【Spry】/【Spry 菜单栏】命令，系统会弹出【Spry 菜单栏】对话框，如图 6-21 所示。在对话框中，用户如果选择【水平】布局选项，则表示添加水平菜单栏，如图 6-22 所示；如果选择【垂直】布局选项，则表示添加垂直菜单栏，如图 6-23 所示。

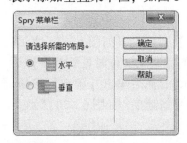

图 6-21　【Spry 菜单栏】对话框

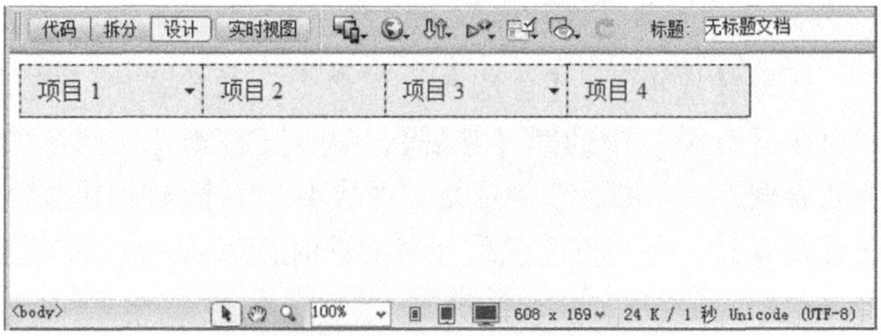

图 6-22　创建水平菜单栏

图 6-23　创建垂直菜单栏

小贴士　如果是新建的未保存的文件，在插入 Spry 菜单栏时系统会提示"请在插入 Widget 前保存此文档"。

6.5.2　编辑 Spry 菜单栏

选择 Spry 菜单栏后，属性检查器会显示默认菜单栏目，并且默认选择主菜单的第一个项目名称，如图 6 - 24 所示。

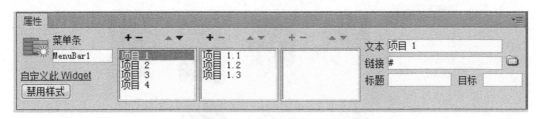

图 6 - 24　**Spry 菜单栏的属性检查器**

【Spry 菜单栏】的属性检查器主要包括以下属性。

【菜单条】：设置 Spry 菜单的名称，以便编辑代码时对其进行引用。

【禁用样式】：禁用整个菜单的样式。菜单将以项目列表的默认样式显示。

【＋】：添加菜单项目。

【－】：删除菜单项目。

【▲】：菜单项目上移。

【▼】：菜单项目下移。

【文本】：设置菜单项的导航文本信息。

【链接】：设置菜单项目链接文件的 URL。

【标题】：设置当鼠标指针移动至导航菜单时所显示的提示信息。

【目标】：设置链接的目标页面。

小贴士　对于已插入的 Spry 菜单栏，用户也可以直接将光标定位到每个按钮中，直接输入导航文本信息来替换原有文本内容。

6.5.3　课堂案例——制作导航菜单栏

1. 打开文件

打开素材文件"example \ chapter06 \ sprymenu \ sprymenu. html"，网页效果如图 6 - 25 所示。

图 6－25 网页预览效果

2. 插入水平 Spry 菜单栏

将鼠标指针置于网页第四行表格的单元格中，选择【插入】/【Spry】/【Spry 菜单栏】命令，在弹出的【Spry 菜单栏】对话框中选择【水平】选项，单击【确定】按钮。

3. 插入垂直 Spry 菜单栏

将鼠标指针置于水平 Spry 菜单栏之下表格的左侧单元格中，选择【插入】/【Spry】/【Spry 菜单栏】命令，在弹出的【Spry 菜单栏】对话框中选择【垂直】选项，单击【确定】按钮。

4. 编辑水平 Spry 菜单栏

（1）编辑菜单项。选中水平 Spry 菜单栏"MenuBar1"，编辑菜单项如图 6－26 所示。

首页	文学	教育学	计算机	动漫	传记	儿童文学	电子书	期刊/杂志	艺术/体育

图 6－26 编辑菜单项

（2）设置菜单栏文本字体大小。选择【窗口】/【CSS 样式】命令，在【CSS 样式】面板中展开"SpryMenuBarHorizontal. css"样式，双击"ul. MenuBarHorizontal"，在弹出的对话框中设置【类型】中的【Font-size】属性值为"14px"。

（3）设置菜单栏宽度及文本对齐方式。在【CSS 样式】面板中展开"ul. MenuBarHorizontal

li"样式，在弹出的对话框中，设置【方框】中的【Width】属性值为"10%"，设置【区块】中的【Text-align】属性值为"center"，如图 6 - 27 和图 6 - 28 所示。

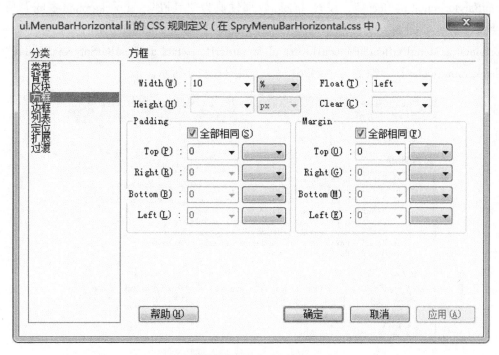

图 6 - 27　设置菜单栏宽度

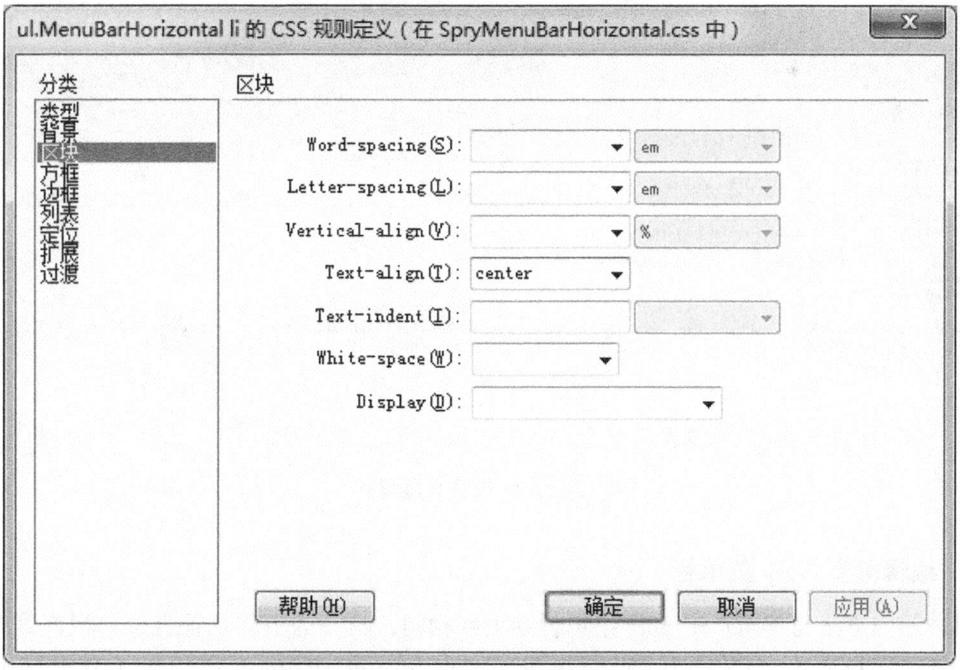

图 6 - 28　设置菜单栏文本对齐方式

（4）设置链接样式。在【CSS 样式】面板中，选择"ul. MenuBarHoriaontal a：hover，ul. MenuBarHorizontal a：focus"，设置【Color】属性值为"#FFF"，【background-color】属性值为"#49617A"，如图 6 - 29 所示。选择"ul. MenuBarHorizontal a. MenuBarItemHover，ul. Menu-BarHorizontal a. MenuBarItemSubmenuHover，ul. MenuBarHorizontal a. MenuBarSubmenuVisible"，设置【background-color】属性值为"#49617A"，如图 6 - 30 所示。

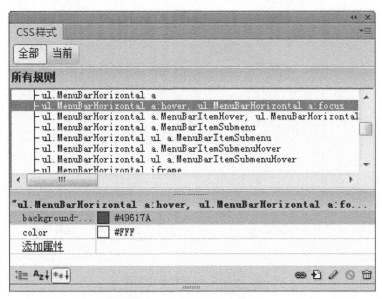

图 6 - 29 设置鼠标指针滑过样式

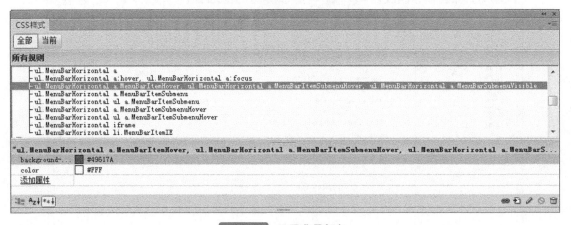

图 6 - 30 设置背景颜色

5. 编辑垂直 Spry 菜单栏

具体操作方法与编辑水平 Spry 菜单栏的大致相同，唯一的不同是垂直菜单栏有菜单项边框。为此，用户双击【CSS 样式】面板中的"ul. MenuBarVertical a"，在【分类】中选择【边框】，设置边框类型及边框宽度即可，如图 6 - 31 所示。

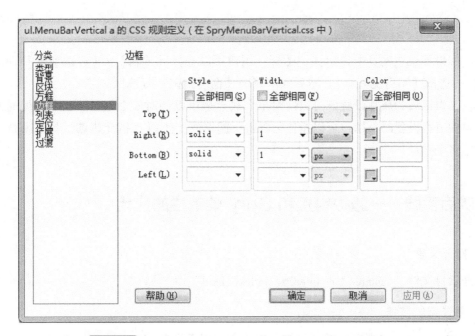

图 6 - 31　设置 "ul. MenuBarVertical a" 的【边框】属性

6.6　答疑与技巧

6.6.1　疑问解答

Q1：在本地站点中，使用文档相对路径有什么好处？

A1：使用文档相对路径能够保证在移动站点或站点中指定的文件夹时，文件夹内所有文件保持彼此间的相对路径不变，用户不需要更新这些文件间的文档相对链接就可以正常访问站点。

Q2：使用绝对路径有什么优点和缺点？

A2：使用绝对路径的优点是路径与链接的源端点无关。只要网站的 URL 不变，无论文件在站点中如何移动，链接都可以正常跳转，文件的链接关系不受影响。缺点是不利于测试。如果站点中使用绝对路径，测试链接必须在 Internet 服务器端进行。

Q3：JavaScript 脚本链接中为什么要使用单引号？

A3：在脚本链接中，因为 JavaScript 代码要出现在一对双引号中，所以脚本中原有的双引号要改为单引号表示。

Q4：锚点链接和空链接有什么关系？

A4：锚点链接即空链接与锚点名称的组合。空链接也算是一种特殊的命名锚记，用户单击空链接时将返回至当前页面的顶部。

6.6.2 常用技巧

S1：如果不想在网页中显示锚记图标，用户可以选择【编辑】/【首选参数】命令，在【分类】中选择【不可见元素】，然后取消复选【命名锚记】复选框。

S2：热点区域的属性设置既可以针对单个热点也可以针对多个热点。当需要同时对多个热点的属性进行设置时，用户可以按住 < Shift > 键不放，使用"指针热点工具" ▶ 选择同一地图中的多个热点。

6.7 课后实践——超级链接和 Spry 菜单栏的应用

1. 打开文件

打开素材文件"example \ chapter06 \ index1. html"。

2. 设置超级链接

（1）文本链接。分别选中网页顶部右侧的"立即登录"文本及前面的图标 ⑧，在属性检查器的【链接】框中输入"login. html"；选中"联系我们"文本，设置其【链接】为"mailto：fengyun@ 126. com"。

（2）图像链接。选中主窗口"电影排行榜"图片"main. png"，在属性检查器中选择矩形热点工具 ▢，在"后来的我们"图片上拖拽出一个矩形区域，设置属性检查器的【链接】为"http：//v. baidu. com/movie/133701. htm? &q = 后来的我们"，【目标】选择"new"；再次选择圆形热点工具，在"后来的我们"图片下面"下载"文本上拖拽出一个圆形区域，设置【属性】检查器的【链接】为"houlai. mp4"，【目标】选择"new"，如图 6 - 32 所示。

图 6 - 32 设置热点区域

3．插入 Spry 菜单栏

将鼠标指针置于广告图片下名为"#menuh"的 Div 中，选择【插入】/【Spry】/【Spry 菜单栏】，在弹出的对话框中选择【水平】选项，单击【确定】按钮，完成菜单栏的插入。

4．编辑 Spry 菜单栏

（1）设置菜单栏宽度及文本对齐方式。在【CSS 样式】面板中展开"ul. MenuBarHorizontal li"样式，在弹出的对话框中，设置【方框】中的【Width】属性值为"130px"，设置【区块】中的【Text-align】属性值为"center"。

（2）设置链接样式。在【CSS 样式】面板中选择"ul. MenuBarHoriaontal a：hover，ul. MenuBarHorizontal a：focus"，设置【Color】属性值为"#FFF"，【background-color】属性值为"#0CD1B9"。选择"ul. MenuBarHorizontal a. MenuBarItemHover，ul. MenuBarHorizontal a. MenuBarItemSubmenuHover，ul. MenuBarHorizontal a. MenuBarSubmenuVisible"，设置【Color】属性值为"#FFF"，【background-color】属性值为"#0CD1B9"。

5．预览网页

按下 < F12 > 键预览网页，网页效果如图 6 - 33 所示。

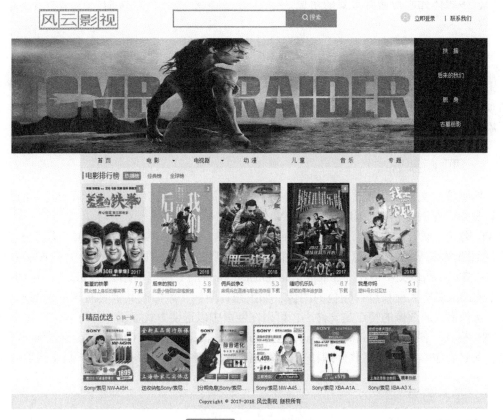

图 6 - 33 网页预览效果

第7章
07

新媒体网页中的多媒体元素

本章学习要点

➢ 网页图像及多媒体文件格式
➢ 插入及编辑网页图像
➢ 插入 Flash 对象
➢ 插入其他媒体元素

新媒体网页的多媒体元素包括文本、图像、动画、声音、视频及互动等。在网页设计及演示中，多媒体元素扮演着重要的角色。

7.1 网页中的图像

图像是网页中最重要的多媒体元素之一。俗话说"一图胜千文"，它的引入不仅美化了网站页面，也使网页变得多姿多彩。Dreamweaver CS6 不仅提供了普通图像的插入功能，还提供了添加鼠标指针经过图像的功能。

7.1.1 网页图像格式

虽然图像的文件格式很多，但并不是所有图像都适用于网页。通常适用于网页的图像的格式有 3 种，即 JPG 格式、GIF 格式和 PNG 格式。

JPG 格式：联合图像专家组（Join Photograph Graphics），也被称为 JPEG，是用于摄影或连续色调图像的高级格式。这种格式的图像可以被高效压缩，图像文件变小时基本不失真。

GIF 格式：图像交换格式（Graphic Interchange Format），最多使用 256 种颜色，可用于显示色调不连续或具有大面积单一颜色的图像，如按钮、图标、徽标或其他具有统一色彩和色调的图像。这种格式的图像的特点是文件小，可以在网页中以透明方式显示，并可以包含动态信息。

PNG 格式：便携网络图像（Portable Network Graphics），既有 GIF 格式能透明显示图像的特点，又具有 JPG 格式能高效处理精美图像的优势。这种格式的图像常用于制作网页效果图。

7.1.2 插入图像

1. 插入图像

将鼠标指针置于目标位置，选择【插入】/【图像】命令，系统会弹出【选择图像源文件】

对话框，如图 7－1 所示。在该对话框中设置插入图像所在的位置，并找到需要插入的图像，单击【确定】按钮，打开【图像标签辅助功能属性】对话框，如图 7－2 所示。在该对话框中设置插入图像的替换文本，即图像未能正常显示时所显示的文本信息，单击【确定】按钮，完成图像的插入。用户在插入图像后，可以通过图像属性检查器对图像进行编辑和设置。

 单击【插入】面板中【常用】类别的 按钮也能够插入图像。

图 7－1　【选择图像源文件】对话框

图 7－2　【图像标签辅助功能属性】对话框

2．图像的属性设置

选中网页文档中的图像，在属性检查器中可对图像的宽、高等属性进行设置，如图 7－3 所示。

图 7－3　图像的属性检查器

【图像】的属性检查器主要包括以下属性。

【ID】：设置图像的 ID 名称。

【源文件】：设置图像文件的 URL。

【链接】：设置选定图像所链接的文件路径或网址。

【替换】：设置图像的替换说明文字。在浏览网页时，当该图片因丢失或者其他原因不能正常显示时，系统在其相应的区域会显示设置的替换说明文字。

【✎】：编辑按钮。用于启动图像编辑程序以对所选图像进行编辑操作。

【▨】：编辑图像设置按钮。用于打开"图像优化"对话框以对图像进行优化设置。

【▨】：从源文件更新按钮。在更新智能对象时，网页图像会根据原始文件的当前内容和优化设置，以新的大小、无损方式重新呈现。

【▨】：裁剪按钮。用于修剪图像的大小。用户单击该按钮后，图像上会出现阴影边框，拖动边框四周的控制点可调整裁剪图像位置，双击图像或按下 Enter 键确认裁剪。

【▨】：重新取样按钮。用于重新取样已调整大小的图像，提高图像在新的大小和形状下的品质。

【▨】：调整图像的亮度和对比度设置。

【▨】：锐化按钮。用于调整图像的清晰度。

【宽】和【高】：设置图像的大小，默认单位为像素。调整图像尺寸后，在【宽】和【高】文本框的右侧会出现 3 个按钮。

【▨】：切换尺寸约束按钮。单击该按钮则变换显示🔒按钮，这时系统会约束图像的缩放比例，当其中一个值被修改时，另一个值会等比例自动改变。

【▨】：重置为原始大小按钮。单击该按钮即可恢复图像原始的大小。

【✔】：提交图像大小按钮。单击该按钮后，系统会弹出提示框，提示是否对图像进行尺寸的修改，用户可单击【确定】按钮，确认对图像的修改。

【类】：选择已经定义好的 CSS 样式或进行"重命名"和"管理"的操作。

> **小贴士** 图像的【替换】文本不仅可以增加网页的亲和力，还能够被搜索引擎所搜索。用户通过搜索图像的替换文本，可以迅速找到该图片以及含有这张图片的网页。

7.1.3 插入图像占位符

图像占位符是在将最终图像添加到网页之前使用的图形。在发布站点之前，用户会用适用于网页的图像文件来替换所有添加的图像占位符。

1. 插入图像占位符

首先将鼠标指针定位到目标位置，然后选择【插入】/【图像】/【图像占位符】命令，在弹出的【图像占位符】对话框中为图像占位符设置大小和颜色等属性，如图 7-4 所示。例如，插入一个名称为"LOGO"，"宽"为 150px，"高"为 80px，颜色为青色的图像占位符，显示效果如图 7-5 所示。

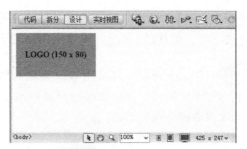

图 7-4　【图像占位符】对话框　　　　图 7-5　图像占位符效果

2. 替换图像占位符

在文档窗口中双击图像占位符或单击图像占位符，在属性检查器中单击【源文件】文本框旁边的 📁 图标，在弹出的【选择图像源文件】对话框中选择用于替换图像占位符的图像即可。

7.1.4　插入鼠标经过图像

鼠标经过图像是一种在浏览器中查看并在鼠标指针经过原始图像时显示另一幅图像的图像组合。插入鼠标指针经过图像需要设置原始图像和鼠标经过图像，因此应选用一对或多对图像。

> **小贴士**　原始图像与鼠标经过图像应大小相等，否则系统会自动调整第 2 个图像的大小以匹配第 1 个图像的属性。

首先将鼠标指针置于目标位置，选择【插入】/【图像】/【鼠标经过图像】命令，系统弹出【插入鼠标经过图像】对话框，如图 7-6 所示。然后在对话框中设置所需的选项，单击【确定】按钮即可。

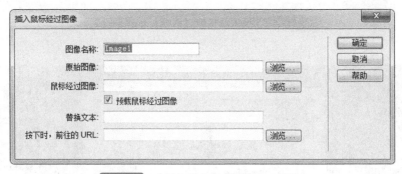

图 7-6　【插入鼠标经过图像】对话框

【插入鼠标经过图像】对话框主要包括以下属性。

【图像名称】：设置鼠标经过图像的名称。

【原始图像】：设置在载入网页时所显示的主图像。

【鼠标经过图像】：设置鼠标经过原始图像时所显示的次图像。

【预载鼠标经过图像】：表示将图像预先载入浏览器的缓存中，以便在用户将鼠标指针经过图像时不发生延迟。

【替换文本】：设置图像描述文本。当访问者使用只显示文本的浏览器时显示该文本。

【按下时，前往的 URL】：设置当用户按下鼠标经过图像时要打开的文档。

> 小贴士　若没有为鼠标经过图像设置超级链接，则 Dreamweaver 将在 HTML 源代码中插入一个空链接。该链接将附加鼠标经过图像行为，若用户删除该空链接，则鼠标经过图像将不再起作用。

7.1.5　课堂案例——插入鼠标经过图像

1. 打开文件

打开素材文件"example \ chapter07 \ zhiqingchun. html"。

2. 插入鼠标经过图像

将鼠标光标置于网页中间名为"apDiv2"的 AP Div 中，选择【插入】/【图像】/【鼠标经过图像】命令，系统弹出【插入鼠标经过图像】对话框，设置属性如图 7 - 7 所示，网页显示效果如图 7 - 8 所示。

图 7 - 7　【插入鼠标经过图像】的属性设置

图 7 - 8　网页中插入鼠标经过图像的效果

3．插入图像

将鼠标指针置于"apDiv2"右侧的名为"apDiv3"的第一个单元格中，选择【插入】/【图像】命令，在弹出的对话框中选择文件名为"80d. jpg"的图片文件，单击【确定】按钮完成图像的插入。用同样的方法在第二个单元格中插入文件名为"qc. jpg"的图片文件。

4．插入图像占位符

将鼠标指针置于"apDiv2"右侧的名为"apDiv3"的第三个单元格中，选择【插入】/【图像】/【图像占位符】命令，在弹出的【图像占位符】对话框中设置图像占位符属性如图 7-9 所示，单击【确定】按钮。网页显示效果如图 7-10 所示。

图 7-9　设置图像占位符属性　　　　图 7-10　插入图像和图像占位符

5．替换图像占位符

选中图像占位符，在属性检查器的【源文件】文本框中输入"images/hait. jpg"，完成图像占位符的替换。

6．编辑图像大小

选中替换图像占位符的图像，单击属性检查器的【宽】右侧的🔒按钮，使之变成🔓状态，然后在【宽】文本框中输入"150"，返回设计窗口。

7．预览网页

按下 <F12> 键预览网页，网页效果如图 7-11 所示。

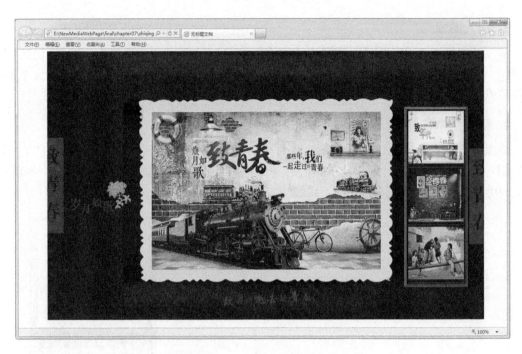

图 7-11 插入图像的网页预览效果

7.2 网页中的 Flash

Flash 是一种重要的网页元素，不仅表现力丰富、能带给人们极强的视听感受，而且体积小，能够被绝大多数浏览器所支持。因此，Flash 被广泛应用于网页设计领域。

7.2.1 Flash 的文件类型

（1）"fla" 文件：Flash 的源文件。用户可以在 Flash 软件中编辑该类型文件，然后将它导出为 "swf" 文件或 "swt" 文件以在浏览器中使用。

（2）"swf" 文件：Flash 电影文件，是 "fla" 文件的压缩版本，通常被称为 Flash 动画。

（3）"swt" 文件：Flash 模板文件。用户通过设置该模板的某些参数即可创建 "swf" 文件。

（4）"flv" 文件：一种视频文件。它包含经过编码的音频和视频数据，可通过 Flash Player 传送。QuickTime 或 Windows Media 视频文件可以通过编码器被转换为 "flv" 文件。

 "swf" 电影文件是不能在 Flash 中进行编辑的。

7.2.2 插入 Flash 动画

1. 插入 SWF 格式的 Flash 动画（"swf" 文件）

首先将鼠标指针定位在目标位置，选择【插入】/【媒体】/【SWF】命令，系统会弹出

【选择 SWF】对话框，如图 7 – 12 所示。然后在对话框中选择已经备好的 SWF 格式的 Flash 动画，单击【确定】按钮，打开【对象标签辅助功能属性】对话框，如图 7 – 13 所示。在该对话框中设置 Flash 标题、快速访问键和 Tab 键索引，单击【确定】按钮完成 Flash 动画的插入，如图 7 – 14 所示。

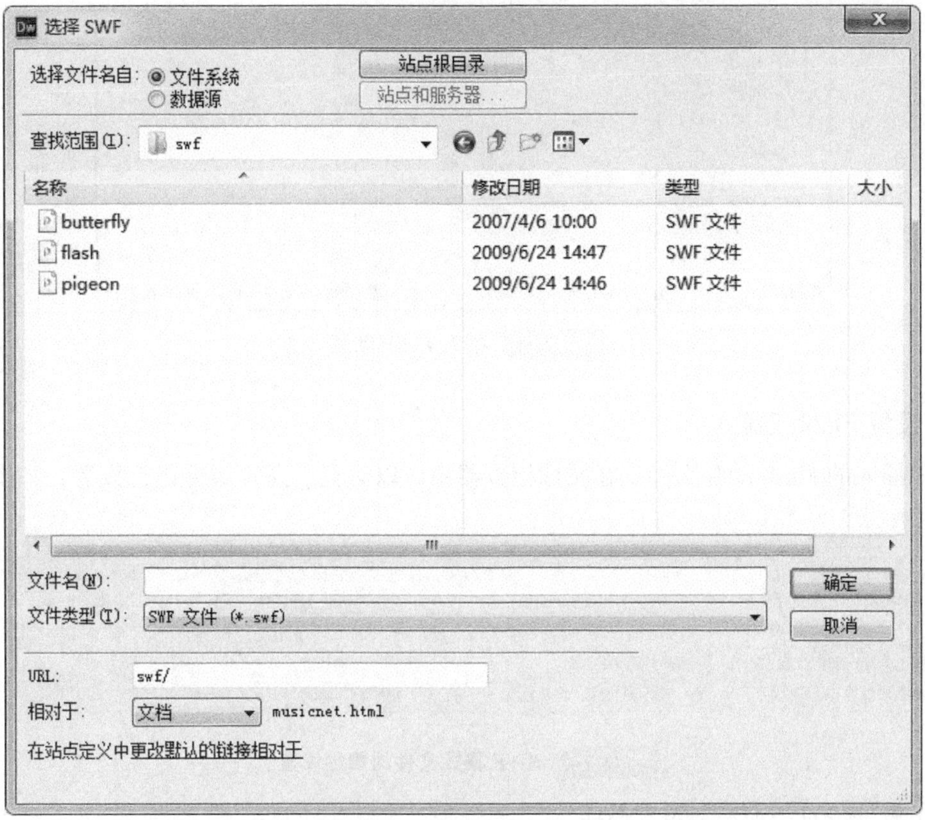

图 7 – 12　【选择 SWF】对话框

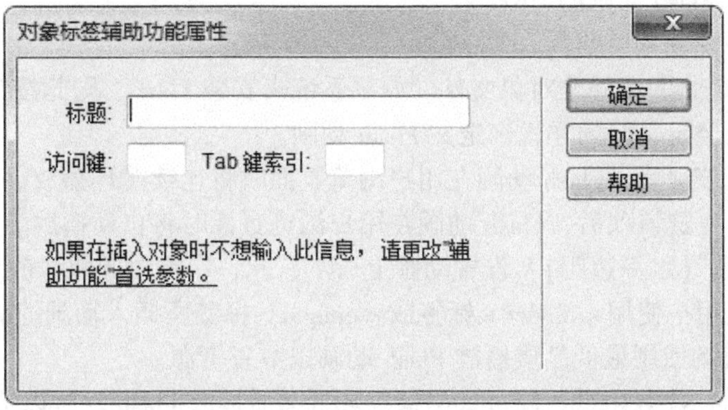

图 7 – 13　【对象标签辅助功能属性】对话框

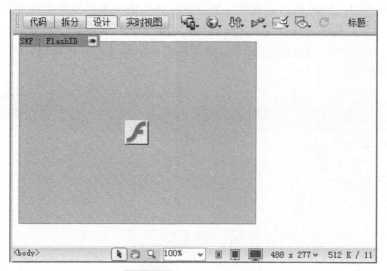

图 7-14　插入 Flash 动画

2. 设置 Flash 动画

选中插入的 Flash 动画文件，在属性检查器中可以对宽、高等属性进行设置，如图 7-15 所示。

图 7-15　SWF 格式文件的属性设置

SWF 格式文件主要包括以下属性。

【FlashID】：设置 Flash 动画的名称。

【宽】和【高】：设置 Flash 动画的垂直大小和水平大小。

【文件】：设置 Flash 动画的 URL。

【背景颜色】：设置背景颜色。

【编辑】：启动 Flash 以修改对象文件。如果系统未安装 Flash，则此按钮被禁用。

【类】：选择已经定义好的样式来定义 Flash 动画。

【循环】：复选该项后，Flash 动画在用户浏览页面时将连续循环播放。

【自动播放】：复选该项后，Flash 动画在用户浏览页面时将自动播放。

【垂直边距】和【水平边距】：设置动画上、下、左、右空白的像素值。

【品质】：设置用户使用 < object > 标签或 < embed > 标签所插入动画的播放品质。

- 低品质：自动使用最低品质播放 Flash 动画以节省资源。
- 自动低品质：检测用户计算机，尽量以较低品质播放 Flash 动画以节省资源。
- 自动高品质：检测用户计算机，尽量以较高品质播放 Flash 动画。
- 高品质：自动以最高品质播放 Flash 动画。

【比例】：在设置的动画区域上，选择 Flash 动画的显示方式。

- 默认：显示完整的 Flash 动画。
- 无边框：使动画适合设定的大小，无边框显示并维持原始的纵横比。
- 严格匹配：对动画进行缩放以适合设定的大小，忽略纵横比例。

【对齐】：设置 Flash 动画对齐方式。包括"基线""顶端""居中""底部"等 9 个选项。

【Wmode】：设置 Flash 的背景是否透明。

- 窗口：以默认方式显示 Flash 动画，设置 Flash 动画在 DHTML 内容上方。
- 透明：设置 Flash 动画为透明显示，并位于 DHTML 元素上方。
- 不透明：设置 Flash 动画为不透明显示，并位于 DHTML 元素下方。

【播放/停止】：控制工作区中 Flash 动画的播放或停止。

【参数】：设置传递给 Flash 动画的各种参数。

7.2.3　插入 Flash 视频

Flash 视频即扩展名为"flv"的 Flash 文件，是目前网络上比较流行的视频文件，用户可以脱离 Flash 创作工具在网页中轻松地添加 Flash 视频。

1. 插入 Flash 视频文件

将鼠标指针定位到目标位置，选择【插入】/【媒体】/【FLV】命令，系统弹出【插入FLV】对话框，如图 7 - 16 所示。在该对话框中单击【URL】后的【浏览】按钮，在弹出的【选择 FLV】对话框中选择视频文件，如图 7 - 17 所示。

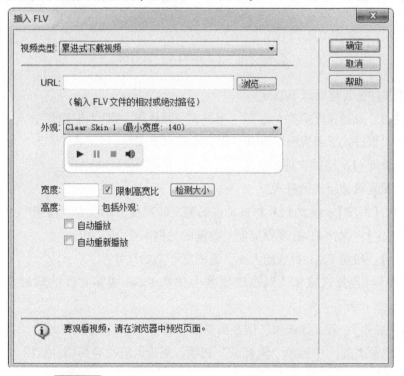

图 7 - 16　【插入 FLV】对话框——累进式下载视频界面

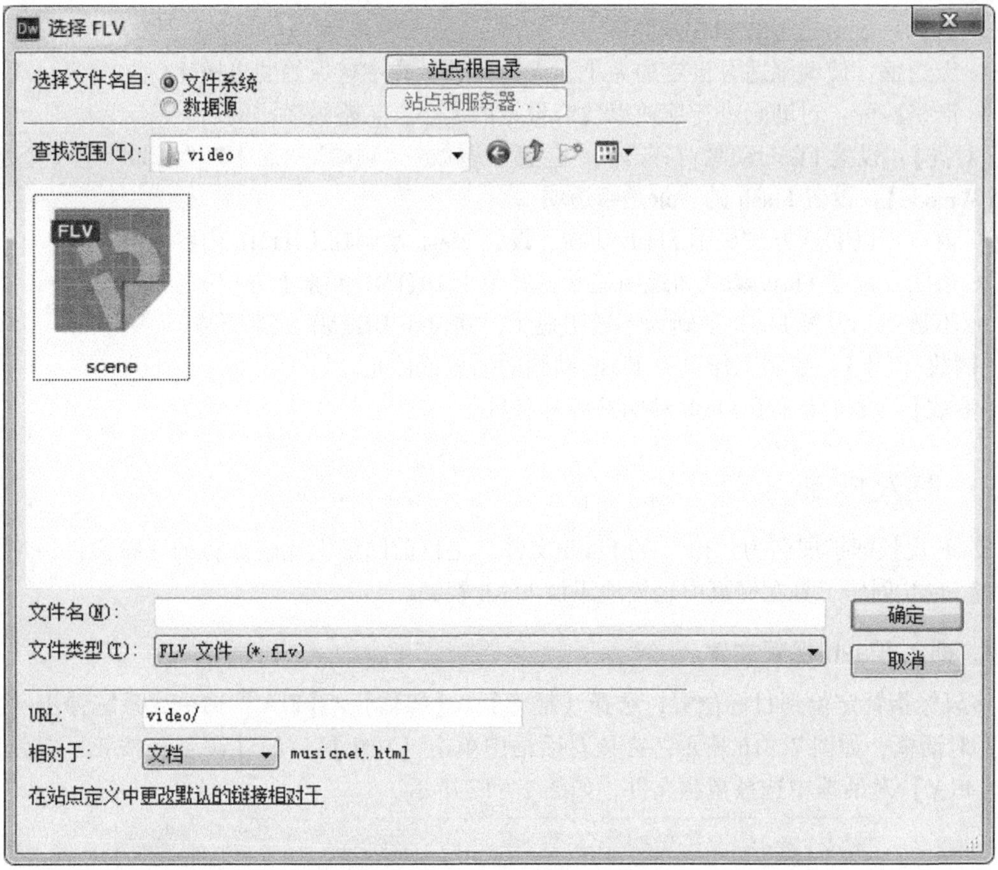

图 7-17　【选择 FLV】对话框

FLV 格式文件主要包括以下属性。

【视频类型】：选择视频类型，包括"累进式下载视频"和"流视频"。

如果选择"累进式下载视频"选项，则可设置以下属性。

【URL】：设置 FLV 格式文件的地址。

【外观】：设置视频组件的外观。

【宽度】和【高度】：设置 FLV 格式文件的宽度和高度，单位为"像素"。

【限制高宽比】：保持 Flash 视频宽度与高度的比例不变。

【检测大小】：检测 Flash 视频的大小，返回宽和高的尺寸。

【自动播放】：若复选该项，则在浏览器中读取 Flash 视频文件的同时立即运行 Flash 视频。

【自动重新播放】：若复选该项，则在浏览器中运行 Flash 视频结束后自动重新播放视频。

如果在"视频类型"中选择"流视频"选项，则进入流视频界面，如图 7-18 所示。此时可设置如下属性。

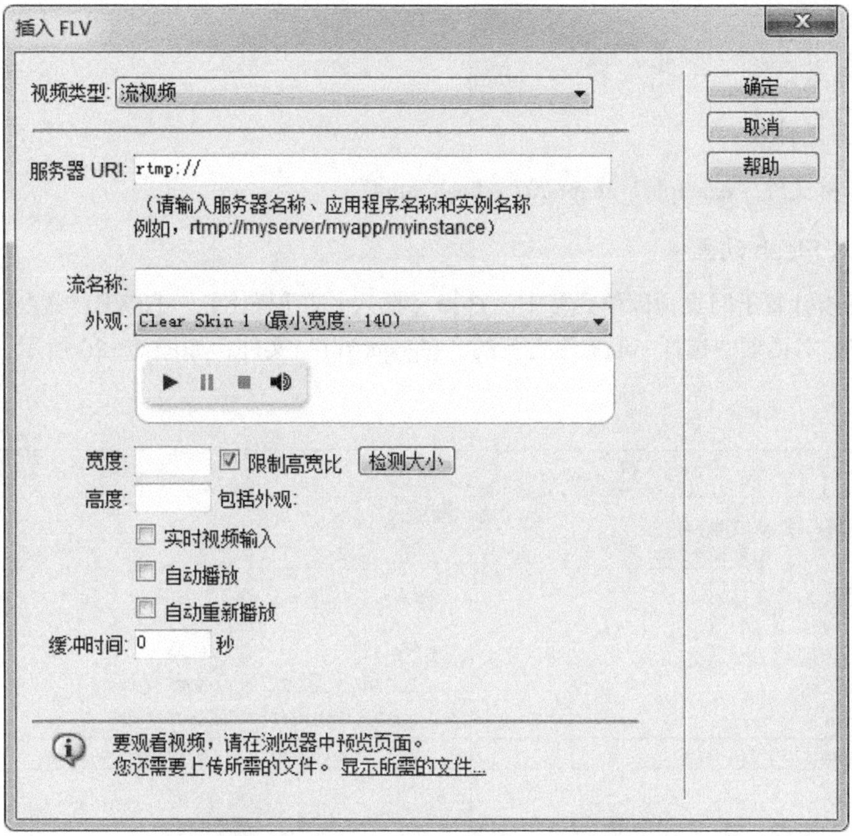

图 7 - 18　【插入 FLV】对话框——流视频界面

【服务器 URI】：设置服务器名称、应用程序名和实例名称。

【流名称】：定义流媒体文件的名称。

【实时视频输入】：设置视频内容是否是实时的。

【缓冲时间】：设置在视频开始播放之前进行缓冲处理所需的时间，以秒为单位。

2．设置 Flash 视频

插入视频时可通过【插入 FLV】对话框进行相关的属性设置。插入后，如果想修改 Flash 视频的相关属性，则可以通过属性检查器进行设置，如图 7 - 19 所示。【插入 FLV】与 FLV 格式文件属性检查器中的设置基本相同，唯一不同的是在 FLV 格式文件属性检查器中不能设置视频类型。

图 7 - 19　FLV 格式文件属性检查器

7.2.4 课堂案例——插入 Flash 动画

1. 打开文件

打开素材文件"example \ chapter07 \ flash. html"。

2. 插入 Flash 动画

将鼠标指针置于网页顶部单元格中,选择【插入】/【媒体】/【SWF】命令,在弹出的【选择 SWF】对话框中选择 swf 文件夹下的"pigeon. swf"文件,如图 7 - 20 所示,单击【确定】按钮。

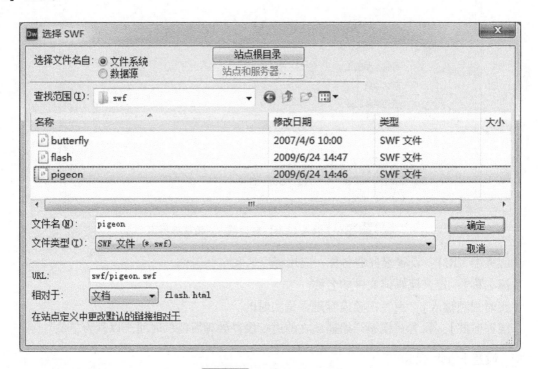

图 7 - 20 选择 SWF 文件

3. 设置 Flash 动画属性

选中插入的 SWF 文件,在属性检查器中设置【宽】属性值为"960",【Wmode】属性值为"透明"。

4. 插入 Flash 视频

将鼠标指针置于菜单下面的单元格中,选择【插入】/【媒体】/【FLV】命令,设置属性如图 7 - 21 所示。

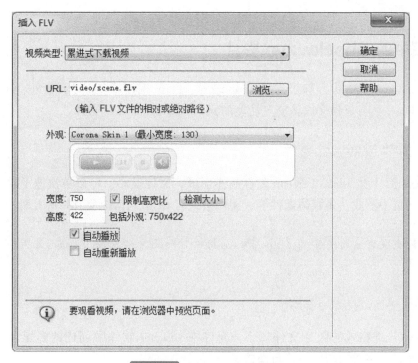

图 7-21 设置 Flash 视频属性

5. 预览网页

按下 <F12> 键预览网页,网页效果如图 7-22 所示。

图 7-22 网页预览效果

7.3 网页中的 Shockwave 影片

在 Dreamweaver CS6 中，除了支持 Flash 动画、Flash 视频等多媒体元素外，HTML 网页还支持一种比 Flash 具有更强多媒体交互功能的元素，即 Shockwave 影片。

7.3.1 认识 Shockwave 影片

Shockwave 影片由 Adobe Director 软件制作而成，文件较小，可以被快速下载，常用于制作较复杂的网页小游戏、多媒体课件等，文件格式有 DCR、DXR 及 DIR 等几种。

 只有在浏览器中安装了 Shockwave 插件才能正常播放 Shockwave 影片。

7.3.2 插入 Shockwave 影片

Shockwave 压缩格式的影片文件较小，允许在 Director 软件中创建的多媒体文件快速下载，并可以通过大多数的浏览器进行播放。

首先将鼠标光标定位在目标位置，选择【插入】/【媒体】/【Shockwave】命令，在弹出的【选择文件】对话框中选择已经制作好的 Shockwave 电影文件并执行插入操作，如图 7-23 所示。

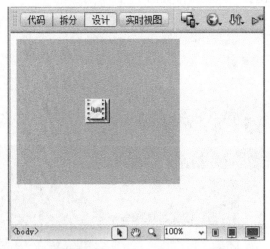

图 7-23 插入 Shockwave 电影

7.4 网页中的声音

声音在传达信息方面有着不可比拟的优势，也是多媒体网站重要的组成要素之一。选择合适的音频能使网站内容更加丰富，感染力更强。

7.4.1　网页支持的音频格式

网页中支持的音频格式有很多种，下面是常用的音频格式。

MIDI 或 MID 格式（乐器数字接口格式），是一种乐器的声音格式。许多浏览器都支持 MIDI 文件且不要求插件，它有较好的声音品质，但根据访问者的设备声卡的不同声音品质会有一些差别。

MP3 格式（动态影像专家压缩标准音频层面 3），是一种音频压缩技术，最大的特点是能以较小的比特率、较大的压缩比达到近乎完美的 CD 音质。MP3 技术使用户可以对文件进行"流式处理"，以便用户不必等待整个文件下载完成即可收听音乐。

WAV 格式（Waveform 扩展名格式），具有较好的声音品质，能够被多数浏览器支持且无须安装插件。缺点是文件较大。

RA、RAM、RPM 格式（一种压缩程度很高的音频格式），文件的大小要小于 MP3 的。此类格式文件需要下载并安装 RealPlayer、Windows Media Player 或 QuickTime 等辅助程序或插件才能播放。

7.4.2　链接到声音文件

链接到音频文件是将声音添加到网页的一种简单而有效的方法。创建指向某一声音文件的链接，首先要选中用于指向音频文件链接的文本或图像等对象，然后在属性检查器的【链接】文本框中输入音频文件的路径及名称，或单击【链接】后的🗀图标，在弹出的对话框中选择音频文件即可，如图 7 - 24 所示。

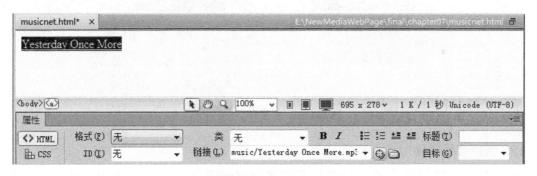

图 7 - 24　制作音频链接

7.4.3　嵌入声音文件

嵌入声音文件可以将声音直接添加到页面中，但只有当浏览器具有所选声音文件的插件时声音才可以正常播放。

将鼠标指针定位到目标位置，选择【插入】/【媒体】/【插件】命令，系统弹出【选择文件】对话框，从中选择要添加的声音文件，单击【确定】按钮，即在网页中插入一个插件占位符🎵。选中插件占位符，可在属性检查器中设置声音文件属性，如图 7 - 25 所示。

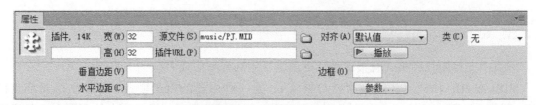

图 7－25 设置声音文件属性

7.4.4 课堂案例——制作默默音乐盒

1．打开文件

打开素材文件"example \ chapter07 \ playmusic. html"，如图 7－26 所示。

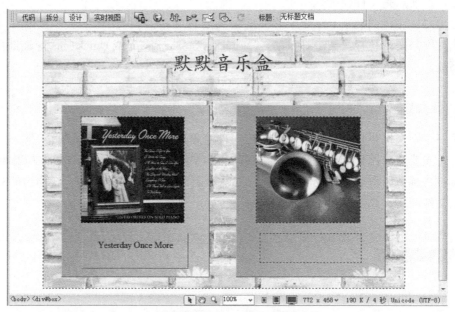

图 7－26 音乐盒网页界面

2．链接音乐文件

将鼠标指针置于网页第一幅图片下方名为"text"的 Div 中，选中"Yesterday Once More"文本，在其属性检查器【链接】文本框中输入"music/Yesterday Once More. mp3"。

3．嵌入音乐

将鼠标指针置于第二幅图片下方名为"text1"的 Div 中，选择【插入】/【媒体】/【插件】命令，在弹出的【选择文件】对话框中打开站点的"music"文件夹，选择"Go home. mp3"，单击【确定】按钮。

4．设置嵌入音乐属性

选中插件占位符，在属性检查器中设置插件【宽】为"180"。单击【参数】按钮，在弹出的【参数】对话框中，设置"autoplay"属性值为"false"，单击【确定】按钮，如图 7－27 所示。

图 7 - 27　设置插件参数

5．预览网页

按下 < F12 > 键预览网页，网页效果如图 7 - 28 所示。

图 7 - 28　"默默音乐盒"网页预览效果

小贴士　如果想加入背景音乐，则可以将鼠标指针放置在网页的任意位置，然后用插入插件的方法插入声音文件，并设置其"hidden"属性值为"true"。

7.5　网页中的其他媒体对象

7.5.1　插入传统视频文件

传统视频是区别于 FLV 格式的视频而言的，这些视频文件可以通过传统的视频播放器进行播放，包括 AVI、WMV、MOV、RM 和 RMVB 等。传统视频的插入方法与使用插件添加声音文件的方法完全相同，只是还需要设置插件的【宽】和【高】属性，以便用户能正常观看视频。

> **小贴士** 不同格式的视频需要有对应的播放器才能正常播放，一般情况下，AVI、WMV 等格式文件可以使用 Windows Media Player 播放器播放，RM 或 RMVB 格式的文件则需要安装 RealPlayer 或具有 RealPlayer 播放插件的播放器等，如图 7-29 所示。

7.5.2　插入 Applet

Applet 即 Java 小程序，是一种动态的、安全的、跨平台的、能够嵌入在网页中的、可以执行一定小任务的网络应用程序，扩展名常为 "class"。

用户访问服务器的 Applet 时，这些 Applet 就在网络上传输，然后在支持 Java 的浏览器中运行。在执行带有 Java 效果的页面中，浏览器会启动 Java 解释器以执行 Java Applet。

将鼠标指针置于目标位置，选择【插入】/【媒体】/【Applet】命令，在弹出【选择文件】对话框中选择要插入的 Applet 文件并执行插入操作。在网页设计窗口选中 Applet，如图 7-30所示，通过属性检查器可以对 Applet 进行高度和宽度等属性的设置。单击【参数】按钮，可添加参数设置。

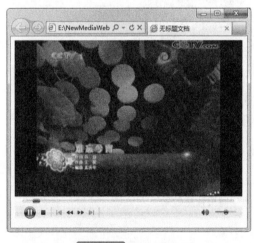

图 7-29　插入视频

图 7-30　插入 Applet

7.5.3　插入 ActiveX

ActiveX 控件是用于互联网的很小的程序，有时被称为插件程序，它允许播放动画或帮助执行任务，是宽松定义的、基于 COM 的技术集合。

将鼠标指针置于目标位置，选择【插入】/【媒体】/【ActiveX】命令，在弹出的【对象标签辅助功能属性】对话框中设置相应的属性，单击【确定】按钮。在网页设计窗口选中插件，通过属性检查器可以对插件进行高度和宽度等属性的设置，如图 7-31 所示。

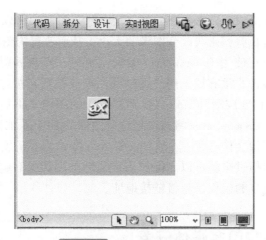

图 7 - 31　插入 ActiveX 控件

7.6 答疑与技巧

7.6.1 疑问解答

Q1：为图像及其他对象设置替换文本很重要吗？

A1：为图像及其他对象设置替换文本，能够利用搜索引擎进行图像搜索，从而加大网页的收录量，因此应尽量为网页图像添加替换文本。

Q2：在插入图像时可否不显示【图像标签辅助功能属性】对话框？如何设置？

A2：可以。选择【编辑】/【首选参数】命令，在【分类】选项卡下选择【辅助功能】选项，将右侧【在插入时显示辅助功能属性】下【图像】前的复选框取消即可。

Q3：Dreamweaver CS6 的图像编辑功能有哪些？

A3：Dreamweaver CS6 具有一些经常使用的图像编辑功能，这些功能包括编辑、裁剪、亮度和对比度、锐化等。

Q4：可否使用网络上的音乐地址作为背景音乐？

A4：可以。链接的声音文件既可以是相对地址的文件也可以是绝对地址的文件，但建议使用站点内的声音文件，这样可以避免因网络文件或地址出现错误而导致背景音乐无法正常播放。

7.6.2 常用技巧

S1：图像使用技巧。在网页中适当添加图像能丰富网页的内容，但图像过大会延长网页的下载速度，影响浏览效果。因此，为了减少页面下载时间，应在保证画质的同时尽量缩小图像文件的大小，最好将其限制在100kb 以内。

S2：在图像占位符中快速插入图像。双击想要插入图像的图像占位符，即可打开【选择图像源文件】对话框，然后选择图像文件即可实现。

S3：去除链接图像虚线。单击图像超级链接时，图像周围会出现虚线，影响图像显示效果。对此，可以通过在 < a > 标签中添加 "onFocus = " this. blur（）""代码来解决。例如：< a href = "#" ohFocus = "this. blur（）" > < img src = "images/quanyou/dt. JPG" border = "0" > </a >

S4：图像的裁剪。在 Dreamweaver CS6 中，无须打开图像编辑软件即可以通过裁剪功能对图像不需要的地方进行裁剪，永久改变图像的大小，从而改善构图和布局。

S5：善用拖放技术。在使用 Dreamweaver 编辑网页时，经常需要插入图像等元素，如果按照常规方法来操作就显得非常麻烦。用户可以利用拖放技巧来很好地解决这个问题。首先把 Dreamweaver 的操作窗口变成活动窗口，找到要插入的图像文件后，选中图像文件用鼠标拖动到网页的适当部位，Dreamweaver 将自动把这些图像的 URL 添加到文件的 HTML 代码中，当然这里要求被拖动的图像文件必须是 gif、jpg 等 web 图像格式的文件。对于已经在网页中的图像，也是一样，直接拖过来就可以。但如果被拖动的图像上有超级链接，则不可以使用拖动技术，因为这时拖过来的仅仅是超级链接地址。

7.7 课后实践——应用多媒体元素

本例在网页中添加多媒体元素，使网页内容更加丰富，增加了网页的观赏性。

1. 打开文件

打开素材文件 "example \ charpter07 \ shijian \ index. html"。

2. 插入 SWF 文件

将鼠标指针置于菜单左下的空白单元格中，选择【插入】/【媒体】/【SWF】命令，在弹出的【选择 SWF】对话框中，选择站点文件夹下名为 "yp. swf" 的文件，如图 7-32 所示。选中该文件，在属性检查器中设置【高】为 "300"。

图 7-32　【选择 SWF】对话框

3. 设置浮动框架属性

将鼠标指针置于"热门视频"文本下的 iframe 框架中，选择【修改】/【编辑标签】命令，打开【标签编辑器-iframe】对话框，设置【源】属性值为"lasg. html"，如图 7－33 所示。

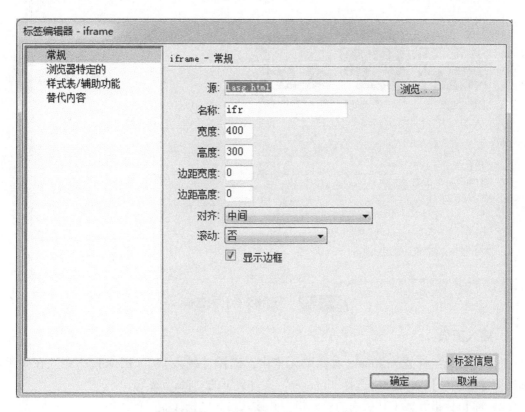

图 7－33 【标签编辑器-iframe】对话框

4. 创建新文档

（1）选择【文件】/【新建】命令，新建一个空白 HTML 文档，在属性检查器中单击【页面属性】按钮，打开【页面属性】对话框，在【外观】分类下，设置"左边距""右边距""上边距""下边距"均为"0"。

（2）选择【插入】/【媒体】/【插件】命令，在弹出的【选择文件】对话框中选择站点中"video"文件夹下的"jindingshan. mp4"，如图 7－34 所示，单击【确定】按钮。

（3）在设计窗口选中该插件，设置属性检查器中的【宽】为"400"，【高】为"300"。

（4）选择【文件】/【另存为】命令，将文件另存为"jds. html"。

（5）用同样的方法创建名为"lasg. html"文件，插件文件选择站点中"video"文件夹下的"lianaishiguang. mp4"。

图 7 - 34 【选择文件】对话框

5. 插入图像

（1）将鼠标指针置于 iframe 右侧单元格中，选择【插入】/【图像】命令，在弹出的【选择图像源文件】对话框中选择 "images" 文件夹下的 "jds. png"。

（2）将鼠标指针置于其后面的单元格中并插入名为 "ps. png" 的图像。

6. 创建超级链接

（1）选中 iframe 右侧名为 "jds. png" 的图像，在属性检查器中设置【链接】为 "jds. html"，【目标】为浮动框架的名字 "ifr"。

（2）选中名为 "ps. png" 的图像，在属性检查器中设置【链接】为 "lasg. html"，【目标】为 "ifr"。

（3）同时设置 "金顶山预告片" "意外的恋爱时光" 文本的超级链接分别为 "jds. html" "lasg. html"。

7. 创建外部链接

分别选中 "热门曲库" 文本下的五幅图像，设置超级链接分别为 "https://www. smtown. com/" "http://www. bin-music. com/" "https://www. him. com. tw/" "http://www. rock. com. tw/" "https://www. bmg. com/de/"。

8. 预览网页

按下 <F12> 键预览网页，网页效果如图 7 - 35 所示。

图 7-35　娱乐派网站主页

第 8 章

08 在新媒体网页中添加动态特效

本章学习要点

➤ 行为中动作的种类
➤ 常用事件
➤ 行为的添加与编辑
➤ 应用 Spry 行为效果

Dreamweaver CS6 提供了丰富的行为设置，用户通过这些行为设置可以创建各种网页互动的特效，灵活地运用这些功能能够为新媒体网页增色很多。

8.1 认识行为

Dreamweaver CS6 行为将 JavaScript 代码放置在文档中，以允许用户与网页进行交互，实现各种网页特效。行为由事件和动作两部分组成。行为代码是客户端 JavaScript 代码，它运行于浏览器中，而不是服务器上。事件是浏览器生成的消息，指示网页的访问者执行了某些操作，如单击（onClick）、鼠标经过（onMouseOver）等。动作是由预先编写的 JavaScript 代码组成的，这些代码执行特定的任务，如插入声音、弹出浏览器窗口、改变属性等。

8.1.1　行为浮动面板

选择【窗口】/【行为】命令打开行为浮动面板，如图8-1所示。

【行为】浮动面板主要包括以下属性。

【▦】：显示设置事件。只显示已设置的事件列表。

【▤】：显示所有事件。显示所有事件列表。

【＋】和【－】：添加行为和删除事件。用于添加新行为和删除选定的行为。

【▲】和【▼】：增加事件值和降低事件值。用于向前或向后调整行为的排列顺序。

图8-1 【行为】浮动面板

192

行为的事件列和动作列：用于编辑行为对应的事件和动作。单击事件列可以修改事件，双击动作列可以编辑行为参数。

常用的事件及作用：

onLoad：当载入网页时触发。

onUnload：当用户离开（关闭）网页时触发。

onMouseOver：当鼠标指针移入指定对象范围时触发。

onMouseOut：当鼠标指针移出指定对象范围时触发。

onClick：当用户单击指定对象时触发。

onDblClick：当用户双击指定对象时触发。

onMouseUp：当用户释放鼠标左键时触发。

onMouseDown：当用户按下鼠标左键并没有释放时触发。

onMouseMove：当用户在页面上拖动鼠标时触发。

onMouseWheel：当用户移动鼠标滚轮时触发。

onKeyDown：当用户按下键盘任一键，在没有释放之前触发。

onKeyPress：当用户按下键盘任一键，释放该键时触发。此事件是 onKeyDown 和 onKeyUp 事件的组合事件。

onKeyUp：当用户释放了被按下的键后触发。

onFocus：当指定的元素（如文本区域）变成用户交互的焦点时触发。

onBlur：与 onFocus 事件相反，即当指定元素不再作为交互的焦点时触发。

onError：当浏览器载入页面或图像发生错误时触发。

onMove：当浏览器窗口或框架移动时触发。

8.1.2　应用行为

为对象附加行为，主要应用于一些简单的事件（如单击、双击、鼠标经过等）和一些超级链接（如文字或图片）。一般情况下，用户无法为未设置容器的普通文本设置行为。如果要为这类文本附加行为，则可以为其添加一个空链接（#）或将其设置成容器文本（为文本添加 < span > 标记）。

为普通文本添加空链接的方法：在属性检查器的【链接】文本框中输入"javascript：；"或"#"。

为文本添加 < span > 标记的方法：选中文本，单击文档工具栏左上角的 拆分 按钮，在代码窗口选定文本的前后分别添加" < span >"和" </span >"标记。

8.2 使用 Dreamweaver CS6 预定义行为

8.2.1　改变属性

改变属性行为用于更改对象某个属性的值，如表格的背景图像或 AP Div 的字体等，但具体可以更改哪些属性是由当前选用的浏览器来决定的。

选中要附加行为的对象,单击【行为】面板中的➕按钮,从弹出的菜单中选择【改变属性】命令,系统会弹出【改变属性】对话框,如图8-2所示。

图8-2 【改变属性】对话框

【改变属性】对话框主要包括以下属性。

【元素类型】:选择要更改其属性的对象类型。

【元素 ID】:选择所需的对象。

【属性】:设置对象属性。可通过【选择】下拉列表框选择要修改的属性,或通过【输入】文本框输入该属性名称。

【新的值】:为属性设置新值。

8.2.2 弹出信息

弹出信息行为会在某触发事件发生时,使系统弹出一个对话框,提示用户一些信息。该对话框只有一个【确定】按钮。最常见的是当访问者进入某个网页时,系统自动弹出一个消息框,显示预先设定好的文本,如"欢迎光临本站!"等,如图8-3所示。

选中要附加行为的对象,单击【行为】面板中的➕按钮,从弹出的菜单中选择【弹出信息】命令,系统会弹出【弹出信息】对话框,用户在其【消息】文本框中输入提示信息即可,如图8-4所示。

图8-3 弹出信息窗口

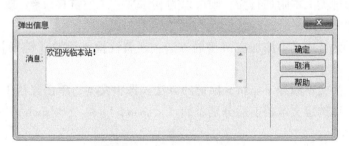

图8-4 【弹出信息】对话框

8.2.3 打开浏览器窗口

打开浏览器窗口行为可以使系统在打开一个页面的同时在一个新的窗口中打开指定的URL。用户可以根据情况指定新窗口的大小、特性(包括导航工具栏、菜单条、状态栏等)

和名称。

　　选中要附加行为的对象，单击【行为】面板中的➕按钮，从弹出的菜单中选择【打开浏览器窗口】命令，系统会弹出【打开浏览器窗口】对话框，如图 8 - 5 所示。

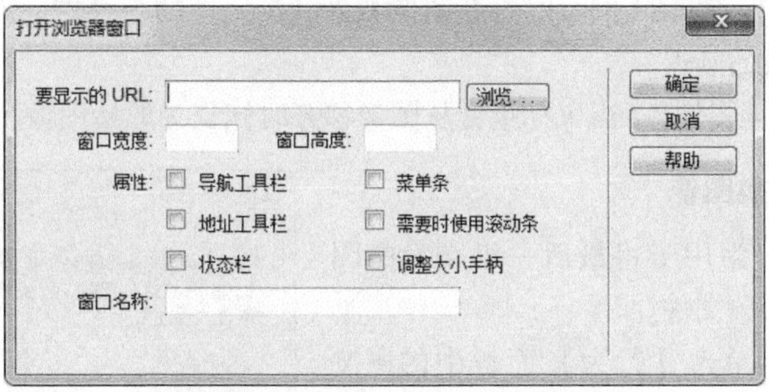

图 8 - 5　【打开浏览器窗口】对话框

【打开浏览器窗口】对话框主要包括以下属性。

【要显示的 URL】：设置要在浏览器窗口中显示的对象的 URL。

【窗口宽度】和【窗口高度】：设置浏览器窗口的宽度和高度，单位为像素。

【属性】：设置浏览器窗口的属性。

【窗口名称】：设置新窗口的名称。

> **小贴士**　如果不指定【打开浏览器窗口】的任何属性，则它的大小和属性与打开它的窗口相同。

8.2.4　交换图像和恢复交换图像

　　交换图像行为的效果与鼠标经过图像的效果一样，该行为通过更改 < img > 标签中的 src 属性将一个图像与另一个图像进行交换。

1. 应用交换图像

　　插入或选中网页中要加入交换图像行为的图像，单击【行为】面板中的➕按钮，从弹出的菜单中选择【交换图像】命令，系统会弹出【交换图像】对话框，如图 8 - 6 所示。

图 8 - 6　【交换图像】对话框

【交换图像】对话框主要包括以下属性。

【图像】：显示所有可进行交换的图像。

【设定原始档为】：设置新图像文件。

【预先载入图像】：在载入网页时将新图像载入到浏览器的缓存中，以防止图像在应该出现时由于下载而导致的延迟。

【鼠标滑开时恢复图像】：当鼠标指针从图像移开时恢复为原始图像。

2. 应用恢复交换图像

恢复交换图像行为用于将最后一组交换的图像恢复为它们以前的源文件。

选择交换图像，单击【行为】面板中的➕按钮，从弹出的菜单中选择【恢复交换图像】命令，系统会弹出【恢复交换图像】对话框，如图 8 - 7 所示。

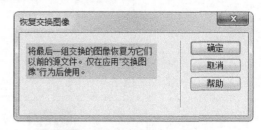

图 8 - 7 【恢复交换图像】对话框

> **小贴士** 如果在附加交换图像行为时选择了【鼠标滑开时恢复图像】选项，则不再需要手动添加恢复交换图像行为。

8.2.5 显示—隐藏元素

显示—隐藏元素行为实质上是由"显示元素"和"隐藏元素"两个行为组成的。它可以显示、隐藏或者恢复一个或多个页面元素的默认可见性，主要用于在用户与页面进行交互时显示信息。

在网页中插入 AP Div，单击【行为】面板中的➕按钮，从弹出的菜单中选择【显示—隐藏元素】命令，系统弹出【显示—隐藏元素】对话框，用户在该对话框中设置 AP Div 的显示、隐藏属性，如图 8 - 8 所示。

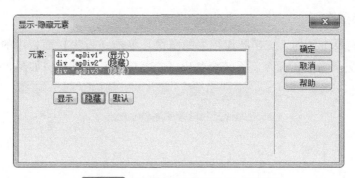

图 8 - 8 【显示—隐藏元素 】对话框

> **小贴士** 【AP 元素】浮动面板可以设置 AP Div 的默认可见性。

8.2.6　拖动 AP 元素

拖动 AP 元素行为可实现在规定范围内拖动 AP 元素，用以创建拼图游戏、滑块控件和其他可移动的界面元素。

首先要在网页中插入 AP Div，单击【行为】面板中的➕按钮，从弹出的菜单中选择【拖动 AP 元素】命令，系统会弹出【拖动 AP 元素】对话框，如图 8-9 所示。

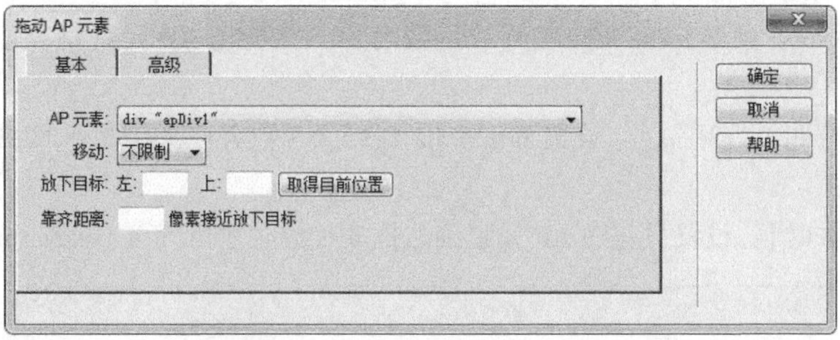

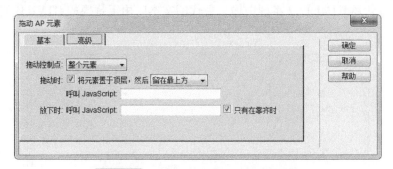

图 8-9　【拖动 AP 元素】基本选项卡

【拖动 AP 元素】基本选项卡主要包括以下属性。

【AP 元素】：选择要使其可拖动的 AP 元素。

【移动】：选择在移动时是否限制。包括"不限制"和"限制"2 个选项。"不限制"移动适用于拼图游戏和其他拖动游戏。如果是滑块控件和窗帘、小百叶窗等可移动布景，应选择"限制"移动。

【放下目标】：【左】和【上】用于设置拖放目标值，单位为像素。这些值是与浏览器窗口的左上角相对的。

【取得目前位置】：用选定 AP 元素的当前位置填充【放下目标】位置。

【靠齐距离】：输入一个值，以确定拖动的 AP 元素在离目标多近时能自动靠齐到目标。较大的值可以使用户比较容易找到拖放目标。

如果要定义 AP 元素的拖动控制点、在拖动 AP 元素时跟踪 AP 元素的移动以及在放下 AP 元素时触发一个动作，则需设置高级选项卡中的属性，如图 8-10 所示。

图 8-10　【拖动 AP 元素】高级选项卡

【拖动 AP 元素】高级选项卡主要包括以下属性。

【拖动控制点】：设置 AP 元素的拖动控制点。如果要单击 AP 元素的任意位置都可以拖动 AP 元素，则应选择【整个元素】选项。如果要指定用户必须单击 AP 元素的某个特定区域才能拖动 AP 元素，则应选择【元素内的区域】选项，然后需要输入区域的坐标及拖动控制点的宽度和高度值，如图 8 – 11 所示。

【拖动时】：

将元素置于顶层：设置 AP 元素在被拖动时移动到堆叠顺序的顶部。如果复选该项，则可在其后的弹出菜单中选择【留在最上方】或【恢复到 z 轴】。

呼叫 JavaScript：设置 JavaScript 代码或函数名称，在拖动 AP 元素时反复执行该代码或函数。

【放下时：呼叫 JavaScript】：设置 JavaScript 代码或函数名称，在放下该 AP 元素时执行此代码或函数。

【只有在靠齐时】：设置只有在 AP 元素到达拖放目标时才执行该 JavaScript。

图 8 – 11 选择【元素内的区域】选项

8.2.7　设置文本

1. 设置容器的文本

设置容器的文本可以实现用指定的内容替换选择的 AP 元素等容器元素的内容和格式设置。选中目标对象后，单击【行为】面板中的➕按钮，从弹出的菜单中选择【设置文本】/【设置容器的文本】命令，打开【设置容器的文本】对话框，在【容器】下拉列表框中选择目标容器，在【新建 HTML】文本框中输入替代的文本或用于替换的 HTML 代码，如图 8 – 12 所示。

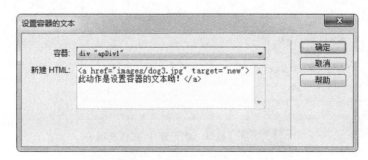

图 8 – 12　【设置容器的文本】对话框

小贴士　该动作只替换 AP 元素的内容和格式设置，不会替换 AP 元素的属性。

2. 设置文本域文字

设置文本域文字可以实现用指定的内容替换表单文本域的内容。选中目标对象后，单击【行为】面板中的➕按钮，从弹出的菜单中选择【设置文本】/【设置文本域文字】命令，打开【设置文本域文字】对话框，在【文本域】下拉列表框中选择目标文本域，在【新建文本】文本框中输入替代的文本即可，如图 8 - 13 所示。

图 8 - 13　【设置文本域文字】对话框

3. 设置框架文本

设置框架文本可以实现用指定的内容替换框架的内容和格式设置。选中目标对象后，单击【行为】面板中的➕按钮，从弹出的菜单中选择【设置文本】/【设置框架文本】命令，打开【设置框架文本】对话框，在【框架】下拉列表框中选择目标框架，然后在【新建 HTML】文本框中输入替代的文本或用于替换的 HTML 代码，如图 8 - 14 所示。

图 8 - 14　【设置框架文本】对话框

小贴士　【获取当前 HTML】用于复制当前目标框架的 body 部分的内容。【保留背景色】用于指定保留当前的背景颜色。

4. 设置状态栏文本

设置状态栏文本可以实现用指定的文本替换浏览器窗口底部左侧状态栏中的显示信息。

选中目标对象后，单击【行为】面板中的➕按钮，从弹出的菜单中选择【设置文本】/【设置状态栏文本】命令，打开【设置状态栏文本】对话框，在【消息】文本框中输入状态栏要显示的信息，如图 8 – 15 所示。

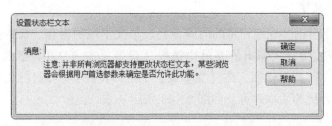

图 8 – 15 【设置状态栏文本】对话框

8.2.8 转到 URL

转到 URL 可以实现在当前窗口或指定的框架中打开一个新网页。选中目标对象后，单击【行为】面板中的➕按钮，从弹出的菜单中选择【转到 URL】命令，打开【转到 URL】对话框，在【打开在】列表框中选择 URL 的打开位置，在【URL】文本框中输入或选择要打开文档的路径及名称，如图 8 – 16 所示。

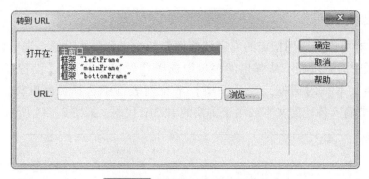

图 8 – 16 【转到 URL】对话框

小贴士 该行为常常用于网址有变动的网站，设置旧网页的转到 URL 动作可自动将访问者带到新的网址。

8.2.9 调用 JavaScript

此动作可以用来设置当发生某个事件时应该执行的自定义函数或 JavaScript 代码行。选中目标对象后，单击【行为】面板中的➕按钮，从弹出的菜单中选择【调用 JavaScript】命令，打开【调用 JavaScript】对话框，在【JavaScript】文本框中输入函数的名称或要执行的 JavaScript，如图 8 – 17 所示。

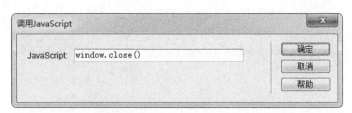

图 8-17　【调用 JavaScript】对话框

8.2.10　定义 Spry 效果

Spry 效果是指【行为】面板中下拉菜单的【效果】命令中包含的 7 个行为。运用这些行为可以修改元素的缩放比例、样式、不透明度等，还可以组合多个属性来创建丰富的视觉效果。

（1）增大/收缩效果：用于实现网页元素的大小变换。

（2）挤压效果：使用元素从页面的左上角消失。

（3）显示/渐隐效果：使元素显示或渐隐。

（4）晃动效果：模拟从左向右显示元素。

（5）滑动效果：上下移动元素。

（6）遮帘效果：模拟百叶窗，向上或向下滚动百叶窗来隐藏或显示元素。

（7）高亮颜色效果：更改元素的背景颜色。

> 小贴士　若要为某个元素应用效果，首先要选中该元素或该元素必须具有一个 ID 名称，然后再应用效果。

8.2.11　课堂案例——在网页中应用行为

1. 打开文件

打开素材文件 "example \ chapter08 \ booklist. html"。

2. 设置状态栏文本和打开浏览器窗口行为

将鼠标指针置于窗口的空白区域或在窗口左下角的标签选择器中选中 "< body >" 标签，执行以下操作。

（1）设置状态栏文本。单击【行为】面板中的+按钮，从弹出的菜单中选择【设置文本】/【设置状态栏文本】命令，打开【设置状态栏文本】对话框，在【消息】中输入文本 "本站带你认识 Dreamweaver CS6！"，如图 8-18 所示，单击【确定】按钮。【行为】面板即会显示刚刚添加的动作，并自动设置事件为 "onMouseOver"，如图 8-19 所示。

（2）添加打开浏览器窗口行为。单击【行为】面板中的+按钮，从弹出的菜单中选择【打开浏览器窗口】命令，打开【打开浏览器窗口】对话框，属性设置如图 8-20 所示，单击【确定】按钮，【行为】面板自动设置事件为 "onLoad"。

图8-18 【设置状态栏文本】对话框

图8-19 【行为】面板

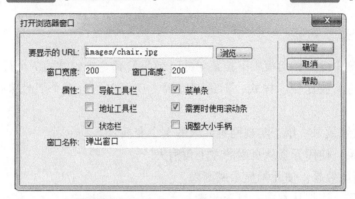

图8-20 设置【打开浏览器窗口】属性

3. 设置改变属性行为

（1）改变网页背景图片。选中网页顶部左侧的文本"清新背景"，单击【行为】面板中的 + 按钮，从弹出的菜单中选择【改变属性】命令，打开【改变属性】对话框，属性设置如图8-21所示，单击【确定】按钮，在【行为】面板中选择"onClick"事件。

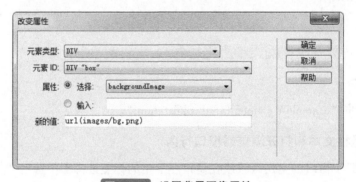

图8-21 设置背景图像属性

（2）改变文本背景颜色。再次选中文本"清新背景"，单击【行为】面板中的 + 按钮，从弹出的菜单中选择【改变属性】命令，属性设置如图8-22所示，单击【确定】按钮，在【行为】面板中选择"onMouseOver"事件。

用同样的方法，再设置"td1"的背景色为"#9ACC15"，并在【行为】面板中选择"onMouseOut"事件。

然后选择文本"楷体网页"，在【改变属性】中【元素 ID】选择"td2"，改变其文本背景颜色。设置过程同"清新背景"的背景颜色设置。

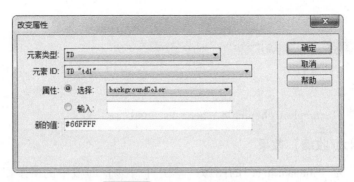

图 8-22　设置文本背景颜色

（3）改变网页字体。选中网页顶部左侧的文本"楷体网页"，单击【行为】面板中的
➕按钮，从弹出的菜单中选择【改变属性】命令，打开【改变属性】对话框，属性设置如
图 8-23 所示，单击【确定】按钮，在【行为】面板中选择"onClick"事件。

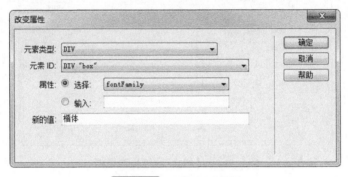

图 8-23　设置字体属性

整个网页应用行为的预览效果如图 8-24 所示。

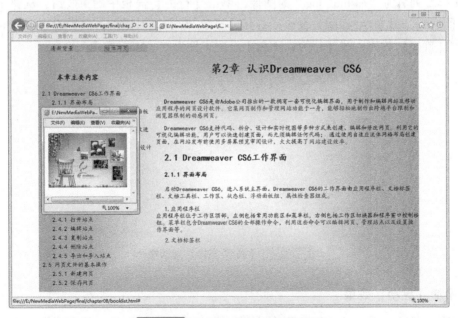

图 8-24　应用行为的网页预览效果

8.2.12 课堂案例——为网页添加 Spry 效果

1. 打开文件

打开素材文件 "example \ chapter08 \ behavior. html"。

2. 添加【增大/收缩】效果

选中第一列名为 "jinmao. jpg" 的图像，单击【行为】面板中的➕按钮，从弹出的菜单中选择【效果】/【增大/收缩】命令，打开【增大/收缩】对话框，属性设置如图 8 - 25 所示。单击【确定】按钮，在【行为】面板中设置事件为 "onClick"。

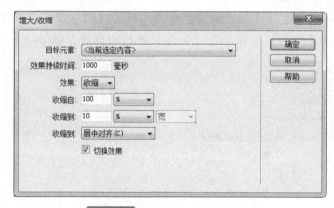

图 8 - 25 【增大/收缩】对话框

3. 添加【显示/渐隐】效果

选中第二列名为 "hashiqi. jpg" 的图像，单击【行为】面板中的➕按钮，从弹出的菜单中选择【效果】/【显示/渐隐】命令，打开【显示/渐隐】对话框，属性设置如图 8 - 26 所示。单击【确定】按钮，在【行为】面板中设置事件为 "onMouseOver"。

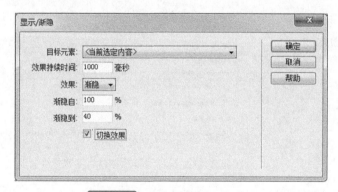

图 8 - 26 【显示/渐隐】对话框

4. 添加【晃动】效果

选中第三列名为 "labuladuo. jpg" 的图像，单击【行为】面板中的➕按钮，从弹出的菜

单中选择【效果】/【晃动】命令，打开【晃动】对话框，如图 8－27 所示。单击【确定】
按钮，在【行为】面板中设置事件为"onMouseOver"。

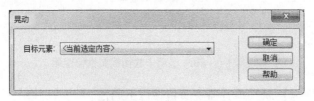

图 8－27　【晃动】对话框

5. 添加【遮帘】效果

单击【行为】面板中的╋按钮，从弹出的菜单中选择【效果】/【遮帘】命令，打开
【遮帘】对话框，属性设置如图 8－28 所示。单击【确定】按钮，在【行为】面板中设置事
件为"onClick"。

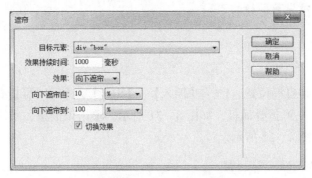

图 8－28　【遮帘】对话框

8.3　使用 Spry 折叠式构件

8.3.1　Spry 选项卡式面板

Spry 选项卡式面板构件是一组面板，用以将内容存储到紧凑的空间中。用户可以单击选
项卡以隐藏或显示存储在选项卡式面板中的内容。当用户单击不同的选项卡时，构件的面板
会相应地打开，在给定的时间内，选项卡面板构件中只有一个内容面板处于当前打开状态。

将鼠标指针定位到目标位置，选择【插入】/【Spry】/【Spry 选项卡式面板】命令，在
文档窗口中插入一个 Spry 选项卡式面板，如图 8－29 所示。单击该面板，系统会显示选项卡
式面板属性检查器，如图 8－30 所示。

图 8－29　Spry 选项卡式面板

图 8 - 30　**Spry 选项卡式面板属性检查器**

【Spry 选项卡式面板】属性检查器主要包括以下属性。

【选项卡式面板】：设置 Spry 选项卡式面板的名称。

【自定义此 Widget】：单击此链接，将链接到 Adobe 官方网站的相关介绍页面。

【面板】：设置面板的数量及顺序。

【默认面板】：设置默认面板的标签。

> 小贴士　在 Spry 选项卡式面板的每个 Tab 标签的右侧都有一个 👁 图标，用户单击该图标，系统会显示当前面板的内容。

8.3.2　Spry 可折叠面板

将鼠标指针定位到目标位置，选择【插入】/【Spry】/【Spry 可折叠面板】命令，在文档窗口中插入一个 Spry 可折叠面板，如图 8 - 31 所示。单击该面板，系统会显示 Spry 可折叠面板属性检查器，如图 8 - 32 所示。

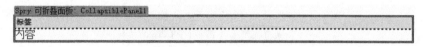

图 8 - 31　**Spry 可折叠面板**

【Spry 可折叠面板】属性检查器主要包括以下属性。

【可折叠面板】：设置 Spry 可折叠面板的名称。

【自定义此 Widget】：单击此链接，将链接到 Adobe 官方网站的相关介绍页面。

图 8 - 32　**Spry 可折叠面板属性检查器**

【显示】：设置 Spry 可折叠面板在设计视图中为打开或关闭，包括 "打开" 和 "已关闭" 2 个选项，默认是 "打开" 选项。

【默认状态】：设置用户在浏览器中浏览该 Spry 可折叠面板时可折叠面板的默认状态，包括 "打开" 和 "已关闭" 2 个选项，默认是 "打开" 选项。

【启用动画】：选中该复选框后，在单击该面板选项卡时，该面板将缓缓地平滑打开和关闭。

> 小贴士　在网页文档中插入 Spry 中的各种面板时，必须要先保存文档，否则系统会给出是否保存网页文档的提示信息。

8.3.3　课堂案例——古诗鉴赏

1．打开文件

打开素材文件"example \ chapter08 \ Spry \ spryselect. html"。

2．添加 Spry 选项卡式面板

将鼠标指针定位到文本"唐诗"的下方，选择【插入】/【Spry】/【Spry 选项卡式面板】命令，在文档窗口中插入一个 Spry 选项卡式面板，选中该面板，在属性检查器的【面板】中单击 ➕ 按钮，再添加 2 个面板。返回到设计窗口，选中 Spry 选项卡式面板上的"标签1"，将"标签1"替换成"行路难"。将另外三个标签分别替换成"春夜喜雨""钱塘湖春行""锦瑟"，如图 8-33 所示。

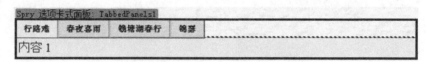

图 8-33　添加 Spry 选项卡式面板

3．编辑 Spry 选项卡式面板

（1）设置独立 Tab 的 CSS 样式。选择【窗口】/【CSS 样式】命令，打开【CSS 样式】面板，在【CSS 样式】面板中展开"SpryTabbedPanels. css"，双击". TabbedPanelsTab"，如图 8-34 所示。

（2）设置【. TabbedPanelsTab 的 CSS 规则定义】。

在【类型】选项中，设置【Font-family】为"楷体"，【Font-size】为"1em"，【Color】为"#FFF"。

在【背景】选项中，设置【Background-color】为"#060"。

在【区块】选项中，设置【Text-align】为"center"。

在【边框】选项中，设置【Style】为"solid"，【Width】为"1"，【Color】依次为"#333""#333""#999""#CCC"。

图 8-34　选择
". TabbedPanelsTab" 样式

（3）设置鼠标经过特效。选择". TabbedPanelsTabHover"样式，设置【Background-color】为"#630"。

（4）设置当前选项卡样式。选择". TabbedPanelsTabSelected"样式，设置【Background-color】为"#006"。

（5）设置 Tab 页内容样式。选择". TabbedPanelsContent"样式，在【类型】选项中，设置【Font-family】为"楷体"，【Font-size】为"16px"，【Line-height】为"24px"，【Color】为"#630"。

（6）添加内容。

1）在文档窗口选择"行路难"选项卡，将鼠标指针置于"内容1"面板，插入一个一

行二列的表格，设置表格【宽】为"100%"，第一个单元格【宽】为"55%"；设置第二个单元格【宽】为"45%"，单元格【水平】对齐方式为"居中对齐"。

2）打开"古诗词.doc"文件，复制"行路难"文本到第一个单元格。

3）将鼠标指针置于第二个单元格，选择【插入】/【图像】命令，插入路径为"images/libai.jpg"的图像。

4）用同样的方法添加其他几个选项卡的内容。

网页显示效果如图 8-35 所示。

图 8-35　Spry 选项卡式面板预览效果

4. 添加 Spry 可折叠面板

将鼠标指针定位到文本"宋词"的下方，选择【插入】/【Spry】/【Spry 可折叠面板】命令，在文档窗口中插入一个 Spry 可折叠面板，继续用同样方法再插入 3 个 Spry 可折叠面板。选中 Spry 可折叠面板上的"标签 1"，将"标签 1"替换为"水调歌头"。将另外三个标签分别替换为"卜算子·咏梅""浪淘沙""醉花阴"，如图 8-36 所示。

5. 编辑 Spry 可折叠面板

（1）设置 Spry 可折叠面板的初始 CSS 样式。打开【CSS 样式】面板，在【CSS 样式】面板中展开"SpryCollapsiblePanel.css"，双击".CollapsiblePanelTab"，如图 8-37 所示。

图 8-36　添加 Spry 可折叠面板

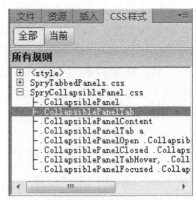

图 8-37　选择

".CollapsiblePanelTab"样式

（2）设置【. CollapsiblePanelTab 的 CSS 规则定义】。

在【类型】选项中，设置【Font-family】为"楷体"，【Font-size】为"18px"，【Line-height】为"35px"，【Color】为"#FFF"。

在【背景】选项中，设置【Background-color】为"#FFF"，【Background-image】为"url（../spry/images/titl. png）"，【Background-repeat】为"no-repeat"。

在【方框】选项中，设置【Height】为"33"，取消【Padding】下【全部相同】的复选，设置【左】的值为"80px"。

（3）设置鼠标经过特效。选择".CollapsiblePanelTabHover，.CollapsiblePanelOpen. CollapsiblePanelTabHover"样式，设置【Background-color】为"#FFF"，【Background-image】为"url（../spry/images/titl2. png）"，【Background-repeat】为"no-repeat"。

（4）设置获得焦点特效。选择". CollapsiblePanelFocused . CollapsiblePanelTab"样式，设置【Background-color】为"#FFF"。

（5）设置 Spry 可折叠面板的内容样式。选择". CollapsiblePanelContent"样式，在【类型】选项中，设置【Font-family】为"楷体"，【Font-size】为"16px"，【Line-height】为"24px"，【Color】为"#630"；在【背景】选项中，设置【Background-color】为"#EEE"。

（6）设置 Spry 可折叠面板的展开样式。选择". CollapsiblePanelOpen. CollapsiblePanelTab"样式，设置【Background-color】为"#FFF"，【Background-image】为"url（../spry/images/titl3. png）"，【Background-repeat】为"no-repeat"。

（7）添加内容。

1）将鼠标指针置于"水调歌头"面板的内容区域，插入一个一行二列的表格，设置表格【宽】为"100%"，第一个单元格【宽】为"55%"；设置第二个单元格【宽】为"45%"，单元格【水平】对齐方式为"居中对齐"。

2）打开"古诗词. doc"文件，复制"水调歌头"文本到第一个单元格。

3）将鼠标指针置于第二个单元格，选择【插入】/【图像】命令，插入路径为"images/sushi. jpg"的图像。

4）用同样的方法设置余下的 3 个面板。

网页显示效果如图 8-38 所示。

图 8-38　使用"Spry 折叠式"构件网页预览效果

选中 Spry 可折叠面板，在属性检查器中可以设置该面板的显示状态和默认状态。

8.4 答疑与技巧

8.4.1 疑问解答

Q1：在网页中使用"行为"会不会直接影响服务器的数据安全呢？

A1：不会。"行为"是在客户端运行的脚本程序，行为代码只在客户端执行，不会直接影响服务器的数据安全。

Q2：什么是"事件"？

A2："事件"即浏览器生成的消息，指示该页面在被浏览时执行某种操作。触发事件会根据每个页面元素的不同而有所差异。

Q3：Dreamweaver CS6 中的各种行为在网页设计中可以组合使用吗？

A3：可以。不同的动作可以设置为对不同的事件或同一个事件进行触发。

Q4：为网页添加行为有哪几个步骤？

A4：为网页添加行为有 3 个步骤，即选择目标对象、添加动作和设置触发事件。

Q5：站点根文件夹下的 SpryAssets 文件夹有什么用？

A5：SpryAssets 文件夹是用户在已保存的页面中插入构件时，Dreamweaver 自动在站点中创建的一个文件夹。它的作用是保存与网页构件相关联的 JavaScript 文件和 CSS 文件，CSS 文件包含设置构件样式所需的全部信息，而 JavaScript 文件则赋予构件功能。

8.4.2 常用技巧

S1："增大/收缩"效果行为的持续时间会影响该行为的呈现效果，因此在网页设计中要根据页面风格来设置效果持续的时间，以使特效与页面风格相适应。

S2：同时链接多个网页。通常情况下，网页中的超级链接一次只能链接到一个目标端点，如果需要在不同框架页面中打开新网页，则可以通过创建多个"转到 URL"行为来实现。用户在选中链接源端点后，在【转到 URL】对话框中设置【打开在】目标窗口，在【URL】中设置链接的新文档，并设置事件为"onClick"，然后重复该操作即可。

8.5 课后实践——游戏拼图

1. 打开文件

打开素材文件"example \ chapter08 \ pintu \ pintu. html"。

2. 设置拼图背景

将鼠标指针置于目标位置，选择【插入】/【布局对象】/【AP Div】命令，在网页中插入一个 AP Div，设置 AP Div 属性如图 8 - 39 所示。

图 8-39　设置 AP Div 背景属性

3. 插入嵌套 AP Div

将鼠标指针置于 AP Div 内，选择【插入】/【布局对象】/【AP Div】命令，在名为"bg"的 AP Div 内插入一个嵌套 AP Div，设置嵌套 AP Div 属性如图 8-40 所示。

图 8-40　设置 apDiv1 属性

用同样的方法继续插入 3 个 AP Div，属性设置如图 8-41～图 8-43 所示。

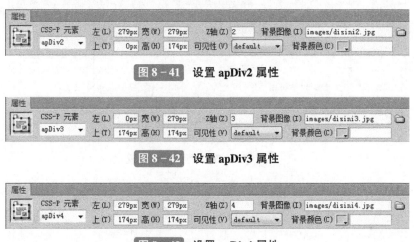

图 8-41　设置 apDiv2 属性

图 8-42　设置 apDiv3 属性

图 8-43　设置 apDiv4 属性

4. 添加行为

将鼠标指针置于页面的空白处，单击【行为】面板中的➕按钮，从弹出的菜单中选择【拖动 AP 元素】命令，打开【拖动 AP 元素】对话框，在【AP 元素】下拉列表框中选择"apDiv1"，单击【取得目前位置】按钮，获取当前 AP Div 的位置，设置【靠齐距离】为"50"，如图 8-44 所示，单击【确定】按钮，在【行为】面板中设置事件为"onLoad"。

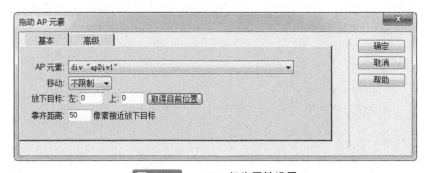

图 8-44　apDiv1 行为属性设置

　　用同样的方法分别添加"apDiv2""apDiv3"和"apDiv4"的行为。属性设置如图 8 - 45 ~
图 8 - 48 所示，事件均设置为"onLoad"。

图 8 - 45　apDiv2 行为属性设置

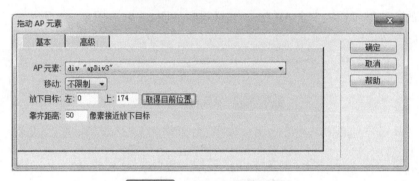

图 8 - 46　apDiv3 行为属性设置

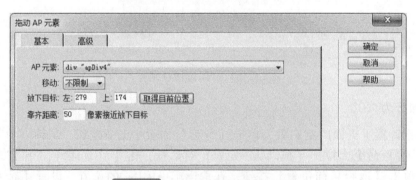

图 8 - 47　apDiv4 行为基本属性设置

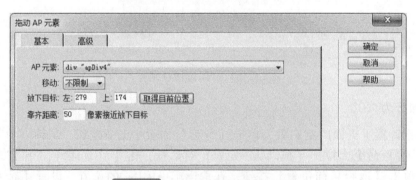

图 8 - 48　apDiv4 行为高级属性设置

5．拖动嵌套 AP Div

返回设计窗口，分别将 4 个嵌套 AP Div 拖动到页面的任意位置，保存文件。

6．预览网页

按下 < F12 > 键预览网页，网页效果如图 8 - 49 所示。

图 8 - 49　网页预览效果

小贴士　在预览网页时，浏览器会弹出"Internet Explorer 已限制此网页运行脚本或 ActiveX 控件"，此时一定要单击　允许阻止的内容(A)　按钮，否则拖动 AP 元素行为不可用。

第 9 章
09

站点风格的统一

本章学习要点

➢ 模板的创建及编辑
➢ 模板的应用
➢ 库的创建及应用

在网页中，模板和库是为了提高用户创建网站工作效率和网页更新的速度而存在的，因为它们可以使站点中的多个页面风格统一、布局一致。在站点中使用模板和库来建立网页，不仅能提高工作效率，还可以减少大量的重复性劳动。

9.1 认识模板和库

模板是一种页面布局，而库则是一种用于放置在网页上的资源。无论更新哪个网页中的模板、库，其他包含该模板和库项目的网页都会随之更新，以方便更新和维护网站。

9.1.1 模板的概念

模板是一种特殊类型的文档，用于设计网页布局。模板的功能很强，通过定义和锁定可编辑区域保护模板的格式和内容不被修改。只有在定义的可编辑区域中才可以编辑新的内容，通过模板可以一次性更新多个页面。基于模板创建的文档与该模板保持着链接状态，用户可以修改模板并立即更新基于该模板的所有文档的设计。

Dreamweaver 将模板文件保存在站点的本地根文件夹下的 Templates 文件夹中，模板文件的扩展名为 "dwt"。

> **小贴士** Templates 文件夹是在用户保存新建模板时由系统自动创建的，用来存放模板文件。

> **小贴士** 模板不是 HTML 语言的基本元素，而是 Dreamweaver 特有的内容，它可以避免用户重复地在每个页面输入或修改相同的内容。

9.1.2 库的概念

库是一种特殊的 Dreamweaver 文件，其中包含用户已经创建好的、放在网页上的图像或著作权声明文本信息等单独的资源或资源副本的集合。库中存储的资源称为库项目，库项目可以在多个网页中被重复使用。在更改某个库项目时，其他使用该库项目的所有页面将随之更新。

Dreamweaver 将库文件保存在站点的本地根文件夹下的 Library 文件夹中，库项目的扩展名为"lbi"。

 Library 文件夹是在用户保存新建库项目时由系统自动创建的，用于存放库项目文件。

9.2 使用模板

9.2.1 创建模板

选择【文件】/【新建】命令，系统会弹出【新建文档】对话框，在该对话框中选择【空模板】，在其模板类型中选择【HTML 模板】，单击【创建】按钮，如图 9 - 1 所示。

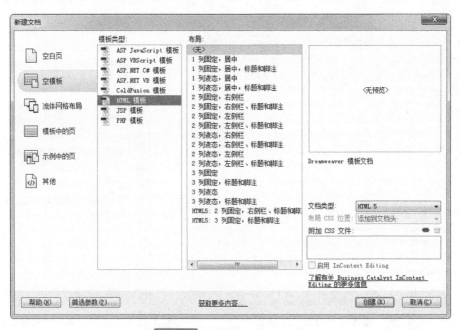

图 9 - 1 【新建文档】对话框

 在 Dreamweaver CS6 中用户还可以通过【资源】面板或将现有网页另存为模板页面的方法创建模板。

9.2.2 保存模板

创建模板后，可以选择【文件】/【另存为模板】命令来保存模板。此时如果模板中没有设置可编辑区域，则系统会弹出提示信息，如图9-2所示，单击【确定】按钮，系统弹出【另存模板】对话框，如图9-3所示。

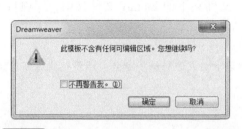

图9-2 模板不含可编辑区域时的提示对话框 　　　**图9-3** 【另存模板】对话框

除此以外，还可以通过选择【文件】/【另存为】命令，在弹出的【另存为】对话框中选择【保存类型】为"Template Files（*.dwt）"，将模板文件存放到"Templates"文件夹下，如图9-4所示。

创建模板后，在【资源】面板中单击【模板】按钮圖即会显示模板列表，如图9-5所示。

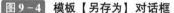

图9-4 模板【另存为】对话框 　　　**图9-5** 【资源】面板中的模板类别

9.2.3 定义可编辑区域

在模板创建完成以后，网页布局就固定了。若要在模板中针对某些内容进行修改，则需要在模板中创建可编辑区域。可编辑区域即基于模板页面的未锁定区域，是网页在套用模板后可以编辑的区域。

创建可编辑区域，首先要选中想要设置为可编辑区域的对象，或将插入点放置在所需位置，然后选择【插入】／【模板对象】／【可编辑区域】命令，打开【新建可编辑区域】对话框，如图 9 - 6 所示，在【名称】文本框中输入可编辑区域的名称，单击【确定】按钮，定义的可编辑区域如图 9 - 7 所示。

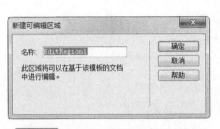

图 9 - 6　【新建可编辑区域】对话框

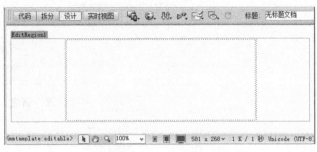

图 9 - 7　定义的可编辑区域

小贴士　当为可编辑区域命名时，注意不能使用半角的单引号、双引号，大于号、小于号及"&"字符，且多个可编辑区域不能同名。

9.2.4　定义可选区域

选中想要设置为可选区域的对象，选择【插入】／【模板对象】／【可选区域】命令，在弹出的【新建可选区域】对话框的【基本】选项卡的【名称】文本框中输入可选区域的名称，复选【默认显示】选项，如图 9 - 8 所示。

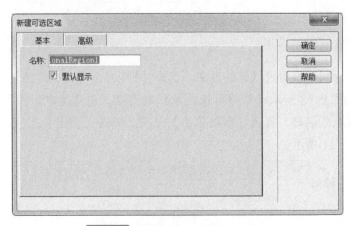

图 9 - 8　可选区域【基本】选项卡

在【高级】选项卡中可以选择【使用参数】或【输入表达式】来确定该区域是否可见，如图 9 - 9 所示。定义的可选区域如图 9 - 10 所示。

217

图 9-9 可选区域【高级】选项卡

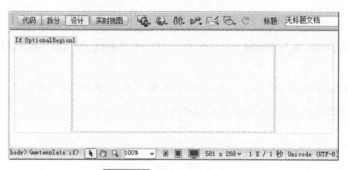

图 9-10 定义的可选区域

小贴士 在模板中选中可选区域标记，通过属性检查器可以编辑可选区域的显示设置。

9.2.5 定义可编辑可选区域

选中想要设置为可编辑可选区域的对象，选择【插入】/【模板对象】/【可编辑可选区域】命令，弹出如图 9-8 所示【新建可选区域】对话框，在【基本】选项卡的【名称】文本框中输入可选区域的名称，复选【默认显示】选项，单击【确定】按钮，即插入了可编辑可选区域，如图 9-11 所示。

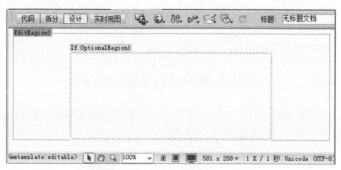

图 9-11 定义的可编辑可选区域

9.2.6 课堂案例——创建基于模板的网页

本例通过已有的网页来创建、编辑并使用模板。

1. 打开文件

打开素材文件"example \ chapter09 \ moban \ teach. html"。

2. 将文件另存为模板

选择【文件】/【另存为模板】命令，打开【另存模板】对话框，在其【另存为】文本框中设置模板名称为"dwmb"，如图 9 - 12 所示，单击【确定】按钮，弹出更新链接提示对话框，单击【是】按钮即可进入模板设计窗口。

图 9 - 12　【另存模板】对话框

3. 定义可编辑区域

选中菜单下面名为"main"的表格，选择【插入】/【模板对象】/【可编辑区域】命令，打开【新建可编辑区域】对话框，在其【名称】文本框中修改可编辑区域名称为"mainedit"，单击【确定】按钮，如图 9 - 13 所示。

图 9 - 13　定义的可编辑区域

4. 定义可选区域

选中页脚区域的叶子图片，选择【插入】/【模板对象】/【可选区域】命令，在弹出【新建可选区域】对话框中输入可选区域名称，单击【确定】按钮，定义的可选区域如图 9 - 14 所示。

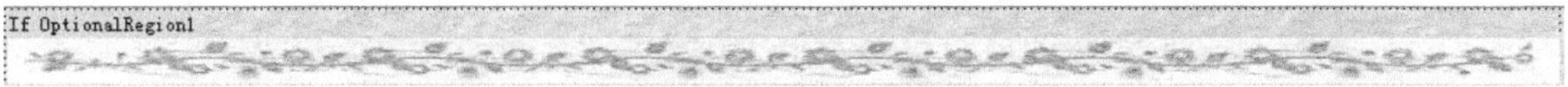

图 9 - 14　定义的可选区域

5. 保存文件

选择【文件】/【保存】命令，完成模板的设置。

6. 套用模板

选择【文件】/【新建】命令，在【新建
文档】对话框中选择【空白页】，选择页面类
型为【HTML】，单击【创建】按钮。在打开的
新建文档中，选择【窗口】/【资源】面板，
单击面板左侧的回按钮，切换到【模板】类别，
在【名称】下列出的网站所有可用的网页模板
中，选择名为"dwmb"的模板，单击面板底部
的【应用】按钮，系统弹出【不一致的区域名
称】对话框，如图 9-15 所示。选中【可编辑
区域】下的【Document head】，在【将内容移

图 9-15 【不一致的区域名称】对话框

到新区域】下拉列表中选择【不在任何地方】，单击【确定】按钮，完成模板的套用。

7. 编辑网页

在模板的可编辑区域编辑网页内容。

8. 保存文件

选择【文件】/【保存】命令，将文件另存为"moban \ mbindex. html"。
套用模板后的网页预览效果如图 9-16 所示。

图 9-16 套用模板的网页预览效果

套用模板前可以修改可选区域的显示或隐藏设置。

 模板的可编辑区域可以添加各种网页元素。

9.3 定制库项目

引用库项目可以一次性更新站点中所有使用了库的网页。例如，某些文本或图像已经被创建成库项目并应用到站点文档中，当这些文本或图像都需要更新时，用户只需更新库项目，系统就会自动更新任何包含插入库项目的页面中该库的实例。

9.3.1　创建库项目

在 Dreamweaver 中既可以先创建库项目然后再编辑其中的内容，也可以将文档中选定的内容作为库项目保存。

1. 将已有元素创建为库项目

使用以下方法均可以实现将文档中的某个已有元素创建为库项目。

（1）选择【窗口】/【资源】命令，打开【资源】面板，单击▦按钮，切换到库类别，如图 9 - 17 所示。在设计窗口将选定元素拖到库类别中，然后为新建的库项目命名。

（2）在文档窗口选中要创建库项目的元素，单击【资源】面板库类别底部的🗐按钮，并为新的库项目命名。

（3）在文档窗口中选择要另存为库项目的元素，然后选择【修改】/【库】/【增加对象到库】命令。Dreamweaver 将自动显示【资源】面板的库类别，并列出新创建的库项目，用户重新修改新建库项目名称即可。

图 9 - 17　通过拖动元素创建库项目

2. 创建空白库项目

在创建空白库项目时，必须保证当前没有选择任何内容。使用以下方法均可以实现创建空白库项目。

（1）选择【文件】/【新建】命令，在弹出的【新建文档】对话框中选择【空白页】中的【库项目】选项，即可创建一个库文档，将文件另存为库文件即可。

（2）单击【资源】面板的库类别底部的🗐按钮，即创建了一个空白的库项目，然后为库项目命名即可。如图 9 - 18 所示。

（3）单击【资源】面板右上角的▤按钮，从弹出菜单中选

图 9 - 18　创建空白库项目

择【新建库项】命令，然后为库项目命名即可。

（4）在库列表空白区域单击鼠标右键，在弹出的快捷菜单中选择【新建库项】命令，然后为库项目命名即可。

 在【资源】面板库类别中选中库项目后，在面板的顶部会显示库项目的预览。

9.3.2 向页面添加库项目

向网页中插入库项目，并不是把整个库项目的内容都插入到网页中，而是插入了一个指向库项目的链接。

首先将鼠标指针置于目标位置，选择【窗口】/【资源】命令，打开【资源】面板，单击按钮，切换到库类别，在库项目列表中选择要插入的库项目，单击面板底部的【插入】按钮即可。

 通过拖动的方式也可以将库项目拖到文档窗口的指定位置。

9.3.3 编辑库项目

在【资源】面板的库类别列表中选择要进行编辑的库项目，单击面板底部的按钮，或直接双击库项目名称，系统会自动打开一个用于编辑库项目的窗口，如图9-19所示。

用户根据需要对库项目进行编辑，并在编辑完成后对文件进行保存，这时系统会自动弹出【更新库项目】对话框，如图9-20所示。用户可根据需要选择是否更新本地站点上已经使用修改过的库项目的文档。

图 9-19 编辑库项目

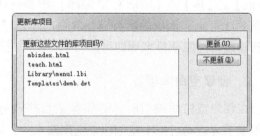

图 9-20 【更新库项目】对话框

9.3.4 更新库文件

如果要更新整个站点中重新编辑过的库项目，可以选择【修改】/【库】/【更新页面】命令，打开【更新页面】对话框，如图9-21所示，在其【查看】下拉列表框中选择要更新的网页范围，包括"整个站点"和"文件使用"两个选项，右侧的下拉列表框则用于选择所需站点或模板，用户复选【库项目】选项后，单击【开始】按钮即可更新网站。

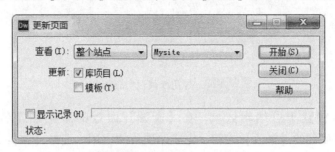

图9-21 【更新页面】对话框

9.3.5 课堂案例——创建并使用库项目

1. 打开文件

打开素材文件"example \ chapter09 \ moban \ teach. html"。

2. 创建库项目

（1）将已有元素创建为库项目。选择【窗口】/【资源】命令，打开【资源】面板，单击按钮，切换到库类别，在设计窗口选中网页顶部名为"dwlogo. png"的 LOGO 图标并拖动图标至库名称列表的空白区域处，即完成库项目的创建，修改库项目名称为"logobli"。

（2）创建、编辑空白库项目。单击【资源】面板的库类别底部的按钮，创建一个空白的库项目，并为库项目命名为"notice"。双击"notice"，打开编辑窗口，在窗口中插入一个一行一列、【表格宽度】为"100%"的表格。将鼠标指针置于表格内部，选择【插入】/【标签】命令，打开【标签选择器】，在【标记语言标签】下选中【HTML】，在其右侧标签列表中选择"marquee"，单击【插入】按钮，系统会自动打开【拆分】窗口，在左侧的代码窗口可以看到刚刚添加的 HTML 标签 < marquee ></marquee >，如图9-22所示。单击【关闭】按钮，关闭【标签选择器】。将鼠标指针置于< marquee > </marquee >标签的中间位置，输入文本"和我一起学习 Dreamweaver 吧!!!"，单击【文件】/【保存】命令，完成滚动字幕的设置。

图9-22 插入"marquee"标签

3. 应用库项目

（1）打开素材文件"example \ chapter09 \ moban \ Templates \ dwmb. dwt"。选中页面顶部的 LOGO 图标，在【资源】面板的库类别【名称】列表中选择"logobli"，单击面板底部的【插入】按钮，完成库项目的应用，如图9-23所示。

图 9 - 23 应用库项目"logobli"

（2）将鼠标指针置于可编辑区域，在【资源】面板的库类别【名称】列表中选择"notice"，单击面板底部的【插入】按钮，完成库项目的应用。选择【文件】/【保存】命令，在弹出的【更新模板文件】对话框中单击【更新】按钮，完成模板文件的更新，如图 9 - 24 所示。

图 9 - 24 应用库项目"notice"

4. 编辑库项目

鼠标双击名为"logobli"的库项目，在打开的"logobli.lbi"文档窗口中，选中图标，将图片替换为"/images/logolbi.png"，选择【文件】/【保存】命令，系统会弹出【更新库项目】对话框，如图 9 - 25 所示。单击【更新】按钮，系统弹出【更新页面】对话框，如图 9 - 26 所示。单击【关闭】按钮，完成库项目的编辑及页面的更新。

图 9 - 25 【更新库项目】对话框

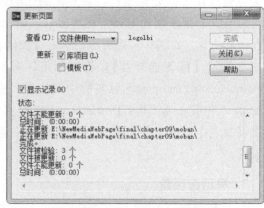

图 9 - 26 【更新页面】对话框

网页预览效果如图 9 - 27 所示。

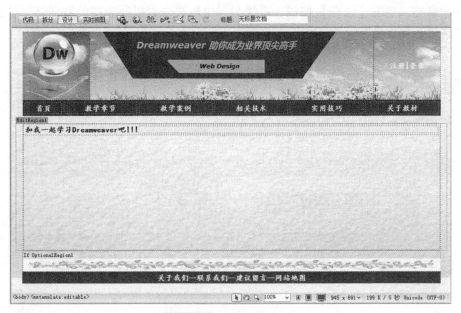

图 9 - 27 网页预览效果

9.4 答疑与技巧

9.4.1 疑问解答

Q1：模板的用途是什么？

A1：Dreamweaver CS6 中的模板是一种特殊类型的文档，用于设计网页布局。常用于版式结构相似的页面中，使用模板编辑网页可以一次更新多个页面，提高了网站制作和更新的效率。

Q2：模板中的可选区域有什么作用？

A2：在模板中设置可选区域后，用户不可以在基于该模板的网页中的这些区域中进行编辑，但可以根据需要选择是否在基于该模板的页面中显示或隐藏这些区域。

9.4.2 常用技巧

S1：从模板中分离当前文档。修改文档中的部分内容时，有时模板会妨碍网页的操作，这时可以解除应用在文档中的模板，即从模板中分离。选择【修改】/【模板】/【从模板中分离】命令，可将模板切换成可修改所有部分的一般文档状态，已从模板中分离出来的文档将不再自动应用修改后的模板内容。

S2：快速创建模板。用户可通过将一个已经存在的文档保存为模板来快速创建模板。选择【文件】/【打开】命令，打开【打开】对话框，从中选择所需的文档，单击【打开】按钮，打开现有文档。然后选择【文件】/【另存为模板】命令，在弹出的【另存为模板】对话框中的【站点】下拉列表框中选择保存模板的站点，并在【另存为】文本框中为模板输入一个唯一的名称，单击【保存】按钮，系统会弹出用户是否更新链接的对话框，单击【是】按钮，即可将该文档另存为模板。

9.5 课后实践——使用模板制作网页

本例使用模板制作网页，模板布局如图 9-28 所示。

图 9-28　模板布局

1. 新建模板

选择【文件】/【新建】命令，在弹出的【新建文档】对话框中选择【空模板】中的【HTML 模板】，单击【创建】按钮，即打开模板编辑页面，选择【文件】/【保存】命令，将文件另存为"example \ chapter09 \ shijian \ Templates \ shijianmb. dwt"。

2. 模板布局

（1）顶部布局。将鼠标指针置于目标位置，选择【插入】/【表格】命令，插入一个 1 行 2 列的表格，在弹出的【表格】对话框中设置【表格宽度】为"100%"，【边框粗细】为"0"，【单元格边距】和【单元格间距】均为"0"，单击【确定】按钮。选中该表格，在属性检查器中设置表格名称为"top"。将鼠标指针置于第一个单元格中，设置单元格【宽】为"30%"，【高】为"44"；将鼠标指针置于第二个单元格中，设置单元格【宽】为"70%"。

（2）LOGO 及菜单布局。

1）插入外层表格。将鼠标指针置于顶部表格外侧，插入一个 2 行 3 列的表格，在弹出的

【表格】对话框中设置【表格宽度】为"1000px"，【边框粗细】为"0"，【单元格边距】和【单元格间距】均为"0"，单击【确定】按钮。选中该表格，在属性检查器中设置表格名称为"func"，【对齐】选择"居中对齐"。设置第一行三个单元格的【宽】分别为"150px""650px""200px"，【高】为"150px"。选中表格第二行的三个单元格，选择【修改】/【表格】/【合并单元格】命令，或单击属性检查器中的⬚按钮，将选中的单元格进行合并。

2）插入并设置嵌套表格。将鼠标指针置于第一行第二个单元格中，插入一个 2 行 6 列的表格，设置【表格宽度】为"650px"，【边框粗细】【单元格边距】【单元格间距】均为"0"。选中该表格，在属性检查器中设置表格名称为"menu"。将鼠标指针置于上面单元格中，设置单元格【高】为"120px"，选中该行的 6 个单元格，将其进行合并；将鼠标指针置于下面单元格中，设置单元格【高】为"30px"，选中该行的 6 个单元格，在属性检查器中设置【水平】为"居中对齐"。网页局部布局如图 9－29 所示。

图 9－29　网页局部布局

（3）网页主体布局。将鼠标指针置于"func"表格的外侧，插入一个 1 行 3 列的表格，设置【表格宽度】为"1000px"，【边框粗细】为"3"，【单元格边距】为"0"，【单元格间距】为"4"。在属性检查器中设置表格名称为"main"，【对齐】选择"居中对齐"。设置三个单元格的【宽】分别为"200px""600px""200px"，【高】为"370px"。

将鼠标指针置于表格外侧，继续插入一个 1 行 5 列的表格，设置【表格宽度】为"1000px"，【边框粗细】为"1"，【单元格边距】为"0"，【单元格间距】为"6"。在属性检查器中设置表格名称为"tup"，【对齐】选择"居中对齐"。设置 5 个单元格的【宽】均为"200px"，【高】为"140px"。将鼠标指针置于表格的左侧，当鼠标指针显示为→时单击鼠标左键，即选中了所有单元格，在属性检查器中设置单元格【水平】为"居中对齐"，【垂直】为"居中"。

（4）友情链接布局。插入一个 1 行 7 列的表格，设置【表格宽度】为"1000px"，【边框粗细】【单元格边距】【单元格间距】均为"0"。在属性检查器中设置表格名称为"link"，【对齐】选择"居中对齐"。将鼠标指针置于第一个单元格中，设置单元格【高】为"47px"。选中所有单元格，设置【水平】为"居中对齐"。

（5）页脚布局。插入一个 1 行 1 列的表格，设置【表格宽度】为"100%"，【边框粗细】【单元格边距】【单元格间距】均为"0"。将鼠标指针置于单元格内部，设置单元格【高】为"44px"。

网页整体布局如图 9－30 所示。

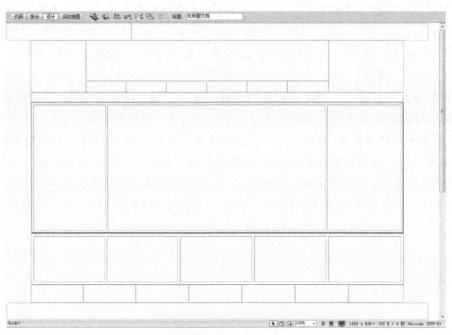

图 9 - 30 网页整体布局

3. 定义 CSS 规则

(1) 定义网页整体样式。将鼠标指针置于文档窗口的空白处或单击标签选择器上的 < body > 标签，选择【窗口】/【CSS 样式】命令，打开【CSS 样式】面板，单击【CSS 样式】面板底部的🔁按钮，打开【新建 CSS 规则】对话框，设置【选择器类型】为"标签"，【选择器名称】为"body"，单击【确定】按钮，创建 < body > 标签的 CSS 规则。设置 < body > 标签的【Background-image】属性值为"../images/1. jpg"，【方框】的【Margin】属性值均为"0px"。

(2) 定义链接样式。新建 < a > 标签的 CSS 规则，创建方法同上。设置 < a > 标签的【Font-family】属性值为"宋体"，【Font-size】属性值为"16px"，【Line-height】属性值为"25px"，【Text-decoration】属性值为"none"。

(3) 定义局部样式。

1) 新建名称为"top"的表格的 CSS 规则。选中名为"top"的表格，单击【CSS 样式】面板底部的🔁按钮，打开【新建 CSS 规则】对话框，选择【选择器类型】为"ID"，自动设置【选择器名称】为"#top"，单击【确定】按钮，创建名为"#top"的 ID CSS 规则。设置【Font-weight】属性值为"bold"，【Color】属性值为"#FFF"，【Background-color】属性值为"#D533AB"。

2) 新建菜单框样式。单击【CSS 样式】面板底部的🔁按钮，打开【新建 CSS 规则】对话框，在【选择器类型】中选择"类"，在【选择器名称】中输入". ys"，单击【确定】按钮，创建名为". ys"的 CSS 规则。设置【边框】【Style】属性值均为"outset"，【Width】属性值均为"3px"，【Color】属性值依次为"#C9F""#C9F""#EFDFFF""#EFDFFF"。

3）新建名称为"main"的表格的 CSS 规则。选中名为"main"的表格，创建名为"#main"的 ID CSS 规则，创建方法同上。设置【边框】【Style】属性值均为"outset"，【Color】属性值依次为"#E8E8E8""#E8E8E8""#F7F7F7""#F7F7F7"。

4）新建名称为"tup"的表格的 CSS 规则。选中名为"tup"的表格，创建名为"#tup"的 ID CSS 规则，创建方法同上。设置【边框】【Color】属性值均为"#F6F6F6"。

5）新建名称为"link"的表格的 CSS 规则。选中名为"link"的表格，创建名为"#link"的 ID CSS 规则，创建方法同上。设置【Background-image】属性值为"../images/bg2.png"。

6）新建名称为"bot"的表格的 CSS 规则。选中名为"bot"的表格，创建名为"#bot"的 ID CSS 规则，创建方法同上。设置【Font-family】属性值为"楷体"，【Font--size】属性值为"14px"，【Line-height】属性值为"20px"，【Font-weight】属性值为"bold"，【Color】属性值为"#FFF"，【Background-color】属性值为"#D533AB"。

4. 应用 CSS 规则

将鼠标指针置于页面顶部名为"menu"的表格的第二行的第一个单元格中，右击【CSS】面板中名为".ys"的 CSS 规则，在弹出的快捷菜单中选择【应用】，重复该操作以完成剩余 5 个单元格的样式套用。

5. 添加模板内容

（1）添加页面顶部文本。将鼠标指针置于页面顶部表格的第一个单元格中，输入文本"我的日记本"，然后在第二个单元格中输入文本"人生格言——人生没有彩排，每天都是现场直播，做最好的自己，让青春绽放异彩"。

（2）添加 LOGO 及菜单项。将鼠标指针置于名为"func"表格的第一个单元格中，插入名为"tx.jpg"的图像；然后将鼠标指针置于右侧名为"menu"的嵌套表格的第一行，插入名为"memory.png"的图像；输入菜单项及文本信息，并设置菜单项的超级链接，如图 9-31 所示。

将鼠标指针置于菜单下面的单元格中，选择【插入】/【HTML】/【水平线】命令，插入一条水平线，选中该水平线，设置水平线【宽】为"80%"。

图 9-31　插入"头部"信息

（3）插入图像。将鼠标指针置于页面底部名为"tup"的表格的单元格中，在 5 个单元格中依次插入名为"x4.jpg""x5.jpg""x3.jpg""x1.jpg""x2.jpg"的图像。

（4）设置友情链接文本。将鼠标指针置于页面底部名为"link"的表格的单元格中，依次输入链接文本信息，如图 9-32 所示。链接地址见表 9-1。

友情链接	日记中国	日记谷	年轮网络日记本	生活日记网	驿站网络日记本	零点日记

图 9 - 32 设置友情链接文本

表 9 - 1　友情链接地址

网站名称	链接地址
日记中国	http: // www. diarycn. com/
日记谷	https: // www. rijigu. com/
年轮网络日记本	http: // www. diarybooks. com/
生活日记网	http: //www. 46w. cn/
驿站网络日记本	http: // www. yizhan - lz. com/
零点日记	http: // www. zerodiary. org/

（5）设置滚动字幕。将鼠标指针置于页面底部名为"bot"的单元格中，输入文本"人生格言：在人生的道路上，当你的希望一个个落空的时候，你也要坚定，要沉着——朗费罗"。选中该段文本，选择【插入】/【标签】命令，在弹出的【标签选择器】中选择【HTML 标签】下的"marquee"标签，单击【插入】按钮，然后关闭【标签选择器】。

6. 添加可编辑区域

选中页面中间名为"main"的表格，选择【插入】/【模板对象】/【可编辑区域】，在弹出的【新建可编辑区域】中输入名称"main"，单击【确定】按钮。

选中页面底部名为"tup"的表格，用以上方法新建名为"tupian"的可编辑区域。

7. 应用模板

选择【文件】/【新建】命令，新建一个空白 HMTL 文件，将文件另存为"index. html"。选择【窗口】/【资源】命令，单击资源面板左侧 按钮，在窗口右侧的模板列表中选择"shijianmb"，单击面板底部的【应用】按钮，打开【不一致的区域名称】对话框，选中对话框中【可编辑区域】下的"Document head"，选择【将内容移到新区域】下拉列表框下的"head"，完成模板的套用。

8. 编辑网页

将鼠标指针置于主窗口的第一个单元格中，单击资源面板左侧 按钮，在窗口右侧的库项目列表中选择"rilist"，单击【插入】按钮；将鼠标指针置于第二个单元格中，插入名为"tt. jpg"的图像，并设置单元格【水平】为"居中对齐"；在第三个单元格中，用以上方法插入名为"search"的库项目。

网页预览效果如图 9 - 33 所示。

图 9-33　套用模板网页预览效果

第10章

10

表 单

本章学习要点

➤ 创建表单
➤ 插入表单对象
➤ 表单及表单对象属性的设置

网页设计中的交互性是指用户与服务器之间的交互，通过页面设计能为用户提供一个平等的交流平台，交互体验设计已成为新媒体网页吸引用户的重要因素。这个功能主要由表单来实现。表单的作用是从访问网站的用户处获得信息，如注册、登录等信息。

10.1 认识网页中的表单

表单是一种特殊的网页容器标签，是用户同服务器进行信息交互的最重要的控件。它从用户那里收集信息，不仅可以收集用户访问的浏览路径，还可以收集用户填写的个人资料。

表单支持客户端/服务器关系中的客户端。用户在 Web 浏览器（客户端）的表单中输入信息后，单击【提交】按钮，这些信息即被发送到服务器端，由服务器端脚本或应用程序对这些信息进行处理。服务器向用户（客户端）返回所请求的信息或基于表单内容执行某些操作，以此进行响应，如图 10 - 1 所示。

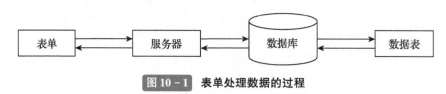

图 10 - 1 表单处理数据的过程

表单可以与多种类型的编程语言进行结合，如 ASP、PHP、JSP 等，也可以与前台的脚本语言一起使用，如 VBScript、JavaScript，通过脚本语言能够快速获取表单内容。开发表单分为两部分：一部分是表单的前端，即制作网页中所需要的表单项目；另一部分为表单的后端，即编写处理这些表单信息的程序。本章主要介绍在 Dreamweaver 中如何创建和使用表单。

10.2　创建表单

10.2.1　插入表单

将鼠标指针置于目标位置，选择【插入】/【表单】/【表单】命令，即可在鼠标指针所在行插入一个空白表单。在设计视图中，表单轮廓会以红色虚线表示，如图 10‑2 所示。

图 10‑2　插入的表单

 表单可以根据添加表单对象的多少而自动调整大小。

10.2.2　设置表单属性

选中表单，在属性检查器中可以设置表单属性，如图 10‑3 所示。

图 10‑3　【表单】属性检查器

【表单】属性检查器主要包括以下属性。

【表单 ID】：设置表单名称，以便引用表单。

【动作】：设置处理表单数据的动态页面或脚本路径。

【方法】：设置表单数据的传递方法。包括 "POST" 和 "GET" 2 个选项。

● POST：表示将表单内容作为消息正文数据发送给服务器。它是一种可以传送大量数据的较安全的传送方法。

● GET：表示把表单内容添加给 URL，并向服务器发送 GET 请求。它只能传递有限的数据，数据安全性无法保证。

【目标】：设置打开处理页面的方式。包括 "_blank" "new" "_parent" "_self" "_top" 5 个选项。

【编码类型】：设置发送表单到服务器的编码类型。默认为 "application/x-www-form-urlencoded"，通常与 POST 方法协同使用；如果要创建文件上传域，则应选择 "multipart/form-data"。

【类】：定义表单及其中各表单对象的 CSS 样式。

233

10.3 添加并设置表单对象的属性

10.3.1 插入文本字段

表单中的文本字段用于在表单中插入一个可以输入一行文本的表单元素。

将鼠标指针置于表单域中，选择【插入】/【表单】/【文本域】命令，在弹出的【输入标签辅助功能属性】对话框中可以设置表单对象的属性，如图 10-4 所示。

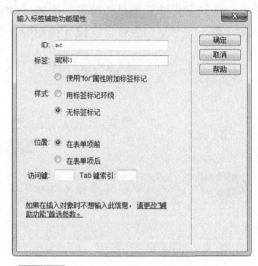

【输入标签辅助功能属性】对话框主要包括以下属性。

【ID】：设置表单对象的 ID。

【标签】：设置表单对象的名称。

【样式】：设置文本显示的方式，包括"使用'for'属性附加标签标记""用标签标记环绕""无标签标记"3 个选项。

【位置】：设置提示文本的位置，包括"在表单项前"和"在表单项后"两个选项。

图 10-4 【输入标签辅助功能属性】对话框

【访问键】：设置访问该文本域的快捷键。

【Tab 键索引】：设置在当前网页中的 Tab 键访问顺序。

> **小贴士** 每插入一个表单对象时系统都会弹出【输入标签辅助功能属性】对话框，用户如果在插入对象时不想输入该对话框的有关信息，可以选择【编辑】/【首选参数】命令，在【分类】选项中选择【辅助功能】，取消"在插入时显示辅助功能属性"表单对象前的复选框即可。

属性设置完成后，单击【确定】按钮即可以在表单中插入一个文本字段，如图 10-5 所示。在文本字段中可以输入任何类型的文本、数字和字母；也可以在【文本字段属性】检查器的【类型】中选择【密码】单选按钮，对文本进行加密显示；如果需要显示多行文本，则可以在【文本字段属性】检查器的【类型】中选择【多行】单选按钮，如图 10-6 所示。

图 10-5 插入文本字段

图 10 - 6　【文本字段】属性检查器

【文本字段】属性检查器主要包括以下属性。

【文本域】：设置文本字段名称，它是程序处理数据的依据。文本字段的命名尽量使用英文。

【字符宽度】：设置文本字段的宽度，默认宽度为 24 个字符。

【最多字符数】：设置文本字段内所能填写的最多字符数。

【类型】：设置文本字段的类型，它包括"单行""多行""密码" 3 个选项，默认为单行文本字段。

【初始值】：设置默认状态下填写在单行文本字段中的文本信息。

【禁用】：设置文本字段的显示状态。当复选该项时，文本框显示为灰色，系统不允许用户修改其中的内容，也不能提交文本的内容。

【只读】：复选该项时，文本框正常显示，系统不允许用户修改其中的内容，但可以正常提交文本内容。

> **小贴士**　当文本字段的【类型】为"密码"时，在浏览器中输入的密码文本会以星号（"＊"）来显示，保证数据的安全性。

10.3.2　插入文本区域

表单中的文本区域用于在表单中插入一个可以输入多行文本的表单元素。文本区域与文本字段的属性几乎相同，唯一不同的是插入时显示的状态。文本字段未设置属性时以单行状态显示，而文本区域未设置属性前就以多行状态显示。

将鼠标指针置于表单域中，选择【插入】/【表单】/【文本区域】命令，在弹出的【输入标签辅助功能属性】对话框中可以设置文本区域表单对象的属性，如图 10 - 4 所示。

属性设置完成后，单击【确定】按钮即可以在表单中插入一个文本区域，如图 10 - 7 所示。选中该文本区域，在属性检查器中显示其相应的属性。除与文本字段相同的属性外，文本区域还有【行数】属性，用于设置文本区域的域高度，如图 10 - 8 所示。

图 10 - 7　插入文本区域

图 10 - 8 【文本区域】属性检查器

小贴士 用户可以通过插入文本字段的方式插入文本区域。选择【插入】/【表单】/【文本域】命令，在设计窗口插入一个文本字段，选中该文本字段，在属性检查器中选择【类型】属性中的【多行】单选按钮时，文本字段即成为一个文本区域。

10.3.3 插入单选按钮和单选按钮组

1．插入单选按钮

单选按钮是一种选择性表单对象，可以用于数据的选择，但一次只能选择一个选项。当用户选中其中一个单选按钮时，其他单选按钮将自动转换为未选中状态。

将鼠标指针置于表单域的指定位置，选择【插入】/【表单】/【单选按钮】命令，即可以在表单中插入一个单选按钮，如图 10 - 9 所示。选中单选按钮，可以设置单选按钮属性，如图 10 - 10 所示。

图 10 - 9 插入单选按钮

图 10 - 10 【单选按钮】属性检查器

【单选按钮】属性检查器主要包括以下属性。

【单选按钮】：设置单选按钮的名称。同组的单选按钮要指定相同的单选按钮名称。

【选定值】：设置单选按钮被选中后提交给服务器程序的值。

【初始状态】：设置该单选按钮在浏览器载入表单时是否被选中，包括"已勾选"和"未勾选"两个选项。

2. 插入单选按钮组

当表单中有多个单选按钮需要使用时，用户可以使用单选按钮组来承载不同的单选按钮。

将鼠标指针置于表单的指定位置，选择
【插入】/【表单】/【单选按钮组】命令，
在弹出的【单选按钮组】对话框中可以设置
单选按钮组的属性，如图 10 - 11 所示。插入
的单选按钮组如图 10 - 12 所示。

图 10 - 11　设置【单选按钮组】属性

【单选按钮组】对话框主要包括以下属性。

【名称】：设置单选按钮组的名称。

【＋－】：向组中添加或删除单选按钮，
并显示在【单选按钮】列表中。

【▲▼】：调整单选按钮列表项顺序。

列表框：包括【标签】和【值】两部分。【标签】用于设置选定单选按钮的文本标签，
【值】用于设置选中该单选按钮后提交给服务器的值。

【布局，使用】：指定布局单选按钮组的方式。选择【换行符】选项，系统将自动在单选
按钮后添加一个换行（＜br＞）标签；选择【表格】选项，则系统将自动创建一个只含一列
的表格，并将这些单选按钮分行放在表格中。

图 10 - 12　插入的单选按钮组

10.3.4　插入复选框和复选框组

1. 插入复选框

复选框表单对象用于设置预定义的选择对象，用户可以单击复选框按钮在一组选项中选
择多个选项。

将鼠标指针置于表单域的指定位置，选择【插入】/【表单】/【复选框】命令，即可以
在表单中插入一个复选框。选中复选框，可以设置复选框的属性，如图 10 - 13 所示。添加了
标签的复选框如图 10 - 14 所示。

图 10 - 13　【复选框】属性检查器

图 10 - 14 添加了标签的复选框

> 小贴士 复选框的属性设置与单选按钮相同。

2. 插入复选框组

当有多个复选框需要使用时，用户可以使用复选框组来承载不同的复选框。

将鼠标指针置于表单域的指定位置，选择【插入】/【表单】/【复选框组】命令，在弹出的【复选框组】对话框中可以设置复选框组的属性，如图 10 - 15 所示。

图 10 - 15 设置【复选框组】属性

> 小贴士 复选框组的属性设置与单选按钮组相同。

> 小贴士 在插入复选框时，用户可以先插入一个字段集，然后再将复选框或复选框组插入到字段集中，使复选信息以矩形框的形式表示。

10.3.5 插入"列表/菜单"

"列表/菜单"是重要的表单对象，用户可以在列表或菜单中方便地选择其中某一个项目，并在提交表单时将选择的项目值传送到服务器中。

将鼠标指针置于表单域的指定位置，选择【插入】/【表单】/【选择（列表/菜单）】命令，在表单中插入一个空白【列表/菜单】表单对象，选中该对象，属性检查器如图 10 - 16 所示。

图 10－16 【选择】属性检查器

【选择】属性检查器主要包括以下属性。

【选择】：设置列表或菜单的名称，以供脚本使用。

【类型】：设置表单对象为列表或菜单，默认为菜单。

【高度】：设置列表可以同时显示的项目行数，值为正整数。当选择【类型】为列表时，该项可用。

【选定范围】：当复选【允许多选】时，用户可以同时选择多个列表项目。当选择【类型】为列表时，该项可用。

【列表值】：弹出【列表值】对话框，向列表或菜单中添加菜单项。

【初始化时选定】：设置列表或菜单中默认选择的菜单项。

单击【列表值】按钮，可以设置列表值属性，如图 10－17 所示。插入的菜单如图 10－18 所示。

图 10－17 设置【列表值】属性

图 10－18 插入的菜单

当选择【类型】为列表时，【高度】和【选定范围】可用，设置插入列表的【高度】为 "3"，并复选【允许多选】选项，插入的列表如图 10－19 所示。

图 10－19 插入的列表

小贴士　制作表单时，注意要把所有的表单对象放在一个表单中，通过【提交】按钮将表单数据一并发送到服务器端。实例中给出的表单对象都独立地放在一个表单中是为了使实例更直观，这种设计在网页编辑中是不可取的，除非网页有特殊需要。

10.3.6 插入跳转菜单

跳转菜单是一种带有链接属性的选项弹出菜单。当单击该菜单时，即可跳转到指定的站内文件或其他网站的 Web 页面。

将鼠标指针置于表单域的指定位置，选择【插入】/【表单】/【跳转菜单】命令，在弹出的【插入跳转菜单】对话框中设置跳转菜单属性如图 10 - 20 所示。插入的跳转菜单如图 10 - 21 所示。

【插入跳转菜单】对话框主要包括以下属性。

图 10 - 20 【插入跳转菜单】对话框

【⊕ ⊖】：向组中添加或删除菜单项，并显示在【菜单项】列表中。

【▲ ▼】：调整菜单项列表顺序。

【文本】：设置链接网址或文件的名称。

【选择时，转到 URL】：设置网址或文件路径。

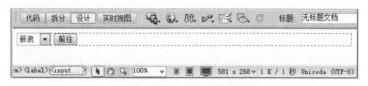

图 10 - 21 插入的跳转菜单

10.3.7 插入按钮和图像域

表单按钮用于控制表单操作。使用表单按钮能够将输入表单的数据提交到服务器或重置表单，还可以将其他已经在脚本中定义的处理任务分配给按钮。表单按钮可分为标准表单按钮和图片式表单按钮（即图像域）。

1. 插入按钮

将鼠标指针置于表单域的指定位置，选择【插入】/【表单】/【按钮】命令，即在表单中插入一个标准表单按钮，选中表单按钮，属性检查器如图 10 - 22 所示。

图 10 - 22 【按钮】属性检查器

【按钮】属性检查器主要包括以下属性。

【按钮名称】：设置按钮名称。

【值】：设置按钮上显示的文本信息。

【动作】：设置单击按钮时触发的动作。

- 提交表单：用于提交表单处理。该按钮把包含该按钮的表单内容发送到表单中参数 ACTION 指定的地址。
- 重设表单：设置表单恢复刚载入时的状态，以便重新填写表单。
- 无：即普通按钮，表示应用 JavaScript 语言来实现按钮动作。

2. 插入图像域

若想使用按钮图像作为提交按钮，就要使用图像域。图像域只能用于表单的提交按钮，而不能用于重置按钮。

将鼠标指针置于表单域的指定位置，选择【插入】/【表单】/【图像域】命令，在弹出的【选择图像源文件】对话框中选择所需的图像，单击【确定】按钮，即在表单中插入一个图像域，选中插入的图像域，属性检查器如图 10–23 所示。

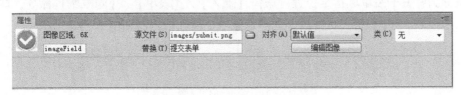

图 10–23　【图像域】属性检查器

【图像域】属性检查器主要包括以下属性。

【图像区域】：设置图像域的名称。

【源文件】：显示图像文件的路径。

【替换】：当浏览器不显示图像时，在图像位置上输入简要的说明性文字。

【对齐】：设置图像周围的文本的排列方式。

【编辑图像】：利用外部图像编辑软件编辑图像。

10.3.8　插入文件域

文件域又称为文件上传域，允许用户将本机上的文件上传到服务器。文件域要求使用 POST 方法将文件从浏览器传输到服务器，该文件会被发送到表单的操作域中所指定的地址。

将鼠标指针置于表单域指定位置，选择【插入】/【表单】/【文件域】命令，即可在表单中插入文件域，如图 10–24 所示。选中文件域，属性检查器如图 10–25 所示。

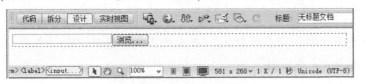

图 10–24　插入的文件域

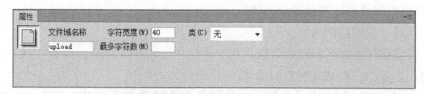

图 10 – 25 【文件域】属性检查器

小贴士 在插入文件域以前，应先选中要插入文件域的表单，然后在其属性检查器的【方法】下拉列表框中选择【POST】，【MIME 类型】下拉列表框中选择【multipart/form-data】。

10.3.9 插入隐藏域

隐藏域是用来收集或发送信息的不可见元素。对于网页的访问者来说，隐藏域是不可见的。当表单被提交后，隐藏域会将信息以设置时定义的名称和值发送到服务器端。

将鼠标指针置于表单域指定位置，选择【插入】/【表单】/【隐藏域】命令，即可在表单中插入隐藏域，如图 10 – 26 所示。选中隐藏域，属性检查器如图 10 – 27 所示。

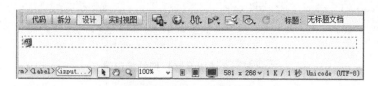

图 10 – 26 插入的隐藏域

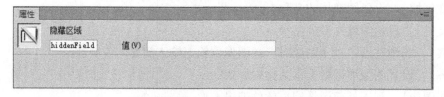

图 10 – 27 【隐藏域】属性检查器

10.3.10 课堂案例——制作客户信息反馈表

1. 新建网页

新建网页，输入文本"客户信息反馈表"，将文件另存为"example \ chapter10 \ fankuibiao \ index. html"。

2. 插入表单

将鼠标指针置于"客户信息反馈表"文本的下面，选择【插入】/【表单】/【表单】命令，在网页中插入一个空白表单。

3. 在表单中插入表格

将鼠标指针置于表单域中，选择【插入】/【表格】命令，在表单中插入一个【边框粗细】为"1"、【单元格间距】【单元格边距】均为"2"、【表格宽度】为"80%"的 6 行 4 列的表格，设置表格名称为"fkxx"，并居中对齐，如图 10 - 28 所示。

图 10 - 28　在表单中插入表格

4. 布局表格

根据需要合并单元格，并调整单元格宽度和高度，输入文本信息，如图 10 - 29 所示。

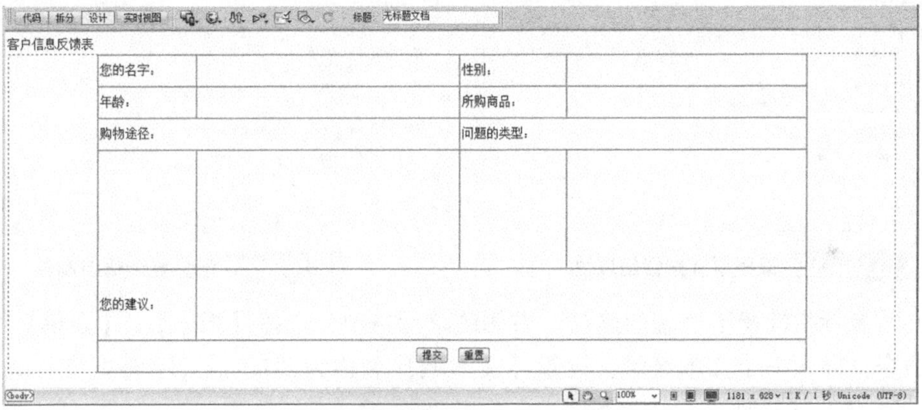

图 10 - 29　布局表格

设置表格各列宽分别为"15%""35%""15%""35%"，设置"购物途径"下面一行的行高为"150"，"您的建议"所在行的行高为"90"，其他行行高均为"40"。

5. 插入表单元素

（1）将鼠标指针置于"您的名字"右侧的单元格中，选择【插入】/【表单】/【文本域】命令，插入一个文本域，设置文本域名称为"mz"，文本域类型为"单行"。

（2）将鼠标指针置于"性别"右侧的单元格中，分别插入 2 个单选按钮，设置 2 个单选按钮的名称均为"xb"，标签文本分别为"男"和"女"，选定值的设置同标签文本。选中标签为"女"的单选按钮，设置【初始状态】为"已勾选"。

（3）将鼠标指针置于"年龄"右侧的单元格中，插入一个"列表/菜单"，设置【选择】

名称为"nl",列表值如图 10-30 所示。

(4)将鼠标指针置于"所购商品"后的单元格中,选择【插入】/【表单】/【选择(列表/菜单)】命令,插入一个"列表/菜单",设置【选择】名称为"sp",列表值如图 10-31 所示。

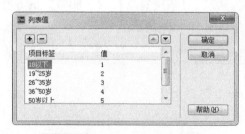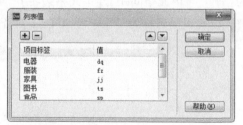

图 10-30 设置"年龄"列表值　　　图 10-31 设置"所购商品"列表值

(5)将鼠标指针置于"购物途径"行的下面右侧的单元格中,选择【插入】/【表单】/【单选按钮组】命令,插入一个单选按钮组,属性设置如图 10-32 所示。

(6)将鼠标指针置于"问题的类型"行的下面右侧的单元格中,选择【插入】/【表单】/【复选框组】命令,插入一个复选框组,属性设置如图 10-33 所示。

图 10-32 设置单选按钮组属性　　　图 10-33 设置复选框组属性

(7)将鼠标指针置于"您的建议"右侧的单元格中,选择【插入】/【表单】/【文本区域】命令,插入一个文本区域,设置【文本域】名称为"jy",【字符宽度】为"60",【行数】为"6",【类型】为"多行"。

(8)将鼠标指针置于底部单元格中,选择【插入】/【表单】/【按钮】命令,分别插入两个按钮,设置【动作】分别为"提交表单"和"重设表单",如图 10-34 所示。

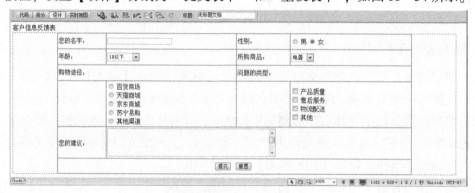

图 10-34 插入表单元素

6. 创建 CSS 样式

（1）创建表格 CSS 样式。选中整个表格，选择【窗口】／【CSS 样式】命令，打开【CSS 样式】面板，为 ID 为 "fkxx" 的表格创建 CSS 规则，属性设置如图 10-35 所示。

（2）创建标题 CSS 样式。新建一个名为 "bt" 的基本类，属性设置如图 10-36 所示。

图 10-35　表格 CSS 样式属性设置

图 10-36　标题 CSS 样式属性设置

7. 应用标题样式

选中 "客户信息反馈表" 标题文本，在【CSS 样式】面板中右击 ".bt" 样式，在弹出的快捷菜单中选择【应用】。

整个表单显示效果如图 10-37 所示。

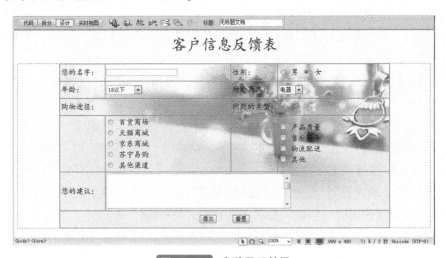

图 10-37　表单显示效果

10.4　使用 Spry 验证表单

Spry 验证表单是允许用户建立丰富网页的一套 JavaScript 和 CSS 库，用户可以使用这个框架显示 XML 数据，创建交互效果。Spry 验证能够实现对表单元素内容的检测，以确保将正确的信息发送到服务器。

10.4.1 使用 Spry 验证文本域

Dreamweaver CS6 提供了一个 Ajax 的框架 Spry，Spry 内置表单验证功能对于初学者来说非常实用和方便。Spry 验证文本域构件是一个文本域，该域用于在站点访问者输入文本时判断文本域的合法或非法状态，如有效或无效等。验证文本域可以检测多个状态，用户可以在属性检查器中根据检查结果来设置这些状态。

将鼠标指针置于表单域的指定位置，选择【插入】/【表单】/【Spry 验证文本域】命令，即在表单中插入一个 Spry 验证文本域，选中该文本域，可以设置 Spry 验证文本域属性，如图 10-38 所示。使用 Spry 验证文本域的表单如图 10-39 所示。

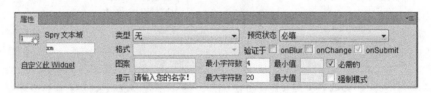

图 10-38 【Spry 验证文本域】属性检查器

【Spry 验证文本域】属性检查器主要包括以下属性。

【Spry 文本域】：设置 Spry 文本域的名称。

【类型】：设置输入类型。按该类型的判断条件对 Spry 文本域进行验证，包括"整数""电子邮件地址""邮政编码"等 13 种类型。

【预览状态】：用于切换在不同状态下文本域错误信息的内容预览，包括"初始""必填""有效" 3 个选项。

【验证于】：设置启动验证表单的触发事件类型，包括"onBlur"（模糊，焦点离开时）、"onChange"（改变文本域内容时）和"onSubmit"（提交时，必选项）3 个选项。

【图案】：设置自定义格式的具体模式。

【提示】：指定自定义格式的提示文本。

【最小字符数】和【最大字符数】：设置文本域能够接收的最小字符数和最大字符数。

【最小值】和【最大值】：设置文本域能够接收的数值类型的最小值和最大值。

【必需的】：若复选该项，则表示要求文本域为必填项目。

【强制模式】：若复选该项，则表示可禁止用户在该文本域中输入无效字符。

图 10-39 插入 Spry 验证文本域

小贴士 在选择 Spry 表单元素时，必须单击表单元素上的蓝色标签才能将整个 Spry 表单元素选中，否则选择的只是 Spry 构件中的普通表单元素。

小贴士 当设置了 Spry 文本域【最小字符数】或【最大字符数】属性时，在【预览状态】下拉列表框中会自动添加"未达到最小字符数"或"已超过最大字符数"选项。

10.4.2 使用 Spry 验证文本区域

与 Spry 验证文本域类似，Spry 验证文本区域也可以用于对输入信息的判断，当 Spry 验证文本区域中必须输入数据，但用户没有输入任何信息时，系统可根据其属性检查器的【提示】文本框中的内容进行提示。

将鼠标指针置于表单域的指定位置，选择【插入】/【表单】/【Spry 验证文本区域】命令，即在表单中插入一个 Spry 验证文本区域，选中该文本区域，属性设置如图 10 - 40 所示。使用 Spry 验证文本区域的表单效果如图 10 - 41 所示。

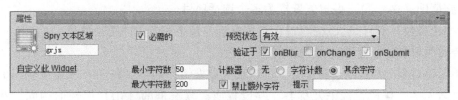

图 10 - 40 【Spry 验证文本区域】属性检查器

【Spry 验证文本区域】属性检查器与 Spry 验证文本域的相似，主要区别在于增加了【计数器】单选按钮组和【禁止额外字符】复选框。

【Spry 验证文本区域】属性检查器增加了如下属性。

【计数器】：设置一个计算用户输入字符数量的计数器。它包括"无""字符计数""其余字符"3 个选项。

【禁止额外字符】：禁止用户输入超过最大字符数的字符。

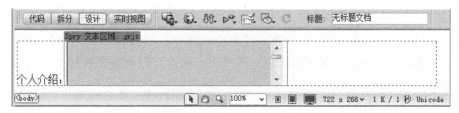

图 10 - 41 插入 Spry 验证文本区域

小贴士 【禁止额外字符】复选框需要与【最大字符数】配合使用才会有效。

10.4.3　使用 Spry 验证复选框

Spry 验证复选框能够对用户选中复选框的行为进行验证。当用户选择复选框时，Spry 验证复选框会显示合法或非法状态的复选框。

将鼠标指针置于表单域的指定位置，选择【插入】/【表单】/【Spry 验证复选框】命令，即在表单中插入一个 Spry 验证复选框，选中 Spry 验证复选框，属性设置如图 10 -42 所示。

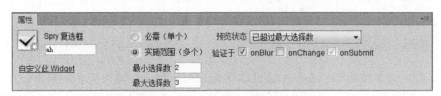

图 10 -42　【Spry 验证复选框】属性检查器

【Spry 验证复选框】属性检查器主要包括以下属性。

【Spry 复选框】：设置 Spry 验证复选框的名称。

【必需（单个）】：设置复选框为单一必选项目。

【实施范围（多个)】：设置复选框为多个选择项目。

【最小选择数】和【最大选择数】：设置复选框最小和最大的选择数目。

其余属性与 Spry 验证文本域的相同。

如果需要对多个复选框进行验证，即验证复选框组，则可以在 Spry 验证复选框的蓝色区域内部再插入多个普通复选框及标签，并设置所有复选框的【ID】属性值相同。然后单击 Spry 验证复选框，选择【实施范围（多个)】单选按钮，复选【验证于】的【onBlur】属性，设置【最小选择数】和【最大选择数】属性值，如图 10 -43 所示。

图 10 -43　插入 Spry 复选框

> **小贴士**　【实施范围（多个)】选项需与【最小选择数】和【最大选择数】属性配合使用，设置后两项的属性值可限制用户选择时必须达到的最小项数和不能超过的最大项数。

10.4.4　使用 Spry 验证选择

Spry 验证选择能够对用户选择的下拉菜单项目进行合法性验证，验证选择有多个常用状态。

将鼠标指针置于表单域的指定位置，选择【插入】/【表单】/【Spry 验证选择】命令，即在表单中插入一个 Spry 验证选择对象。选中 Spry 验证选择对象，属性设置如图 10 - 44 所示。使用 Spry 验证选择的表单效果如图 10 - 45 所示。

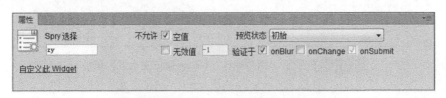

图 10 - 44　【Spry 验证选择】属性检查器

【Spry 验证选择】属性检查器主要包括以下属性。

【Spry 选择】：设置 Spry 验证选择的名称。

【空值】：当复选该项时，如果用户未选择"菜单"中的项目，则系统会出现关于错误的提示信息。

【无效值】：当复选该项时，则右侧的"无效值"文本框将被激活。若将菜单中的指定项目的值设为"无效值"，当用户选择该项后，系统会给出相应的关于错误的提示信息。

图 10 - 45　插入 Spry 验证选择

> **小贴士**　用户还可以在表单域中插入其他的 Spry 验证对象，如 Spry 验证密码、Spry 验证密码确认、Spry 验证单选按钮组等，其插入的方法和属性设置与上述插入 Spry 验证对象的方法相似。

> **小贴士**　如果想通过【输入标签辅助功能属性】对话框来设置表单元素属性，那么用户可以选择【编辑】/【首选参数】命令，在【分类】选项中选择【辅助功能】，复选"在插入时显示辅助功能属性"表单对象前的复选框即可。

10.4.5　课堂案例——制作用户注册表单

1. 打开文件

打开素材文件"example \ chapter10 \ spryyz \ spryyanzheng. html"。

2. 添加"用户昵称"Spry 验证文本域

将鼠标指针置于"用户昵称"文本后，选择【插入】/【表单】/【Spry 验证文本域】命令，在弹出的【输入标签辅助功能属性】中设置【ID】为"nc"，单击【确定】按钮。选中 Spry 验证文本域对象，属性设置如图 10 - 46 所示。

图 10-46　设置"用户昵称"【Spry 验证文本域】属性

3. 添加"电子邮箱"Spry 验证文本域

将鼠标指针置于"电子邮箱"文本后，选择【插入】/【表单】/【Spry 验证文本域】命令，在弹出的【输入标签辅助功能属性】中设置【ID】为"yx"，单击【确定】按钮。选中 Spry 验证文本域对象，属性设置如图 10-47 所示。

图 10-47　设置"电子邮箱"【Spry 验证文本域】属性

4. 添加 Spry 验证密码

将鼠标指针置于"登录密码"文本后，选择【插入】/【表单】/【Spry 验证密码】命令，在弹出的【输入标签辅助功能属性】中设置【ID】为"mm"，单击【确定】按钮。选中 Spry 验证密码对象，属性设置如图 10-48 所示。

图 10-48　设置【Spry 验证密码】属性

5. 添加 Spry 验证确认

将鼠标指针置于"确认密码"文本后，选择【插入】/【表单】/【Spry 验证确认】命令，在弹出的【输入标签辅助功能属性】中设置【ID】为"mmqr"，单击【确定】按钮。选中 Spry 验证确认对象，属性设置如图 10-49 所示。

图 10-49　设置【Spry 验证确认】属性

6. 添加 Spry 验证复选框

将鼠标指针置于"我已阅读协议"文本前，选择【插入】/【表单】/【Spry 验证复选框】命令，在弹出的【输入标签辅助功能属性】中设置【ID】为"OK"，单击【确定】按钮。选中 Spry 验证复选框对象，单击【必需（单个）】单选按钮。

7. 添加按钮

将鼠标指针置于"我已阅读协议"文本的下一行，选择【插入】/【表单】/【按钮】命令，不设置任何属性，单击【确定】按钮。

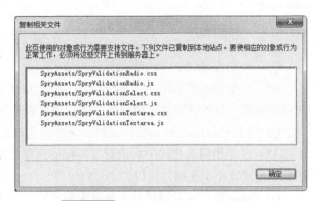

8. 保存文件

选择【文件】/【保存】命令，系统会弹出【复制相关文件】对话框，如图 10 - 50 所示。单击【确定】按钮，将文件进行保存。

图 10 - 50 【复制相关文件】对话框

9. 预览网页

按下 < F12 > 键预览网页，网页效果如图 10 - 51 所示。

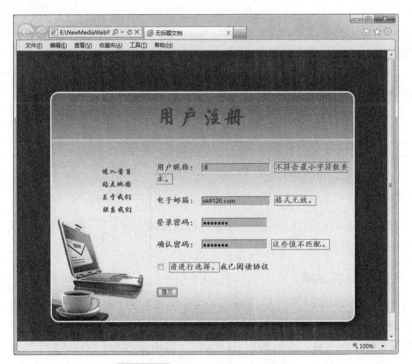

图 10 - 51 用户注册验证网页效果

小贴士 在本例中，所有 Spry 验证对象均已经给出标签，因此不必在【输入标签辅助功能属性】中重复录入标签。

10.5 答疑与技巧

10.5.1 疑问解答

Q1：一个完整的表单由哪几部分组成？

A1：一个完整的表单由两部分组成。一个是网页中描述的表单对象；另一个是用于对客户端信息进行分析处理的应用程序，该程序可以是客户端的也可以是服务器端的。

Q2：用 Dreamweaver 编辑网页时，为什么有时出现黄色标识符？

A2：这是由网页代码中标识符不匹配或出现非法标识符所引起的，解决方法就是删除非法标识符或改正不正确的代码。

Q3：Spry 验证表单通过什么技术来实现？

A3：Spry 验证表单是通过 HTML 语言对表单元素进行描述，通过 CSS 样式对表单样式进行描述，通过 JavaScript 脚本对表单功能进行描述的。

10.5.2 常用技巧

改变按钮的外观。表单按钮外观的改变，可以借助于 CSS 样式来实现。通过 CSS，用户不仅能重新设置表单按钮的背景色和字号大小，而且还可以对按钮的边框线进行设置，例如，把上边框线、左边框线设置为较浅的颜色，同时把下边框线、右边框线设置为较深的颜色，就可以使表单按钮产生立体效果。

10.6 课后实践——制作客户反馈表验证表单

1. 打开文件

打开素材文件"example \ chapter10 \ fankuibiao \ index. html"，将文件另存为"example \ chapter10 \ shijian"文件夹下。

2. 添加 Spry 验证文本域

选中名为"mz"的文本域，选择【插入】/【表单】/【Spry 验证文本域】命令，在文本域的基础上添加一个 Spry 验证，选中【Spry 验证文本域】，设置【预览状态】为"有效"，【验证于】为"onBlur"，【最小字符数】为"2"，【最大字符数】为"20"。

3. 添加 Spry 验证单选按钮组

删除"性别"右侧单元格内的内容，选择【插入】/【表单】/【Spry 验证单选按钮组】

命令，弹出【Spry 验证单选按钮组】对话框，属性设置如图 10 – 52 所示。用同样的方法验证名为 "tj" 的 "购物途径" 单选按钮组，属性设置如图 10 – 53 所示。

图 10 – 52　设置 "性别"【Spry 验证单选按钮组】属性

图 10 – 53　设置 "购物途径"【Spry 验证单选按钮组】属性

 如果希望两个单选按钮出现在一行，则可将鼠标指针定位到【Spry 验证单选按钮组】标签 "男" 的后面，单击 < Delete > 键（即删除标签 "男" 后的 " < br > " 换行标记）。

4. 添加 Spry 验证选择

选中 "年龄" 后名为 "nl" 的菜单，选择【插入】/【表单】/【Spry 验证选择】命令，在菜单的基础上添加一个 Spry 验证，选中【Spry 验证选择】，复选【空值】选项，设置【验证于】为 "onBlur"。用同样的方法验证名为 "sgsp" 的 "所购商品" 菜单，并复选【无效值】选项，在【无效值】后的文本框中输入 "sp"。

 "sp" 是菜单中与 "食品" 标签选项相对应的值。

5. 添加 Spry 验证复选框组

选中 "问题的类型" 文本下面的 "产品质量" 文本之前的复选按钮，选择【插入】/【表单】/【Spry 验证复选框组】命令，即在复选框的基础上添加一个 Spry 验证。剪切 "产品质量" 文本后面的所有内容，将鼠标指针定位在【Spry 验证复选框组】内 "产品质量" 文本之后，粘贴文本。如果复选框聚集在一行，则把鼠标指针定位到需要分行的位置，按下 < Shift + Enter > 键即可分行。选中【Spry 验证复选框组】，属性设置如图 10 – 54 所示。

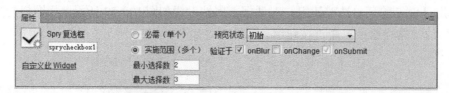

图 10-54　设置【Spry 验证复选框组】属性

6. 添加 Spry 验证文本区域

选中"您的建议"文本后名为"jy"的文本区域，选择【插入】/【表单】/【Spry 验证文本区域】命令，即在文本区域的基础上添加一个 Spry 验证，选中【Spry 验证文本区域】，属性设置如图 10-55 所示。

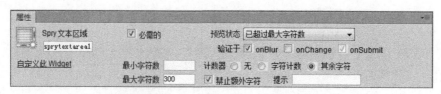

图 10-55　设置【Spry 验证文本区域】属性

7. 保存文件

选择【文件】/【保存】命令，完成验证表单制作。网页效果如图 10-56 所示。

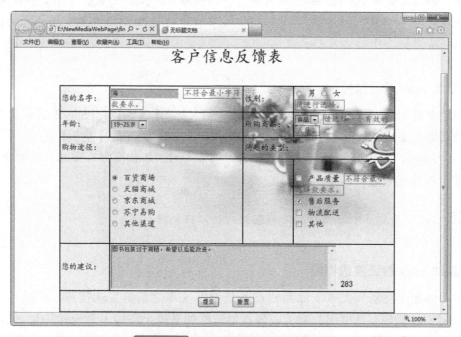

图 10-56　客户信息反馈表验证表单

第11章

11

综合实训——家具联盟网站

本章学习要点

➤ 视图的切换　　　➤ 网页的布局
➤ 制作网页主体　　➤ CSS 层叠样式表的应用

11.1 实例目标

综合运用所学知识，以家具联盟网站为目标制作一个综合性网站，使用户通过实践进一步巩固所学知识，掌握网站开发的流程，并能结合 PhotoShop、Flash 等技术，熟练地使用 Dreamweaver CS6 进行网站设计和开发。

11.2 制作思路

本例包含了本教材大部分的知识点，通过综合运用这些知识，制作一个家具联盟网站。网站使用 Div + CSS 对页面进行布局，通过 CSS 对页面内容进行修饰和美化，从而制作出一个主题鲜明、布局合理、色彩丰富、效果美观的网站，如图 11-1 所示。

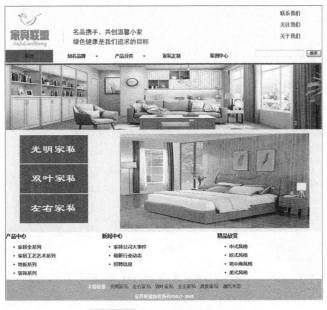

图 11-1　家具联盟网站页面

11.3 制作过程

11.3.1 创建站点及网页文件

1. 新建站点

启动 Dreamweaver CS6，选择【站点】/【新建站点】命令，在打开的对话框中的【站点名称】文本框中输入"Furniture Union"，在【本地站点文件夹】文本框中设置文件的根目录，单击【保存】按钮，如图 11-2 所示。

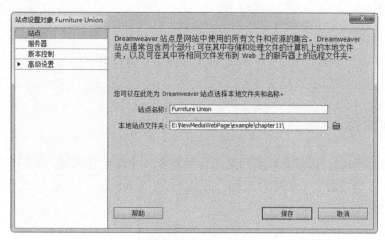

图 11-2 创建站点

2. 新建网页文件

选择【文件】/【新建】命令，在打开的【新建文档】对话框中，选择【空白页】，设置【页面类型】为【HTML】，单击【创建】按钮，如图 11-3 所示。

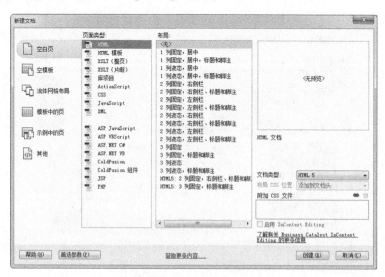

图 11-3 新建 HTML 文件

3. 保存网页文件

单击【文件】/【保存】命令，在打开的【另存为】对话框中，将文件保存到"Furniture Union"站点根文件夹下，设置文件名称为"index. html"。

4. 新建文件夹

选择【文件】/【窗口】命令，打开【文件】面板，右击站点名称，在弹出的快捷菜单中选择【新建文件夹】选项，在站点根文件夹下生成一个名为"untitled"的空白文件夹，修改文件夹名称为"CSS"。

5. 创建样式表文件

选择【文件】/【新建】命令，在打开的【新建文档】对话框中，选择【空白页】，设置【页面类型】为【CSS】，单击【创建】按钮。

6. 保存样式表文件

单击【文件】/【保存】命令，在打开的【另存为】对话框中，将文件存储到"Furniture Union"站点根文件夹下名为"CSS"的文件夹下，设置文件名称为"format. css"。

7. 附加样式表

打开"index. html"文件，选择【窗口】/【CSS】命令，在【CSS 样式】面板中单击"附加样式表"按钮，在弹出的【链接外部样式表】对话框中设置【文件/URL】为"CSS/format. css"，【添加为】选择"链接"，单击【确定】按钮，如图 11 - 4 所示。

图 11 - 4 链接外部样式表

11. 3. 2 使用 Div + CSS 布局网页结构

本例的网页整体布局如图 11 - 5 所示。

1. 插入 Div

（1）插入网页容器 Div。首先将鼠标指针置于目标位置，选择【插入】/【布局对象】/【Div 标签】命令，插入一个名为"box"的 Div。

（2）插入其他 Div。将鼠标指针置于"box"内部，分别插入名称为"logo"、"titl"、"aboutus"、"menu"、"search"、"line"、"picBox"、"show"（包含嵌套 Div "list"和"ifr"， "list" 中包含嵌套 Div "m1"、"m2" 和 "m3")、"center"、"news"、"scroll"、"link" 和 "bot" 的 Div，如图 11 - 6 所示。

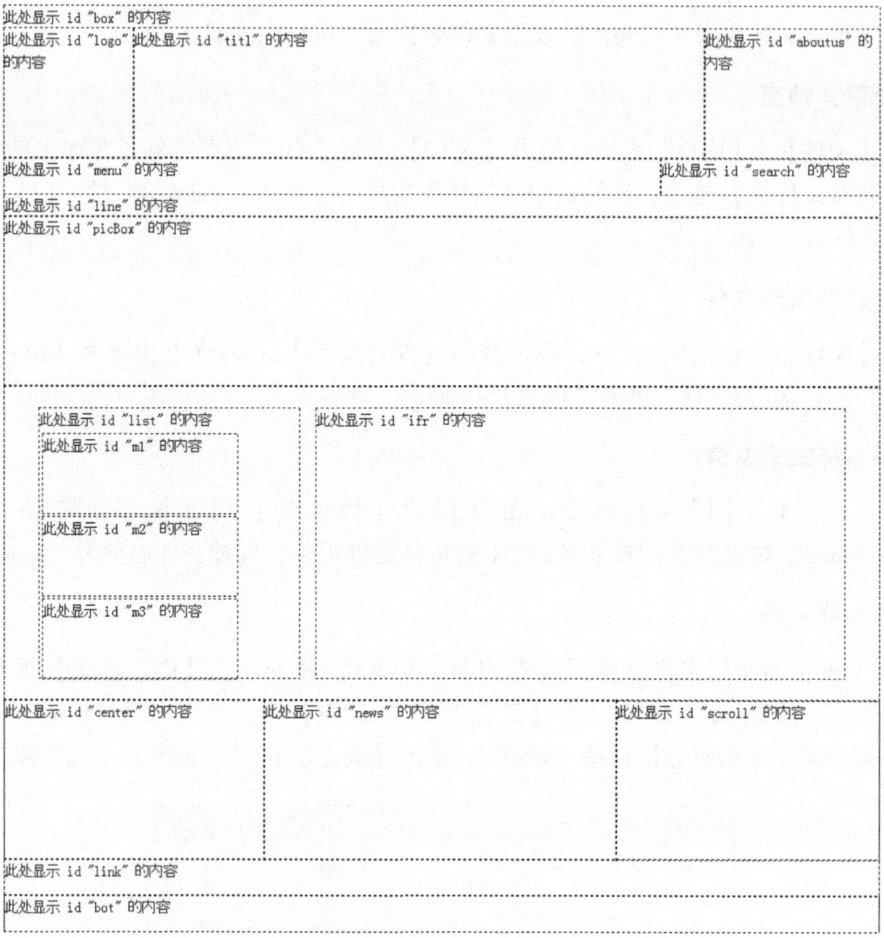

图 11 - 5 网页整体布局

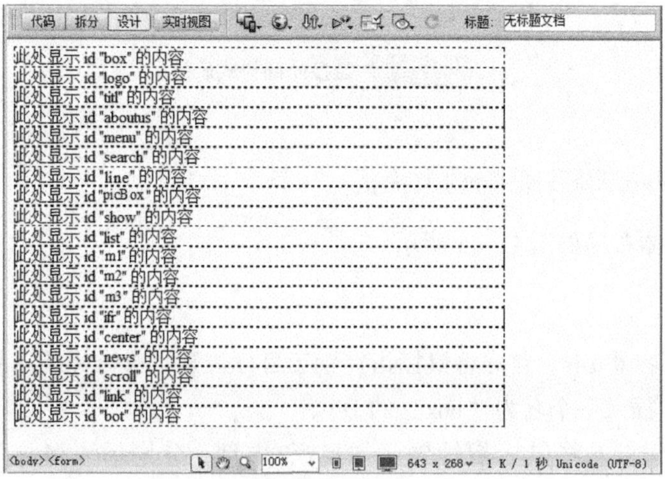

图 11 - 6 插入 Div

2. 创建 Div 布局

（1）新建 ID 为 "box" 的 CSS 规则。选中 ID 为 "box" 的 Div，选择【窗口】/【CSS 样式】命令，打开【CSS 样式】面板，单击【CSS 样式】面板底部的🔁按钮，创建名为 "#box" 的 CSS 规则，在【规则定义】下拉列表框中选择 "CSS/format. css"，单击【确定】按钮，属性设置见表 11 - 1。

表 11 - 1　"#box" CSS 样式属性设置

分类	属性		值
类型	Font-family		宋体
	Font-size		16px
	Line-height		25px
背景	Background-color		#FFF7FF
方框	Height		1045px
	Width		1000px
	Margin	Top	10px
		Right	auto
		Bottom	auto
		Left	auto

（2）新建 ID 为 "logo" 的 CSS 规则。选中 ID 为 "logo" 的 Div，创建名为 "#logo" 的 CSS 规则。创建方法同上，以下均相同。属性设置见表 11 - 2。

表 11 - 2　"#logo" CSS 样式属性设置

分类	属性	值
方框	Float	left
	Height	150px
	Width	150px

（3）新建 ID 为 "titl" 的 CSS 规则。选中 ID 为 "titl" 的 Div，创建名为 "#titl" 的 CSS 规则，属性设置见表 11 - 3。

表 11 - 3　"#titl" CSS 样式属性设置

分类	属性	值
类型	Font-family	华文细黑
	Font-size	20px
	Line-height	30px
方框	Float	left
	Height	150px
	Width	650px

（4）新建 ID 为"aboutus"的 CSS 规则。选中 ID 为"aboutus"的 Div，单击【CSS 样式】面板底部的按钮，创建名为"#aboutus"的 CSS 规则，属性设置见表 11-4。

表 11-4 "#aboutus" CSS 样式属性设置

分类	属性	值
区块	Text-align	center
方框	Float	left
	Height	150px
	Width	200px

（5）新建 ID 为"menu"的 CSS 规则。选中 ID 为"menu"的 Div，创建名为"#menu"的 CSS 规则，属性设置见表 11-5。

表 11-5 "#menu" CSS 样式属性设置

分类	属性	值
方框	Float	left
	Height	40px
	Width	750px

（6）新建 ID 为"search"的 CSS 规则。选中 ID 为"search"的 Div，创建名为"#search"的 CSS 规则，属性设置见表 11-6。

表 11-6 "#search" CSS 样式属性设置

分类	属性	值
区块	Text-align	right
方框	Float	left
	Height	42px
	Width	250px

（7）新建 ID 为"picBox"的 CSS 规则。选中 ID 为"picBox"的 Div，创建名为"#picBox"的 CSS 规则，属性设置见表 11-7。

表 11-7 "#picBox" CSS 样式属性设置

分类	属性	值
方框	Float	left
	Height	200px
	Width	1000px
	Margin	0px
	Padding	0px

（续）

分类	属性	值
定位	Overflow	hidden
	Position	relative

（8）新建 ID 为 "line" 的 CSS 规则。选中 ID 为 "line" 的 Div，创建名为 "#line" 的 CSS 规则，属性设置见表 11 – 8。

表 11 – 8　"#line" CSS 样式属性设置

分类	属性	值
背景	Background-color	#F00
方框	Float	left
	Height	5px
	Width	1000px

（9）新建 ID 为 "show" 的 CSS 规则。选中 ID 为 "show" 的 Div，创建名为 "#show" 的 CSS 规则，属性设置见表 11 – 9。

表 11 – 9　"#show" CSS 样式属性设置

分类	属性	值
方框	Float	left
	Height	350px
	Width	1000px

（10）新建 ID 为 "list" 的 CSS 规则。选中 ID 为 "list" 的 Div，创建名为 "#list" 的 CSS 规则，属性设置见表 11 – 10。

表 11 – 10　"#list" CSS 样式属性设置

分类	属性		值
方框	Float		left
	Height		300px
	Width		300px
	Margin	Top	25px
		Bottom	25px
		Left	40px

（11）分别新建 ID 为 "m1" "m2" "m3" 的 CSS 规则。3 个 Div 的属性设置见表 11 – 11。

表 11 – 11 "#m1""#m2""#m3" CSS 样式属性设置

分类	属性	值
方框	Height	88px
	Width	225px
	Margin	4px

（12）新建 ID 为"ifr"的 CSS 规则。选中 ID 为"ifr"的 Div，创建名为"#ifr"的 CSS 规则，属性设置见表 11 – 12。

表 11 – 12 "#ifr" CSS 样式属性设置

分类	属性		值
背景	Background-image		../images/quanyou/quanyou.jpg
方框	Float		left
	Height		300px
	Width		600px
	Margin	Top	25px
		Right	20px
		Bottom	25px
		Left	20px

（13）分别创建 ID 为"center""news""scroll"的 CSS 规则。选中名为"center"的 Div，创建名为"#center"的 CSS 规则，属性设置见表 11 – 13。

表 11 – 13 "#center" CSS 样式属性设置

分类	属性	值
方框	Float	left
	Height	200px
	Width	300px

设置"news"和"scroll"【方框】的【Width】属性值分别为"400px"和"300px"，其他属性与"center"Div 的相同。

（14）新建 ID 为"link"的 CSS 规则。选中名为"link"的 Div，单击【CSS 样式】面板底部的 按钮，创建名为"#link"的 CSS 规则，属性设置见表 11 – 14。

表 11 – 14 "#link" CSS 样式属性设置

分类	属性	值
类型	Font-size	14px
	Font-weight	bold
	Color	#FFF

（续）

分类	属性		值
背景	Background-color		#B0BAC4
区块	Text-align		center
方框	Float		left
	Height		30px
	Width		1000px
	Padding	Top	10px

（15）新建 ID 为"bot"的 CSS 规则。选中名为"bot"的 Div，单击【CSS 样式】面板底部的 按钮，创建名为"#bot"的 CSS 规则，属性设置见表 11 - 15。

表 11 - 15　"#bot"CSS 样式属性设置

分类	属性		值
类型	Font-size		14px
	Font-weight		bold
	Color		#FFF
背景	Background-color		#B0BAC4
区块	Text-align		center
方框	Float		left
	Height		30px
	Width		1000px
	Padding	Top	10px

11.3.3　定义 CSS 规则

1. 定义网页整体样式

将鼠标指针置于文档窗口的空白处或单击标签选择器上的 < body > 标签，选择【窗口】/【CSS 样式】命令，打开【CSS 样式】面板，创建 < body > 标签的 CSS 规则，属性设置见表 11 - 16。

表 11 - 16　"body"CSS 样式属性设置

分类	属性	值
类型	Font-family	宋体
	Font-size	16px
	Line-height	25px
方框	Margin	0px

2. 定义链接样式

新建 < a > 标签的 CSS 规则，属性设置见表 11 – 17。

表 11 – 17 "a" CSS 样式属性设置

分类	属性	值
类型	Font-weight	bold
	Line-height	25px
	Text-decoration	none

 在 Div 中插入网页元素前，要先将其默认的文本删除。

 本例创建的所有 CSS 样式，均保存在 "CSS/format. css" 文件中。

3. 定义图像边框样式

新建 "img" 标签的 CSS 规则，设置 "img" 标签【边框】的【Width】属性值增均为 "0"。

11.3.4 制作头部内容

1. 插入 LOGO 图标

将鼠标指针置于 ID 为 "logo" 的 Div 中，选择【插入】/【图像】命令，在弹出的【选择图像源文件】对话框中选择 images 文件夹下的 "logo. png"。

 通过选择并拖动图像的方法也能将图像插入到当前 Div 中。

2. 插入站点标语图像

将鼠标指针置于 ID 为 "titl" 的 Div 中，插入名为 "biaoyu. png" 的图像。

3. 设置联系信息

将鼠标指针置于 ID 为 "aboutus" 的 Div 中，输入 "联系我们" "关注我们" "关于我们" 3 个段落文本；分别设置超级链接为 " mailto: jiajulianmeng @ 126. com" " guanzhu. html" "guanyuwm. html"。

4. 插入菜单

将鼠标指针置于 ID 为 "menu" 的 Div 中，选择【插入】/【Spry】/【Spry 菜单栏】命令，在弹出的【Spry 菜单栏】对话框中选择【水平】选项，编辑菜单项如图 11 – 7 所示。

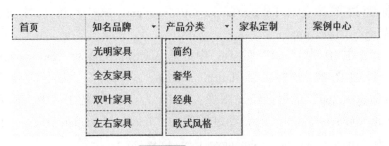

图 11-7　编辑菜单项

5．编辑菜单样式

（1）设置菜单栏文本字体大小。选择【窗口】/【CSS 样式】命令，在【CSS 样式】面板中展开"SpryMenuBarHorizontal. css"样式，双击"ul. MenuBarHorizontal"，在弹出的对话框中设置【类型】中的【Font-size】为"14px"。

（2）设置菜单栏宽度及文本对齐方式。在【CSS 样式】面板中双击"ul. MenuBarHorizontal li"样式，在弹出的对话框中设置【方框】中的【Width】属性值为"150px"，设置【区块】中的【Text-align】属性值为"center"。

（3）设置链接样式。在【CSS 样式】面板中选择"ul. MenuBarHoriaontal a: hover，ul. MenuBarHorizontal a：focus"，设置【Color】属性值为"#FFF"，【backgroundcolor】属性值为"#F00"。选择"ul. MenuBarHorizontal a. MenuBarItemHover，ul. MenuBarHorizontal a. MenuBarItem-SubmenuHover，ul. MenuBarHorizontal a. MenuBarSubmenuVisible"，设置【background-color】属性值为"#F00"。

（4）设置"首页"文本样式。将鼠标指针置于"首页"菜单项中，在属性检查器中设置 ID 为"l1"，新建"#box #menu #MenuBar1 li #l1" ID CSS 规则，设置【背景】的【background-color】属性值为"#F00"。

6．插入搜索表单

将鼠标指针置于 ID 为"search"的 Div 中，选择【插入】/【表单】/【表单】命令，在指定位置插入一个表单。将鼠标指针置于表单中，插入一个【ID】为"ss"的单行文本域和【值】为"搜索"的提交按钮。

7．插入轮显广告

打开站点根文件夹下的"翻滚图像代码 . txt"，依据提示将相应代码复制到网页指定位置。

11.3.5　制作网页主体

1．插入鼠标经过图像

将鼠标指针置于 ID 为"m1"的 Div 中，选择【插入】/【图像对象】/【鼠标经过图像】命令，在弹出的【插入鼠标经过图像】对话框中选择原始图像为"images/fanzhuantuxiang/

gm. png", 鼠标经过图像为 "images/fanzhuantuxiang/gm1. png", 按下时前往的 URL 为 "images/guangming/guangm. png"。

用同样的方法在 ID 为 "m2" 的 Div 中, 插入原始图像为 "images/fanzhuantuxiang/zy. png", 鼠标经过图像为 "images/fanzhuantuxiang/zy1. png", 按下时前往的 URL 为 "images/zuoyou/zuoyou. jpg" 的鼠标经过图像; 在 ID 为 "m3" 的 Div 中, 插入原始图像为 "images/fanzhuantuxiang/sy. png", 鼠标经过图像为 "images/fanzhuantuxiang/sy1. png", 按下时前往的 URL 为 "images/shuangye/shuangye. jpg" 的鼠标经过图像。

2. 设置改变属性行为

选中第一幅鼠标经过图像, 选择【窗口】/【行为】命令, 打开【行为】面板, 单击【行为】面板上的+按钮, 在弹出的快捷菜单中选择【改变属性】行为,【改变属性】对话框属性设置如图 11 - 8 所示。在【行为】面板中选择事件为 "onMouseOver"。

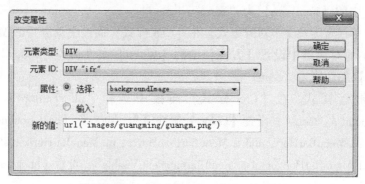

图 11 - 8 【改变属性】对话框属性设置

用同样的方法分别设置其他两幅鼠标经过图像的行为值为 "url（"images/zuoyou/zuoyou. jpg"）" 和 "url（"images/shuangye/shuangye. jpg"）"。

3. 录入文本信息并设置列表

在 ID 为 "center""news""scroll" 的 Div 中, 分别输入文本信息, 设置文本标题样式为【标题三】, 设置段落文本为项目列表, 并设置项目列表的超级链接, 效果如图 11 - 9 所示。

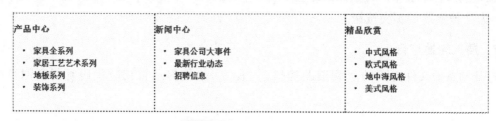

图 11 - 9 设置文本及列表

4. 设置滚动字幕

将鼠标指针置于 "精品欣赏" 文本下的列表中, 在设计窗口左下角的【标签选择器】中选择 <ul> 标签, 选择【插入】/【标签】命令, 在打开的【标签选择器】中选择【HTML 标

签】下的 < marquee > 标签, 如图 11 - 10 所示。单击【插入】按钮, 系统自动进入【拆分】
窗口, 并在左侧的代码窗口中显示刚刚插入的 < marquee > 标签, 设置 < marquee > 标签属性
如图 11 - 11 所示, 单击【关闭】按钮以关闭【标签选择器】。

图 11 - 10　插入 < marquee > 标签

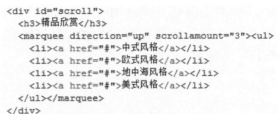

图 11 - 11　设置 < marquee > 标签

11.3.6　制作页脚内容

在 ID 为 "link" 和 "bot" 的 Div 中分别插入友情链接和版权信息文本, 并设置友情链接
的超级链接, 效果如图 11 - 12 所示。

图 11 - 12　插入并设置友情链接和版权信息

11.4　制作网页模板

1. 创建模板文件

打开 "index. html", 将文件另存为 "Templates /moban. dwt", 创建模板文件。

> 小贴士　如果站点中没有 "Templates" 文件夹, 则用户可以先选择【文件】/【新建】
> 命令, 在【新建文档】对话框中选择【空白页】, 设置【页面类型】为 "HMTL 模
> 板", 并将模板另存为 "moban. dwt", 这时系统会自动在站点根文件夹下创建并打
> 开 "Templates" 文件夹, 保存模板文件至该文件夹。然后用户再执行步骤 1, 覆盖
> 空白模板文件即可。

2．新建可编辑区域

打开"moban.dwt"文件，选中 ID 为 "aboutus"的 Div，选择【插入】/【模板对象】/【可编辑区域】命令，在打开的【新建可编辑区域】对话框中设置【名称】为"func"，如图 11 - 13 所示。

图 11 - 13 【新建可编辑区域】对话框

3．新建多个可编辑区域

用同样的方法分别在 ID 为"show""center""news""scroll"的 Div 中插入名称为 "main""list1""list2""list3"的可编辑区域，删除可编辑区域内容。插入的可编辑区域如图 11 - 14 所示。

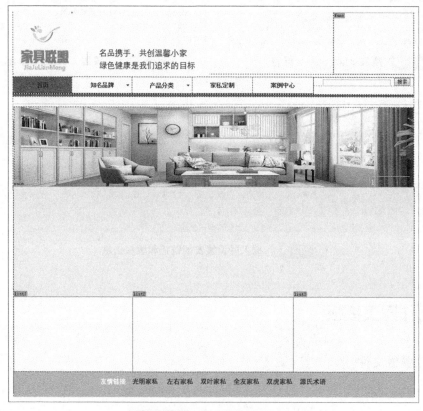

图 11 - 14 插入的可编辑区域

> **小贴士** 删除可编辑区域内容后，单击文档工具栏上的 拆分 按钮，在左侧的代码窗口找到对应的 Div，将其内部的其他标签也删除。

4．应用模板

选择【文件】/【新建】命令，新建一个空白 HTML 网页。选择【窗口】/【资源】命令，打开资源面板，单击按钮，在右侧列表中选择名为"moban"的文件，单击面板底部的【应用】按钮，设置【不一致的区域名称】对话框，如图 11 - 15 所示。将套用模板的网页另存为"guangming. html"。

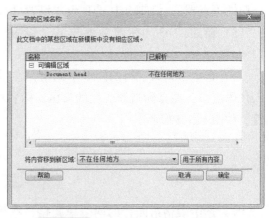

图 11 - 15　【不一致区域名称】对话框

5. 编辑网页文件

（1）编辑"func"区域。将鼠标指针置于名为"func"的可编辑区域内，选择【插入】/【图像】命令，在打开的【选择图像源文件】对话框中选择本地站点"images"文件夹下的"funcimg. gif"图像。

（2）编辑"main"区域。

1）将鼠标指针置于名为"main"的可编辑区域内，插入一个 2 行 4 列的表格，设置【表格宽度】为"100%"，【边框粗细】【单元格边距】【单元格间距】均为"0"。

2）在指定单元中，分别插入名为"guangm. png""chaji. jpg""shafa. jpg""shugui. jpg"图像，并输入相应的文本，如图 11 - 16 所示。

3）新建一个名为". fonta"的基本类，将其保存至"format. css"中，设置【Color】为"#666"。

4）分别选中单元格文本，右击". fonta"样式，在弹出的快捷菜单中选择"应用"。

图 11 - 16　编辑"main"区域

（3）编辑"list1"区域。

1）将鼠标指针置于名为"list1"的可编辑区域，插入一个 4 行 2 列的表格，设置【表格宽度】为"95%"，【边框粗细】【单元格边距】【单元格间距】均为"0"。

2）将鼠标指针置于表格第一行的单元格中，设置单元格【高】为"6"；将鼠标指针置于表格第二行第一列的单元格中，设置单元格【宽】为"5%"，【高】为"20"。

3）选择【插入】/【图像】命令，在打开的【选择图像源文件】对话框中，选择本地站点 images 文件夹下的"guangming/fengexian. jpg"图像。

4）将鼠标指针置于表格第二行第二列的单元格中，输入"企业文化"文本，选中文本，在属性检查器的【HTML】选项卡中设置【格式】为"标题3"。

5）新建"h3"标题标签样式，设置【Font-family】为"微软雅黑"，【Font-size】为"16px"。

6）选中表格第三行的两个单元格，在属性检查器中单击▣按钮，将单元格合并后，进入代码窗口，在鼠标指针所在的<td>标签中添加"bgcolor＝"#FF0000"　height＝"1""属性，如图11-17所示。

```
<td colspan="2" bgcolor="#FF0000" height="1" ></td>
```

图 11-17　添加单元格属性

7）选中表格第四行的两个单元格，在属性检查器中单击▣按钮，将单元格合并，并输入文本。

8）在【CSS面板】中双击"#center"样式，设置【Font-family】为"微软雅黑"，【Font-size】为"14px"，如图11-18所示。

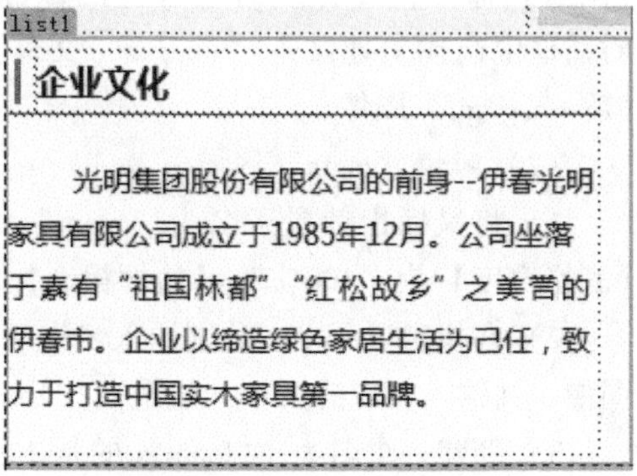

（4）编辑"list2"区域。

1）将鼠标指针置于名为"list2"的可编辑区域，插入一个4行3列的表格，设置【表格宽度】为"95%"，【边框粗细】【单元格边距】【单元格间距】均为"0"。

图 11-18　编辑"list1"区域

2）将鼠标指针置于表格第一行的单元格中，设置单元格【高】为"6"；将鼠标指针置于表格第二行第一列的单元格中，设置单元格【宽】为"12"，【高】为"20"；分别设置第二列、第三列单元格【宽】为"175"和"190"。

3）选择【插入】/【图像】命令，在打开的【选择图像源文件】对话框中，选择本地站点"images"文件夹下的"guangming/fengexian. jpg"图像。

4）将鼠标指针置于表格第二行第二列的单元格中，设置输入"家居布置"文本，选中文本，在【属性】检查器的【HTML】选项卡中设置【格式】为"标题3"。

5）选中表格第三行的三个单元格，在属性检查器中单击▣按钮，将单元格合并后，进入代码窗口，在鼠标指针所在的<td>标签中添加"bgcolor＝"#FF0000"　height＝"1""属性。

6）选中表格第四行的前两个单元格，在属性检查器中单击▣按钮，将单元格合并，选择【插入】/【图像】命令，在打开的【选择图像源文件】对话框中，选择本地站点"images"文件夹下的"guangming/gmjj. jpg"图像。

7）将鼠标指针置于图像右侧的单元格中，输入如图11-19所示的文本，然后选中所有文本，单击属性检查器的▤按钮，设置文本列表。

图 11-19　编辑"list2"区域

8）在【CSS 面板】中双击"#news"样式，设置【Font-family】为"微软雅黑"，【Font-size】为"14px"。

（5）编辑"list3"区域。

1）右击"list1"区域中的表格，在弹出的快捷菜单中选择"拷贝"；将鼠标指针置于"list3"可编辑区域中，单击鼠标右键，在弹出的快捷菜单中选择"粘贴"。

2）将"企业文化"文本删除，输入"家具保养"文本；将"企业文化"单元格下的所有文本删除，输入如图 11-20 所示的文本，并设置文本列表。

3）在【CSS 面板】中双击"#scroll"样式，设置【Font-family】为"微软雅黑"，【Font-size】为"14px"。

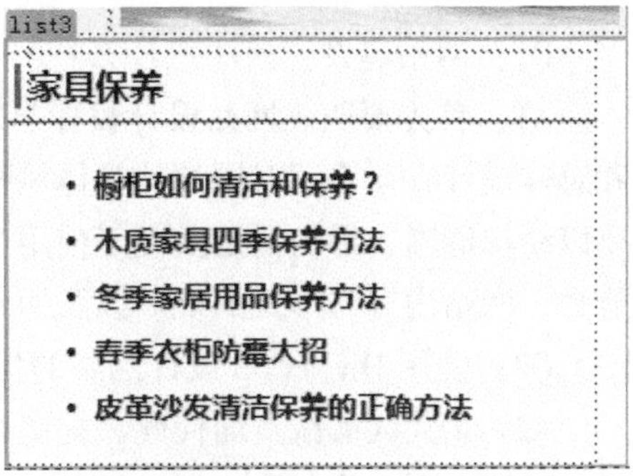

图 11-20　编辑"list3"区域

6. 预览网页

按下 < F12 > 键预览网页，网页整体预览效果如图 11-21 所示。

图 11-21　网页整体预览效果

11.5 答疑与技巧

11.5.1 疑问解答

Q1：网站建设应该注意什么？

A1：首先要明确网站设计目标与用户需求，并在目标明确的基础上完成网站的构思创意和总体设计方案，即对网站的整体风格和特色进行定位，对网站的组织结构进行规划。其次要以结构清晰、导向清楚及便于使用为原则进行网站结构设计。再次要注重网站信息的交互能力、网站内容与形式的统一以及网站的访问速度等。

Q2：使用 Div + CSS 设计网站的优点主要有哪些？

A2：①大大缩减页面代码，提高页面浏览速度，缩减带宽成本；②结构清晰，容易被搜索引擎搜索到，优化了 seo；③更好地控制页面布局；④表现和内容相分离，重构页面时便于修改。

11.5.2 常用技巧

S1：查看网页源文件。作为从事网页制作或网站优化、网站运营等网站工作的相关人员，学会查看简单的网站代码是最基础的。可以通过以下方法查看网页源文件。

1）首先打开要查看源码的网页，在网页内部右击，在弹出的快捷菜单中选择【查看源文件】。

2）打开浏览器，单击【工具】菜单，在弹出的菜单中选择【F12 开发人员工具】，也可以查看网页源文件。

> 小贴士 当使用不同的浏览器浏览网页时，其快捷菜单项的名字也有所不同，例如 IE 为【查看源文件】，360 浏览器则为【查看源代码】。

S2：添加到收藏夹。在网页中添加超级链接可制作"添加到收藏夹"的特效。

1）在网页指定位置输入"加入收藏夹"文本并选中该文本。

2）在属性检查器的【链接】下拉列表框中输入"javascript：window. external. addfavorite（'http：//www. baidu. com//'，'百度'）"。在输入完成后，切换到代码视图，系统显示超级链接代码为" < a href = " javascript：window. external. addfavorite（'http：//www. baidu. com//'，'百度'）" >加入收藏夹 </a >"。

3）保存并预览网页，单击"加入收藏夹"链接，系统会弹出【添加收藏】对话框，如图 11 - 22 所示

S3：设为主页。

1）打开想要添加"设为主页"特效的网页，进入代码窗口，在 < body > 标签中的指定位置添加下列代码。

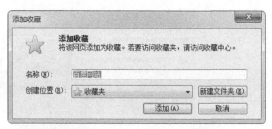

图 11 - 22 【添加收藏】的对话框

```
<span onClick = "var strHref = window. location. href;this. style. behavior = 'url
(#default#homepage)';
    this.setHomePage('http://www.baidu.com');" style = "CURSOR: hand" >设为首页 </
span >
```

2）保存并预览网页，单击"设为主页"文本，弹出【添加或更改主页】对话框，如图 11 - 23 所示。

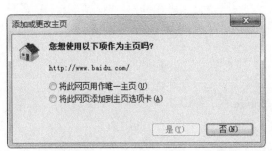

图 11 - 23　【添加或更改主页】对话框

小贴士　"添加到收藏夹"和"设为首页"特效也可以通过 javascript 脚本实现。

第 12 章

12

创建移动设备网页及应用程序

本章学习要点

➤ 认识 jQuery Mobile
➤ 创建移动设备页面
➤ 创建页面组件
➤ 打包移动应用程序

随着移动互联网的迅速发展，智能手机和平板计算机等移动设备日益普及，网页设计和网站开发正在向移动端发展。jQuery Mobile 是一套移动应用界面开发框架，它通过网页形式来呈现类似于移动应用的用户界面，旨在创建智能手机、平板计算机和台式机设备都能访问的响应式移动网站和应用程序。

12.1 认识 jQuery 和 jQuery Mobile

12.1.1 认识 jQuery

jQuery 是继 prototype（JS 对象）之后又一个优秀的 JavaScript 框架，是一个兼容多浏览器（IE6.0 +、Safari2.0 +、ff1.5 + 及 Opera9.0 +）的 JavaScript 库，同时也兼容 CSS3。jQuery 可以让用户更方便地处理 HTML 文档、事件和实现动画效果，并为网站提供 Ajax 交互和许多成熟可用的插件。它能够使用户的 HTML 页面保持代码和内容相分离，用户无需在 HTML 中插入众多 JS 来调用命令，只需定义 ID 即可。

jQuery 是免费、开源的，其语法设计可以使开发更加便捷，如操作文档对象、选择 DOM 元素、制作动画效果、使用 Ajax 及其他功能等。另外，jQuery 还提供 API 供用户编写插件，模块化的使用方式使用户可以方便快捷地开发出功能强大的静态或动态网页。

12.1.2 认识 jQuery Mobile

jQuery Mobile 基于打造一个顶级的 JavaScript 库，在不同的智能手机和平板计算机的 Web 浏览器上形成统一的 UI（User Interface）。它兼容所有主流的移动平台，如 iOS、Android、

274

Windows Mobile、BlackBerry、Palm WebOS、Symbian 等，以及所有支持 HTML 的移动平台。

与 jQuery 核心库一样，用户的开发计算机上无须安装任何东西，只需将各种"＊.js"和"＊.css"文件直接包含到 Web 页面中即可。

12.1.3　下载 jQuery Mobile

若想在浏览器中正常运行一个 jQuery Mobile 移动应用页面，则首先需要下载与 jQuery Mobile 相关的插件文件。

1．下载插件文件

搭建移动应用页面需要包含 jQuery-3.1.1.min.js（jQuery 主框架插件）、jQuery Mobile-1.4.5.min.js（jQuery Mobile 框架插件）和 Mobile-1.4.5.min.css（与框架配套的 CSS 样式文件）3 个框架文件。

登录 jQuery Mobile 官方网站（http://jquerymobile.com/），单击主页导航条中的"Download"链接或主页右侧的"Download jQuery Mobile"下的链接按钮即可进入文件下载页面，如图 12-1 所示。

图 12-1　下载支持的文件

2．通过 URL 链接文件

除上述下载方式外，还可以通过 URL 从 jQuery CDN（Content Delivery Network）下载插件文件。CDN 用于快速下载跨 Internet 的常用文件。在【代码】视图的"< head >"标签中添加如下代码，同样可以执行 jQuery Mobile 移动应用页面。

```
< link  rel = " stylesheet "  href = " http:// code.jquery.com/ mobile/ 1.4.5/
jquery.mobile -1.4.5.min.css" />
   <script src = "http://code.jquery.com/jquery -1.11.1.min.js" > </script >
   < script  src = " http:// code.jquery.com/ mobile/ 1.4.5/ jquery.mobile -
1.4.5.min.js" > </script >
```

小贴士   通过 URL 加载 jQuery Mobile 插件能够使版本更新更加及时，但执行页面时必须
要保证网络通畅，否则无法实现 jQuery Mobile 移动页面的效果。

12.2 使用 jQuery Mobile 创建移动设备网页

Dreamweaver 与 jQuery Mobile 相集成，可以帮助用户快速设计适合大部分移动设备的网页程序，同时也可以使网页自身适应各类尺寸的设备。下面将介绍在 Dreamweaver 中使用 jQuery Mobile 起始页创建应用程序和使用 HTML5 创建 Web 页面的方法。

12.2.1 使用 jQuery Mobile 起始页创建

jQuery Mobile 起始页包含 HTML 、CSS 、JavaScript 和图像文件，可以帮助用户开始设计应用程序。默认情况下，Dreamweaver 使用 jQuery Mobile CDN。

安装 Dreamweaver 时，系统会将 jQuery Mobile 文件的副本复制到用户计算机中。选择 jQuery Mobile（本地）起始页时所打开的 HTML 页会链接到本地 CSS、JavaScript 和图像文件。

选择【文件】/【新建】命令，在【新建文档】对话框中选择【示例中的页】，在右侧的【示例文件夹】列表中选择【Mobile 起始页】，在【示例页】中选择【jQuery Mobile（本地）】，如图 12－2 所示，单击【创建】按钮，完成文档的创建。jQuery Mobile 的网页结构如图 12－3 所示。

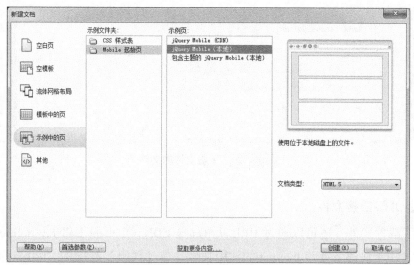

图 12－2 【新建文档】对话框

图 12 - 3　jQuery Mobile 的网页结构

单击【文件】/【保存】命令，弹出【复制相关文件】对话框，如图 12 - 4 所示，单击【复制】按钮，完成文件的保存。

图 12 - 4　【复制相关文件】对话框

小贴士　通过【文件】/【新建流体网格布局】命令，在弹出的对话框中同样可以选择【示例中的页】选项。

12.2.2　通过空白文档创建

1. 新建 HTML5 文档

在 Dreamweaver CS6 中，用户也可以通过先创建 HTML5 空白文档，然后在页面中添加

jQuery Mobile 组件来创建移动页面。

选择【文件】/【新建】命令，在弹出的【新建文档】对话框中选择【空白页】选项，在【页面类型】中选择【HTML】，设置右下角【文档类型】为【HTML5】，单击【确定】按钮，如图 12 - 5 所示。创建的 HTML5 页面如图 12 - 6 所示。

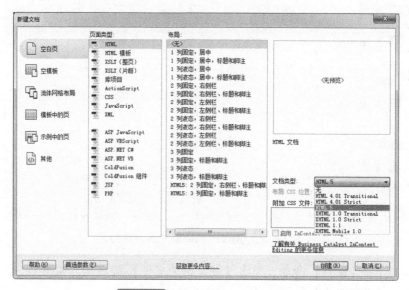

图 12 - 5　新建 HTML5 空白文档

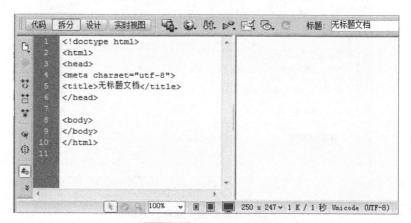

图 12 - 6　HTML5 页面

2. 插入 jQuery Mobile 页面

选择【插入】/【jQuery Mobile】/【页面】命令，打开【jQuery Mobile 文件】对话框，选择适当的类型后单击【确定】按钮，如图 12 - 7 所示。在弹出的【jQuery Mobile 页面】对话框中输入 ID 名称，设置是否需要标题和脚注，单击【确定】按钮以完成页面的创建，如图 12 - 8所示。

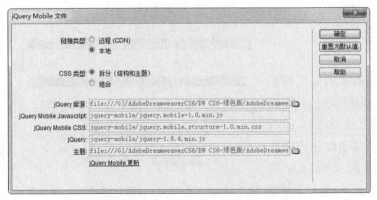

图 12 - 7 【jQuery Mobile 文件】对话框

图 12 - 8 【jQuery Mobile 页面】
对话框

【jQuery Mobile 文件】对话框主要包括以下属性。

【链接类型】

- 远程（CDN）：若连接到承载 jQuery Mobile 文件的远程 CDN 服务器，而且尚未配置包含 jQuery Mobile 文件的站点，则对于 jQuery 站点使用默认选项，也可以选择使用其他 CDN 服务器。
- 本地：显示 Dreamweaver CS6 提供的文件。

【CSS 类型】

- 拆分（结构和主题）：使用被拆分成结构和主题的 CSS 文件。
- 组合：使用完全 CSS 文件。

12.3　移动页面基础

在开发移动页面之前，首先要了解 jQuery Mobile 应用程序的基本页面结构，即视图，进而掌握移动应用的基本框架和多页面视图结构及常用元素的使用。

12.3.1　页面结构

jQuery Mobile 提供一个标准的框架模型，即在页面中将一个 < Div > 标签的 data-role 属性设置为 page，即可设计一个视图。

视图一般包含 3 个基本结构，分别是 data-role 属性为 header、content 和 footer 的 3 个子容器，用于定义页面"标题""内容""脚注"3 个组成部分，用于容纳不同的页面内容，代码如下。

```
< Div data – role = "page" >
  < Div data – role = "header" >标题 < /Div >
  < Div data – role = "content" >内容 < /Div >
  < Div data – role = "footer" >脚注 < /Div >
< /Div >
```

在 IE 中的预览效果如图 12 - 9 所示。

12.3.2 页面控制

一般情况下，移动设备的浏览器显示页面的宽度默认为900px，这种宽度会导致屏幕缩小，页面放大，不适合页面浏览。为了更好地支持 HTML5 的新增加功能和属性，使页面的宽度与移动设备的屏幕宽度相适应，用户可以在页面的 < head > 和

图 12 - 9 IE 预览效果

</head > 中添加 <meta > 标签，设置 content 属性值为 "width = device-width，initial-scale = 1"，并设置其 name 属性为 "viewport"，代码如图 12 - 10 所示。

```
<meta name="viewport" content="width=device-width,initial-scale=1">
```

图 12 - 10 设置 <meta > 标签属性

此段代码的功能是设置移动设备中浏览器缩放的宽度与等级。

12.3.3 插入多容器页面

一个 jQuery Mobile 文档可以包含多页面结构，即一个文档可以包含多个标签属性 data-role 为 page 的容器，从而形成多容器页面结构。每个容器拥有唯一的 ID 值，且各自独立。当加载页面时，这些容器同时被加载，并通过锚记链接的形式进行访问，即以 "#" 号加容器 ID 值的方式设置链接。当用户单击该链接时，jQuery Mobile 将在页面文档中寻找对应 ID 的容器，并以动画效果切换至该容器，进而实现容器间内容的访问。

通过 jQuery Mobile 起始页创建的网页文档即是一个多容器页面，页面效果如图 12 - 11 和图 12 - 12 所示。

图 12 - 11 多容器页面

图 12 - 12 链接页面

12.3.4 设置页面转场

在多页面切换过程中，用户可以使用 jQuery Mobile 框架内置的多种基于 CSS 的页面转场效果进行页面的切换。在默认情况下，jQuery Mobile 应用的是从右到左划入的转场效果。在链接中添加 data-transition 属性，可以自定义页面的转场特效。例如， < a href = "#doc" data-transition = "slideup" > 文字材料 </a > 。

该例以上滑的形式实现页面的切换效果。data-transition 属性参数及说明见表 12 - 1。

表 12 - 1   data-transition 属性参数及说明

参　数	说　明	参　数	说　明
slide	从右向左滑动到下一页	pop	像弹出窗口那样转到下一页
slideup	从下到上滑动到下一页	turn	转向下一页
slidedown	从上到下滑动到下一页	flip	从后向前翻动到下一页
slidefade	从右向左滑动并淡入到下一页	flow	抛出当前页面，引入下一页
fade	淡入淡出到下一页	none	无过渡效果

小贴士　如果用户只是想看到一个翻转的页面转场，而不是想让其真正地回到上一个页面，则可以通过给链接增加"data-direction = " reverse""属性的方法来强制指定为回退的转场效果。

12.3.5　课堂案例——制作简单的多容器页面

1. 新建 jQuery Mobile 起始页

选择【文件】/【新建】命令，在【新建文档】对话框中选择【示例中的页】，在【示例文件夹】中选择【Mobile 起始页】，在【示例页】中选择【jQuery Mobile（本地）】，单击【创建】按钮。显示如图 12 - 3 所示的 jQuery Mobile 的网页结构。

2. 保存文档

单击【文件】/【保存】命令，将文件另存为"index. html"，并保存在站点根文件夹下，在弹出的【复制相关文件】对话框中，单击【复制】按钮，把相关的框架文件复制到本地站点，如图 12 - 4 所示。

3. 设置页面控制

单击文档工具栏上的【拆分】按钮，进入拆分界面，在左侧的代码窗口中找到 < meta > 标签，并在 < meta > 标签中添加"name = " viewport" content = " width = device-width，initial-scale = 1""属性，使页面的宽度与移动设备的屏幕宽度相适应。

4. 命名 page 容器

设置 4 个 page 容器的 ID 值分别为"page""doc""video""troom"。

5. 设置标题和脚注

在设计界面设置 4 个 page 容器标题分别为"媒体资料室""文字材料""影像资料""教研室建设"，脚注均为"商学院媒体与信息系"。

6. 设置后退按钮

为 ID 值为 "doc" 和 "video" 的 page 容器添加 "data-add-back-btn = " true" data-back-btn-text = " 首页""" 属性, 即可在页面头部栏的左侧增加一个名为 "首页" 的后退按钮; 为 ID 值为 "troom" 的 page 容器添加 "data-add-back-btn = " true" data-back-btn-text = "返回""" 属性, 即可在页面增加一个名为 "返回" 的后退按钮, 如图 12 - 13 所示。

图 12 - 13 添加 "首页" 和 "返回" 按钮

7. 设置容器内容及超级链接

(1) 删除 ID 值为 "page" 的容器中的列表, 并输入文本 "文字材料 | 影像资料"。选中 "文字材料" 文本, 在属性检查器的【链接】下拉列表框中输入 "#doc"; 选中 "影像资料" 文本, 在属性检查器的【链接】下拉列表框中输入 "#video", 效果如图 12 - 14 所示。

(2) 在 ID 值为 "doc" 的容器中, 输入两个段落文本, 分别为 "教研室建设" 和 "教材建设"。选中两个段落文本, 单击属性检查器的 按钮, 将文本设置为项目列表。选中 "教研室建设" 文本, 在属性检查器的【链接】下拉列表框中输入 "#troom"; 选中 "教材建设" 文本, 在属性检查器的【链接】下拉列表框中输入 "book. html", 效果如图 12 - 15 所示。

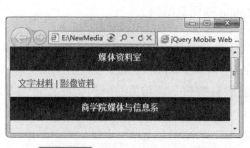

图 12 - 14 ID 为 "page" 的页面

图 12 - 15 ID 为 "doc" 的页面

(3) 在 ID 值为 "video" 的容器中, 输入两个段落文本, 分别为 "教学竞赛" 和 "教研室活动"。选中两个段落文本, 单击属性检查器的 按钮, 将文本设置为项目列表。选中 "教学竞赛" 文本, 在属性检查器的【链接】下拉列表框中输入 "#comp"; 选中 "教研室活动" 文本, 在属性检查器的【链接】下拉列表框中输入 "#acti", 效果如图 12 - 16 所示。

(4) 在 ID 值为 "troom" 容器中, 输入相应文本, 选中 "返回上一页" 文本, 并在代码窗口为链接添加 "data-rel = " back"" 属性, 效果如图 12 - 17 所示。

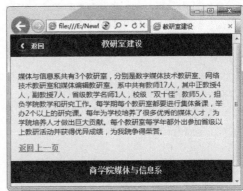

图 12-16 ID 为 "video" 的页面   图 12-17 ID 为 "troom" 的页面

8. 设计页面转场

选中 "page" 容器中的 "文字材料" 文本，在代码窗口为链接添加 "data-transition = "slideup"" 属性，代码如下。

```
< a href = "#doc" data-transition = "slideup" >文字材料 </a >
```

使用同样的方法设置其他链接文本。

部分代码如下。

```
< body >
< Div datarole = "page" id = "page" >
    < Div data-role = "header" >
        <h1 >媒体资料室 </h1 >
    </Div >
    < Div data-role = "content" >
        < a href = "#doc" data-transition = "slideup" >文字材料 </a > | < a href =
"#video" data-transition = "slideup" >影像资料 </a >
    </Div >
    < Div data-role = "footer" >
        <h4 >商学院媒体与信息系 </h4 >
    </Div >
</Div >
< Div data-role = "page" id = "doc" data-add-back-btn = "true"  data-back-
btn-text = "首页" >
    < Div data-role = "header" >
        <h1 >文字材料 </h1 >
    </Div >
    < Div data-role = "content" >
        <ul >
        <li > < a href = "#troom" data-transition = "fade" >教研室建设 </a > </li >
        <li > < a href = "book.html" data-transition = "fade" >教材建设 </a > </li >
        </ul >
    </Div >
```

```
            < Div data - role = "footer" >
                <h4 > 商学院媒体与信息系 < /h4 >
            < /Div >
    < /Div >
    < Div data - role = "page" id = "video" data - add - back - btn = "true" data - back -
btn - text = "首页" >
            < Div data - role = "header" >
                <h1 > 影像资料 < /h1 >
            < /Div >
            < Div data - role = "content" >
                < ul >
                < li > < a href = "#comp" data - transition = "fade" > 教学竞赛 < /a > < /li >
                < li > < a href = "#acti" data - transition = "fade" > 教研室活动 < /a > < /li >
                < /ul >
            < /Div >
            < Div data - role = "footer" >
                <h4 > 商学院媒体与信息系 < /h4 >
            < /Div >
    < /Div >
    < Div data - role = "page" id = "troom" data - add - back - btn = "true" data - back -
btn - text = "返回" >
            < Div data - role = "header" >
                <h1 > 教研室建设 < /h1 >
            < /Div >
            < Div data - role = "content" >
<p > 媒体与信息系共有 3 个教研室,分别是数字媒体技术教研室、网络技术教研室和媒体编辑教研室。
系中共有教师 17 人,其中正教授 4 人,副教授 7 人,省级教学名师 1 人,校级"双十佳"教师 5 人,担负学院
教学和研究工作。每学期每个教研室都要进行集体备课,举办 2 个以上的研究课。每年为学校培养了很多
优秀的媒体人才,为学院培养人才做出巨大贡献。每个教研室每学年都外出参加省级以上教研活动并获得
优异成绩,为我院争得荣誉。
            < /p > < a href = "#" data - rel = "back" > 返回上一页 < /a > < /Div >
            < Div data - role = "footer" >
                <h4 > 商学院媒体与信息 < /h4 >
            < /Div >
    < /Div >
    < /body >
```

> **小贴士** 在 jQuery Mobile 页面中,还可以通过添加超级链接的方式实现页面回退。例如
> 在页面中添加如下代码。
>
> ```
> < a href = "#" data - rel = "back" > 返回上一页 < /a >
> ```

> **小贴士** 通过外部链接也可以实现页面切换的效果。例如为"教材建设"添加外部链
> 接,代码如下。
>
> ```
> < a href = "book.html" > 教材建设 < /a >
> ```

12.4　创建对话框

对话框是交互设计中的基本构成组件。在 jQuery Mobile 中，如果给指定页面的链接增加 "data-rel" 属性，并设置该属性值为 "dialog"，则当单击该链接时，打开的页面即以对话框的形式显示。

12.4.1　新建对话框

选择【插入】/【jQuery Mobile】/【页面】命令，新建一个 jQuery Mobile 页面，在设计窗口选中页面文本 "内容"，将其替换成 "打开对话框"，选中文本 "打开对话框"，在属性检查器中设置【链接】属性为 "book. html"。单击文档工具栏的【拆分】按钮，在【代码】窗口为页面链接 <a> 标签添加属性 data-rel 为 "dialog"，代码如下。

```
<a href = "book.htm" data – rel = "dialog" data – transition = "pop" >打开对话框 </a>
```

 应用了对话框属性的新页面会以圆角形式显示，页面周围增加边缘及深色的背景，对话框看起来像浮在页面之上。

 对话框也有转场，推荐使用 pop、slide、flip 属性来实现转场。

12.4.2　课堂案例——插入对话框

1. 打开文件

打开 "index. html" 文档，进入代码窗口，在 ID 为 "doc" 的容器中的 "教材建设" 文本的超级链接中添加 data-rel 属性，并设置值为 "dialog"，代码如下。

```
<a href = "book.html" data – transition = "pop" data – rel = "dialog" >教材建设 </a>
```

2. 新建 HTML5 文档

选择【文件】/【新建】命令，在【新建文档】对话框中选择【空白页】，在【页面类型】中选择【HTML】，在【文档类型】中选择【HTML5】，单击【确定】按钮。

3. 保存文档

单击【文件】/【保存】命令，将文件另存为 "book. html"，并保存在站点根文件夹下。

4. 插入页面

选择【插入】/【jQuery Mobile】/【页面】命令，在文档中插入一个 ID 值为 "dialog" 的页面。

5. 设置页面文本

定义标题文本为"教材建设",脚注为"商学院媒体与信息系",输入内容信息并设置为列表,如图 12 - 18 所示。

6. 设置主题样式

单击文档工具栏的【代码】按钮,为 header、content 和 footer 容器添加 data-theme 属性,并设定主题样式分别为"b""d""b",效果如图 12 - 19 所示。

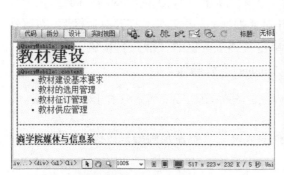

图 12 - 18　设置页面文本

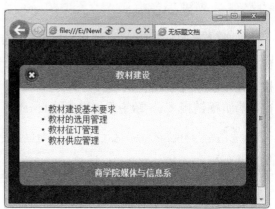

图 12 - 19　设置了主题样式的对话框

> **小贴士**　jQuery Mobile 内建了一套样式主题系统,用于控制可视元素的视觉效果。如果要修改主题样式,则可以在相应容器中添加 data-theme 属性,并设定 a ~ z 之间的任意一套主题样式即可。

12.5　创建工具栏

jQuery Mobile 提供了一套标准的工具栏组件,移动应用只需对标签添加相应的属性值就可以直接使用。通常情况下,工具栏元素都放置在页眉(标题)和页脚(脚注)中,以实现"已访问"的导航。

12.5.1　定义标题栏

标题栏位于页面顶部,即页眉的位置,通常包含页面标题或一两个按钮(通常是首页、选项或搜索按钮)。标题文字以 < h1 > 标签方式显示,默认的主题样式为 a(黑色)。

在标准的标题栏中,标题文字两侧各有一个可放置按钮的位置。由于标题栏空间的限制,工具栏中的按钮均是内联按钮,按钮的宽度只允许放置 icon 图标和文字。在 jQuery Mobile 中,为按钮添加图标可以通过添加 data-icon 属性实现,jQuery Mobile 自带图标集合中的图标名称及图标样式说明见表 12 - 2。

表 12 - 2　jQuery Mobile 自带图标集合

属性值	描述	图标	属性值	描述	图标
arrow-l	左箭头	◖	arrow-u	上箭头	◒
arrow-r	右箭头	◗	arrow-d	下箭头	◓
delete	删除	✕	search	搜索	🔍
info	信息	ⓘ	forward	前进	◖
"home	首页	⌂	refresh	刷新	↻
back	返回	◗	star	星	★
search	搜索	🔍	alert	提醒	⚠
grid	网格	▦	plus	加	⊕
gear	齿轮	⚙	minus	减	⊖

例如，为页面添加"上一页"和"下一页"按钮，以实现页面间的切换，代码如下。

```
< Div data - role = "header" data - position = "inline" >
< a href = "#page" data - icon = "arrow - l" >上一页 </a >
< h1 >文字材料 </h1 >
< a href = "#troom" data - icon = "arrow - r" >下一页 </a >
< /Div >
```

页面效果如图 12 - 20 所示。

图 12 - 20　定义标题栏的页面效果

12.5.2　定义脚注栏

与页眉相比，页脚更具伸缩性、更实用且变化较多，能够满足用户定义多个按钮的需求。脚注栏除了其使用的 data-role（footer）属性与标题栏（header）不同外，基本的结构与标题栏都是相同的。但是，与页眉的样式不同，页脚会减去一些内边距和空白，并且按钮不会居中。如果要修正该问题，则需要在页脚中添加一个名为 "ui-btn" 的类。

例如，为图 12 - 18 所示的页面添加多个功能按钮，代码如下。

```
< Div data - role = "footer" class = "ui - btn" >
  < a href = "#" data - role = "button" data - icon = "add" >添加项目 < /a >
  < a href = "#" data - role = "button" data - icon = "minus" >删除项目 < /a >
  < a href = "#" data - role = "button" data - icon = "arrow - u" >上移项目 < /a >
  < a href = "#" data - role = "button" data - icon = "arrow - d" >下移项目 < /a >
< /Div >
```

页面效果如图 12 - 21 所示。

图 12 - 21 定义脚注栏的页面效果

小贴士 　在 page 容器中，给链接添加"data - role = "button""属性，能够将链接样式化为按钮。

小贴士 　如果想把一组按钮放在一个单独的容器内，使它们成为一个独立的导航部件，则需要给该容器添加"data - role = "controlgroup""属性。

12.5.3 定位页眉和页脚

放置页眉和页脚的方式有三种。

（1）Inline：默认。页眉和页脚与页面内容位于行内。

（2）Fixed：页面和页脚分别固定在页面的顶部和底部。如果页面滚动条可用，则当点击屏幕时系统将隐藏或显示页眉或页脚，效果会根据用户在页面上的位置而变化。

（3）Fullscreen：与 fixed 类似，页面和页脚分别固定在页面的顶部和底部。但是当工具栏滚出屏幕之外时，系统不会自动重新显示，除非单击屏幕。在这种模式下工具栏会遮住页面内容，工具栏显示为半透明状态。

在 jQuery Mobile 中，为页眉和页脚添加 data-position 属性可以实现其定位。例如，将页眉和页脚的 data-position 属性值设置为"fixed"，代码如下。

```
< Div data - role = "page" id = "page" >
  < Div data - role = "header"  data - position = "fixed" >
    < h1 >标题 < /h1 >
  < /Div >
  < Div data - role = "content" >内容 < /Div >
```

```
<Div data-role="footer"  data-position="fixed">
  <h4>脚注</h4>
</Div>
</Div>
```

12.5.4　设计导航栏

jQuery Mobile 导航栏由一组水平排列的链接组成，通常在头部或底部内，每行最多能够放置 5 个按钮，当超过 5 个按钮时，导航栏自动表现为多行。

导航栏是由添加了"data-role="navbar""属性的容器中的无序列表组成的，并通过无序列表来平均地划分按钮的宽度。1 个按钮则占整个窗口宽度，2 个按钮则各占 1/2 的宽度，3 个按钮则每个占 1/3 的宽度，以此类推。如果想设置某个按钮为活动链接，则可以通过给链接添加"class="ui-btn-active""属性来实现。

例如，为头部添加导航栏，并设置第一个链接为活动链接，代码如下。

```
<Div data-role="header">
  <h1>标题</h1>
  <Div  data-role="navbar">
  <ul>
    <li><a href="#link1" class="ui-btn-active">链接一</a></li>
    <li><a href="#link2">链接二</a></li>
  </ul>
  </Div>
</Div>
```

页面效果如图 12-22 所示。

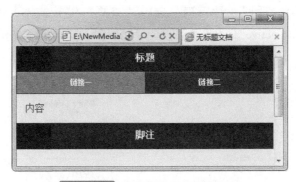

图 12-22　添加导航栏的页面效果

> 小贴士　在默认情况下，导航栏中的链接将自动变成按钮，不需要添加"data-role="button""。

在导航栏中，每个导航按钮都是通过 <a> 标签定义的。如果希望给导航栏中的导航按钮添加图标，则可以通过在链接标签中添加"data-icon"属性来实现，其属性值为 jQuery Mobile 自带图标集合中的图标名称。jQuery Mobile 自带图标集合见表 12-2。

12.5.5　设置导航按钮位置

在导航栏中，默认情况下，图标放置在按钮文字上面。如果需要调整图标的位置，则需要在导航栏容器中添加 data-iconpos 属性，可以设置其值为"top""right""bottom"或"left"，它们分别表示图标在导航按钮的上面、右侧、底部或左侧，系统默认值为"top"。

12.5.6　课堂案例——定义导航栏

打开"index. html"文档，进入代码窗口，执行以下步骤。

1. 添加头部导航栏

（1）设置导航文本。将鼠标指针置于 ID 为"page"的容器中，为其头部设置导航栏文本，代码如下。

```
< Div data - role = "header" >
    < h1 >媒体资料室 < /h1 >
     < Div   data - role = "navbar" >
     < ul >
     < li >  < a href = "#page" >首页 < /a > < /li >
     < li >   < a href = "#news" >系部新闻 < /a > < /li >
     < li >   < a href = "#intru" >专业介绍 < /a > < /li >
     < li >   < a href = "#cous" >课程设置 < /a > < /li >
     < /ul >
     < /Div >
< /Div >
```

（2）添加活动链接。返回设计窗口，选中"首页"链接文本，在属性检查器中设置【类】为"class = "ui-btn-active""，激活第一个导航按钮，如图 12 - 23 所示。

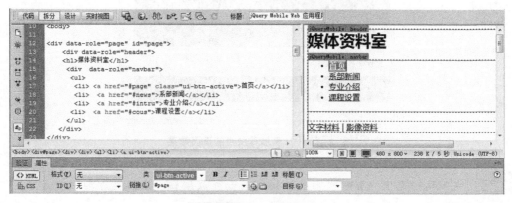

图 12 - 23　添加活动链接

2. 添加底部导航栏

将鼠标指针置于为 ID 为"page"的容器中，为底部导航栏添加导航图标及文本，并设置图标位置，代码如下。

```
<Div data-role="footer">
   <Div  data-role="navbar"  data-iconpos="left">
   <ul>
   <li><a href="#refr" data-icon="arrow-l">返回</a></li>
   <li><a href="#info" data-icon="arrow-r">前进</a></li>
   <li><a href="#sear" data-icon="refresh">刷新</a></li>
   <li><a href="#defi" data-icon="search">搜索</a></li>
   <li><a href="#aler" data-icon="gear">设置</a></li>
   </ul>
   </Div>
</Div>
```

网页效果如图 12-24 所示。

图 12-24　添加底部导航栏

12.6　使用组件

jQuery Mobile 提供了多种组件，如列表、布局、表单等，可以为移动页面添加不同的页面元素，通过 Dreamweaver CS6 插入菜单或插入面板组均可以插入这些组件。

12.6.1　插入列表视图

jQuery Mobile 中的列表视图是标准的 HTML 列表，即有序列表 <ol> 和无序列表 <ul>。

为有序列表标签 <ol> 或无序列表标签 <ul> 添加 "data-role="listview"" 属性，可实现列表视图的创建。如果想使列表中的项目可单击，则需要为每个列表项（<li>标签标记的内容）添加超级链接。

将鼠标指针定位到 jQuery Mobile 页面的目标位置，选择【插入】/【jQuery Mobile】/【列表视图】命令，打开【jQuery Mobile 列表视图】对话框，属性设置如图 12-25 所示，单击【确定】按钮，完成列表的创建，如图 12-26 所示。

【jQuery Mobile 列表视图】对话框主要包括以下属性。

【列表类型】：用于选择列表类型。包括"无序"和"有序"2 个选项，默认为"无序"。

【项目】：用于选择列表项目数。默认为"3"。

● 凹入：设置列表样式的圆角和边缘，即在 < ul >标签中添加"data – inset ="true""属性。

● 文本说明：设置列表项目的文本说明。如果想添加有层次关系的文本，则可以使用标题"< h3 >"来强调，用段落文本"< p >"来显示正文。

● 文本气泡：为列表项右侧增加一个计数气泡，即将数字用一个元素包裹，并添加"ui-li-count"的class。

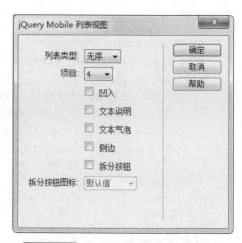

图 12 – 25 【jQuery Mobile 列表视图】对话框属性设置

● 侧边：设置补充信息。通过包裹在"class ="ui-li-aside""的容器中可添加到列表项的右侧。

● 拆分按钮：将列表拆分为两个独立的可单击的部分，即列表本身和列表项右侧的小icon。

【拆分按钮图标】：用于设置拆分按钮显示图标。当复选上述拆分按钮时，该项可用。包括"警告""向下箭头""左箭头"等 19 个选项，默认为"右箭头"。

> **小贴士** 默认情况下，列表项的链接会自动变成一个按钮，不需要添加"data-role ="button""。

 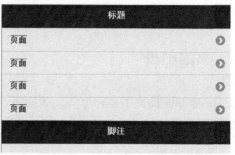

图 12 – 26 插入的列表视图

> **小贴士** 插入面板组能以可视化的方式插入 jQuery Mobile 组件。

12.6.2 插入布局网格

jQuery Mobile 为视图页面提供了强大的版式支持，使用布局表格能使页面的格式化变得简单。jQuery Mobile 框架提供了一种简单的方法来构建基于 CSS 的分栏布局，叫作 ui-grid。jQuery Mobile 提供了两种预设的配置布局：2 列布局（class 含有 ui-grid-a）和 3 列布局（class

含有 ui-grid-b)。网格宽度为 100%,不可见(没有背景或边框),也没有 padding 和 margin,因此它们不会影响内容元素的样式。

图 12 - 27　【jQuery Mobile 布局网格】对话框

将鼠标指针置于目标位置,选择【插入】/【jQuery Mobile】/【布局网格】命令,系统弹出【jQuery Mobile 布局网格】对话框,如图 12 - 27 所示,分别设置行和列的值,单击【确定】按钮,布局网格如图 12 - 28 所示。

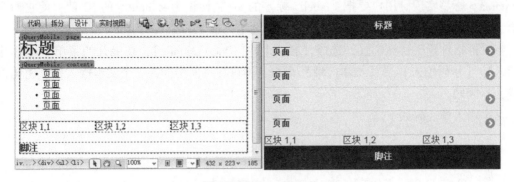

图 12 - 28　布局网格

小贴士　因为移动设备的屏幕通常都比较小,所以不推荐使用多栏进行布局。

12.6.3　插入可折叠区块

在页面中插入可折叠区块后,单击标题能够展开或收缩其下面的内容,以节省屏幕空间。要创建一个可折叠的区块,首先应创建一个容器,并为容器添加" data - role = "collapsible" "属性。

将鼠标指针置于目标位置,选择【插入】/【jQuery Mobile】/【可折叠区块】命令,在页面中插入一个可折叠区块,如图 12 - 29 所示。在页面中通过编辑标题和内容完成可折叠区块的设置。

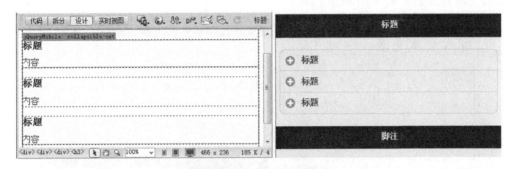

图 12 - 29　插入可折叠区块

12.6.4 插入文本元素

与普通网页一样，移动网页也可以添加文本、密码和文本区域。文本输入框和文本输入域可通过使用标准的 < html > 标签实现，jQuery Mobile 会让它们在移动设备中变得更易于触摸使用。

文本输入框可通过在 < input > 标签中添加"type = "text""属性实现，密码输入框可通过在 < input > 标签中添加"type = "password""属性实现，文本区域即多行文本域，通过使用 < textarea > 标签实现。用户要把 < label > 标签的 for 属性设为 < input > 的 ID 值，使它们能够在语义上相关联，并且放置到 Div 容器中，再设定"data – role = "fieldcontain""。

将鼠标指针置于目标位置，选择【插入】/【jQuery Mobile】，在展开的菜单中选择【文本输入】、【密码输入】或【文本区域】命令，即可在页面中插入一个文本输入框、密码输入框或文本区域。

文本输入框代码如下。

```
< Div data – role = "fieldcontain" >
    < label for = "textinput" >文本输入：</label >
    < input type = "text" name = "textinput" id = "textinput" value = ""  />
< /Div >
```

密码输入框代码如下。

```
< Div data – role = "fieldcontain" >
    < label for = "passwordinput" >密码输入：</label >
    < input type = "password" name = "passwordinput" id = "passwordinput" value = ""  />
< /Div >
```

文本区域代码如下。

```
< Div data – role = "fieldcontain" >
    < label for = "textarea" >文本区域：</label >
    < textarea cols = "40" rows = "8" name = "textarea" id = "textarea" ></textarea >
< /Div >
```

插入文本元素如图 12 – 30 所示。

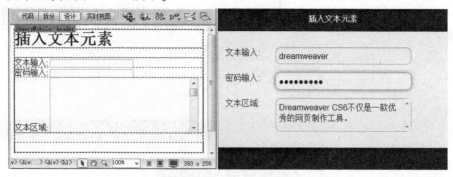

图 12 – 30　插入文本元素

> **小贴士** jQuery Mobile 的表单元素应放置在 < form > < /form > 标签内，并设置 < form > 标签的 action 和 method 属性以控制与服务器传送数据的方法。

> **小贴士** 在 jQuery Mobile 的表单中，form 的 ID 属性不仅需要在该页面内是唯一的，也需要在整个网站的所有页面中是唯一的。

12.6.5　插入选择菜单

jQuery Mobile 重新定制了 < select > 标签样式，以适应移动设备的浏览显示需求。整个菜单由按钮和菜单两部分组成。当用户单击按钮时，手机自带的菜单选择器将被打开，用户选择某个菜单项后，菜单自动关闭，菜单按钮的值将自动更新为菜单中用户所选择的值。选择菜单组件可通过使用标准的 < select > 标签和位于其内部的一组 < option > 标签来实现。

将鼠标指针置于目标位置，选择【插入】/【jQuery Mobile】/【选择菜单】命令，即可在页面中插入一个选择菜单，选中该菜单，在属性检查器中单击 列表值... 按钮，在打开的【列表值】对话框中设置【项目标签】和【值】，如图 12 – 31 所示。插入选择菜单如图 12 – 32 所示。

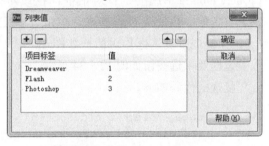

图 12 – 31 设置选择菜单列表值

选择菜单代码如下。

```
< Div data - role = "fieldcontain" >
    < label for = "selectmenu" class = "select" >选项：< /label >
    < select name = "selectmenu" id = "selectmenu" >
      < option value = "1" >dreamweaver < /option >
      < option value = "2" >flash < /option >
      < option value = "3" >photoshop < /option >
    < /select >
< /Div >
```

图 12 – 32 插入选择菜单

12.6.6　插入复选框和单选按钮

复选框和单选按钮是用来实现页面中选项的选择操作的。复选框可以进行多项选择，而单选按钮只能选择一项。

复选框是由添加了"type = "checkbox""属性的 < input > 标签和相应的 < label > 标签实现的。复选框按钮使用 < label > 标签标识来显示文本内容，因此，复选按钮组的标题可以通过添加一对 < legend > 标签来标识。

单选按钮则是由添加了"type = "radio""属性的 < input > 标签和相应的 < label > 标签实现的。

复选框和单选按钮的创建方法基本相同。将鼠标指针置于目标位置，选择【插入】/【jQuery Mobile】，在弹出的菜单中选择【复选框】或【单选按钮】命令，系统弹出【jQuery Mobile 复选框】或【jQuery Mobile 单选按钮】对话框，在该对话框中分别设置名称、数量及布局方式，单击【确定】按钮。【jQuery Mobile 复选框】对话框如图 12 - 33 所示。插入复选框及单选按钮如图 12 - 34 所示。

图 12 - 33　【jQuery Mobile 复选框】对话框

复选框代码如下。

```
< Div data - role = "fieldcontain" >
    < fieldset data - role = "controlgroup" data - type = "horizontal" >
        < legend > 爱好: < /legend >
        < input type = "checkbox" name = "checkbox1" id = "checkbox1_0" class =
"custom" value = "" />
        < label for = "checkbox1_0" > 游泳 < /label >
        < input type = "checkbox" name = "checkbox1" id = "checkbox1_1" class =
"custom" value = "" />
        < label for = "checkbox1_1" > 音乐 < /label >
        < input type = "checkbox" name = "checkbox1" id = "checkbox1_2" class =
"custom" value = "" />
        < label for = "checkbox1_2" > 美术 < /label >
    < /fieldset >
< /Div >
```

单选按钮代码如下。

```
< Div data - role = "fieldcontain" >
    < fieldset data - role = "controlgroup" data - type = "horizontal" >
        < legend > 学历: < /legend >
        < input type = "radio" name = "radio1" id = "radio1_0" value = "" />
        < label for = "radio1_0" > 高中 < /label >
        < input type = "radio" name = "radio1" id = "radio1_1" value = "" />
        < label for = "radio1_1" > 大学 < /label >
```

```
    <input type = "radio" name = "radio1" id = "radio1_2" value = "" />
    <label for = "radio1_2">研究生 </label >
</Div >
```

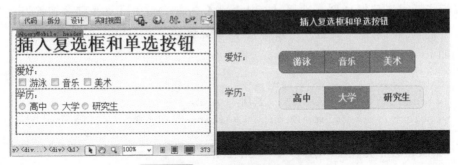

图 12 - 34　插入复选框和单选按钮

12.6.7　插入滑块

滑块是由添加了"type = " range""属性的"<input >"标签实现的。在 jQuery Mobile 中，滑块组件由两部分组成，一部分是可以调整大小的数字输入框，另一部分是可拖动修改输入框数字的滑动条。滑块元素可以通过 min 和 max 属性来设置滑动条的取值范围，也可以指定滑动条的 value 值。

将鼠标指针置于目标位置，选择【插入】/【jQuery Mobile】/【滑块】命令，即在网页中插入滑块组件，如图 12 - 35 所示。

代码如下。

```
<Div data - role = "fieldcontain" >
    <label for = "slider">调整亮度：</label >
<input type = "range" name = "slider" id = "slider" value = "0" min = "0" max = "
100" />
</Div >
```

图 12 - 35　插入滑块

12.6.8　插入翻转切换开关

翻转切换开关是移动设备中常见的界面元素，提供系统配置中默认值的设置。用户可以通过滑动或单击开关进行操作。

翻转切换开关是由添加了"data - role = "slider""属性的 < select > 标签和相应的 < label > 标签、< option > 标签实现的。创建一个只有两个选项的选择菜单。第一个选项为"开"状态，返回值为 true 或 1 等；第二个选项为"关"状态，返回值为 false 或 0 等。

将鼠标指针置于目标位置，选择【插入】/【jQuery Mobile】/【翻转切换开关】命令，即在网页中插入翻转切换开关组件，如图 12 - 36 所示。

代码如下。

```
< Div data - role = "fieldcontain" >
    < label for = "flipswitch" >选项：</label >
    < select name = "flipswitch" id = "flipswitch" data - role = "slider" >
      < option value = "off" >关</option >
      < option value = "on" >开</option >
    </select >
</Div >
```

图 12 - 36 插入翻转切换开关

12.6.9 插入日期拾取器

日期拾取器插件需要用户手动插入到当前文件，因为它没有包含在 jQuery Mobile 默认库中。日期拾取器是由添加了"type = "date""属性的 < input > 标签实现的，如图 12 - 37 所示。

代码如下。

```
< Div data - role = "fieldcontain" >
    < label for = "date" >选择日期：</label >
    < input type = "date" name = "date" id = "date" value = ""/>
</Div >
```

图 12 - 37 插入日期拾取器

小贴士　如果用户想要某个表单元素不被 jQuery Mobile 处理，则只需要给该元素增加
"data－role＝" none"" 属性即可。

12.6.10　课堂案例——创建用户注册页面

本案例将制作新用户注册页面，如图 12－38 所示。

1．新建文档

选择【文件】/【新建】命令，新建一个空白 HTML
文档，将文档另存为 "index. html"。

2．插入表单

选择【插入】/【表单】/【表单】命令，在页面中
插入一个表单。

3．插入 jQuery Mobile 页面

将鼠标指针置于表单内，选择【插入】/【jQuery
Mobile】/【页面】命令，系统弹出【jQuery Mobile 文
件】对话框，选择默认设置，单击【确定】按钮，即在
表单中插入了 jQuery Mobile 页面，修改页面标题为 "新
用户注册" 并删除脚注，如图 12－39 所示。

图 12－38　新用户注册页面

4．插入文本输入框

将鼠标指针置于 "内容" 文本前，选择【插入】/【jQuery Mobile】/【文本输入】命
令，在页面中插入一个文本输入框。修改 "文本输入" 文本为 "昵称:"，选中单行文本域，
在属性检查器中设置【文本域】名称为 "nc"，【类型】为 "单行"，如图 12－40 所示。

图 12－39　插入 jQuery Mobile 页面

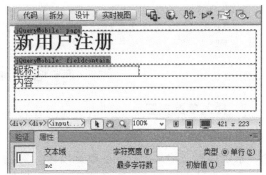

图 12－40　插入文本输入框

5．插入密码输入框

将鼠标指针置于 "内容" 文本前，选择【插入】/【jQuery Mobile】/【密码输入】命

令，在页面中插入一个密码输入框。修改"密码输入"文本为"密码："，选中单行文本域，在属性检查器中设置【文本域】名称为"pwd"，【类型】为"密码"，如图12-41所示。

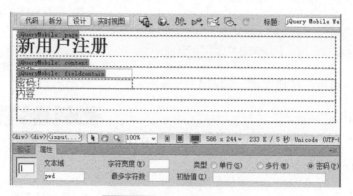

图12-41 插入密码输入框

6. 插入时间拾取器

将鼠标指针置于"内容"文本前，选择【插入】/【jQuery Mobile】/【文本输入】命令，在页面中插入一个文本输入框。修改"文本输入"文本为"出生时间："，选中单行文本域，在属性检查器中设置【文本域】名称为"date"，【类型】为"单行"。切换到代码窗口，修改该"<input>"标签属性"type = "date""，如图12-42所示。

图12-42 插入时间拾取器

7. 插入单选按钮

将鼠标指针置于"内容"文本前，选择【插入】/【jQuery Mobile】/【单选按钮】命令，系统弹出【jQuery Mobile 单选按钮】对话框，属性设置如图12-43所示，单击【确定】按钮。在设计窗口中，修改单选按钮组的标题文本"选项"为"性别："；选中第一个单选按钮，在属性检查器中设置【选定值】为"男"，修改该按钮对应的标签文本"选项"为"男"；再选中第二个单选按钮，在属性检查器中设置【选定值】为"女"，修改该按钮对应的标签文本"选项"为"女"，如图12-44所示。

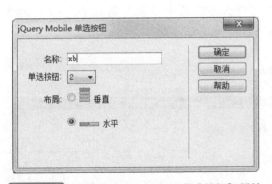

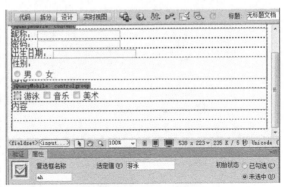

图 12 – 43　设置【jQuery Mobile 单选按钮】属性　　　图 12 – 44　插入单选按钮

8. 插入复选框

将鼠标指针置于"内容"文本前，选择【插入】/【jQuery Mobile】/【复选框】命令，系统弹出【jQuery Mobile 复选框】对话框，属性设置如图 12 – 45 所示，单击【确定】按钮。在设计窗口中，修改复选按钮组的标题文本"选项"为"爱好："；分别选中 3 个复选按钮，在属性检查器中设置【选定值】分别为"游泳""音乐""美术"，并修改对应的标签文本为复选按钮选定值，如图 12 – 46 所示。

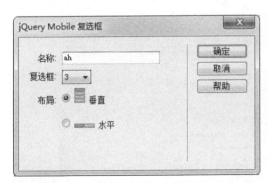

图 12 – 45　【jQuery Mobile 复选框】属性设置　　　图 12 – 46　插入复选框

9. 插入提交按钮

将鼠标指针置于"内容"文本前，选择【插入】/【表单】/【按钮】命令，在页面中插入一个"提交"按钮。将"内容"文本删除，完成注册表单的创建。整个网页如图 12 – 38 所示。

12.7　使用 PhoneGap Build 打包移动应用

PhoneGap Build 是一个远程编译 PhoneGap 的 Web 服务器。目前 PhoneGap Build 所有版本均不再支持 Dreamweaver 与用于打包移动应用程序的 PhoneGap Build 直接集成，用户可以通过使用云中的 Adobe PhoneGap Build 服务打包移动应用程序生成应用，PhoneGap Build 服务将在几分钟内编译并打包内容，而且用户会收到适用于所有移动平台的下载链接，包括苹果的 App Store、Android Marker、WebOS、Symbian 等。

12.7.1 注册 PhoneGap Build

用户在使用 PhoneGap 服务前需要先注册 PhoneGap Build 服务账户，否则无法使用 PhoneGap Build 和 Dreamweaver。

用户可以登录 https://build. phonegap. com/plans 网页申请免费账户，如图 12-47 所示。

单击【free】按钮，进入登录界面，如图 12-48 所示。如果是未注册用户，可以单击【Get an Adobe ID】，进入免费注册界面，如图 12-49 所示。

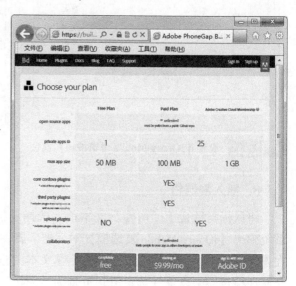

图 12-47　PhoneGap 服务页面

图 12-48　选择免费注册后的登录页面

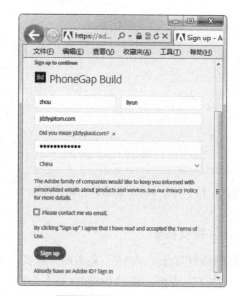

图 12-49　免费注册页面

12.7.2 打包移动应用程序

注册成功并登录后，用户将被重定向到网站的"应用程序"部分。用户可将 Web 资源作为包含 HTML、CSS 和 JavaScript 文件的 ZIP 文件进行上传，或指向 Git 或 SVN 存储库，如

图 12 - 50 所示。

单击【Upload a . zip file】，系统弹出【选择要加载的文件】对话框，选择要上传的 ZIP 压缩文件，如图 12 - 51 所示。单击【打开】按钮，进入编辑管理界面，如图 12 - 52 所示。单击【Ready to build】按钮，打包移动应用程序，如图 12 - 53 所示。单击安卓平台的下载链接，打开保存文件的对话框，完成安卓平台文件的下载，如图 12 - 54 所示。

图 12 - 50 登录成功页面

图 12 - 51 【选择要加载的文件】对话框

图 12 - 52 编辑管理界面

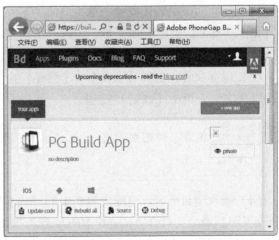

图 12 - 53 打包移动应用程序

图 12 – 54 下载安卓平台文件

12.8 课后实践——制作图书简介网

1. 设计首页

（1）新建文档。启动 Dreamweaver CS6，选择【文件】/【新建】命令，在打开的【新建文档】对话框中选择【空白页】，在【页面类型】中选择【HTML】，在【文档类型】中选择【HTML5】，单击【确定】按钮，新建一个 jQuery Mobile 空白文档，将文件另存到"example \ chapter11 \ shijian"文件夹下，保存文档为"index. html"。

（2）插入视图。选择【插入】/【jQuery Mobile】/【页面】命令，打开【jQuery Mobile 文件】对话框，保持默认设置，单击【确定】按钮，关闭【jQuery Mobile 文件】对话框，打开【jQuery Mobile 页面】对话框，设置页面的 ID 值为 index. html，单击【确定】按钮，即在当前文档中插入了页面视图结构。

（3）保存文件。选择【文件】/【保存】命令，打开【复制相关文件】对话框，保存相关的框架文件，单击【确定】按钮。

 创建页面视图结构后，在【文件】面板的列表中可以看到复制的相关库的内容。

（4）插入项目列表。清除内容栏中的"内容"文本，选择【插入】/【jQuery Mobile】/【列表视图】命令，打开【jQuery Mobile 列表视图】对话框，属性设置如图 12 – 55 所示，单击【确定】按钮，在内容栏中插入一个项目列表。

 上传的压缩文件要包含 index. html 首页文件。

（5）添加属性并设置标题栏和页脚栏。单击文档工具栏上的【拆分】按钮，在代码窗口为标题栏和页脚栏添加"data – position = " fixed""属性，将标题栏和页脚栏固定在页面顶部和底部显示，并修改标题栏文本为"好书共享"，修改页脚栏文本为"文苑图书"。

修改标题栏代码如下。

```
<Div data –role = "header" data –position ="fixed" >
    <h1 >好书共享 </h1 >
</Div >
```

修改页脚栏代码如下。

```
<Div data –role ="footer" data –position ="fixed" >
    <h4 >文苑图书 </h4 >
</Div >
```

图 12 – 55 【jQuery Mobile
列表视图】对话框

（6）插入刷新按钮。将鼠标指针置于标题栏文本右侧，选择【插入】/【jQuery Mobile】/【按钮】命令，打开【jQuery Mobile 按钮】对话框，属性设置如图 12 – 56 所示，单击【确定】按钮。

（7）编辑按钮。在设计窗口，选中"按钮"文本，修改为"刷新"，在属性检查器中设置【类】为"ui – btn – right"，按钮链接地址为"#"，代码如下。

```
<Div data –role ="header" data –position ="fixed" >
    <h1 >好书共享 </h1 >
<a href = "#" class = "ui –btn – right" data –icon =
"refresh" data –iconpos ="left" data –role ="button" >
刷新 </a >
    </Div >
```

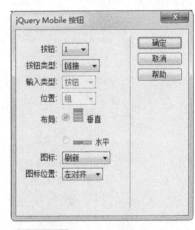

图 12 – 56 【jQuery Mobile 按钮】
对话框——插入刷新按钮

（8）设置列表文本。分别选中项目列表的 3 个链接文本，设置文本为"解忧杂货铺""追风筝的人""摆渡人"，设置超级链接为"jieyou. html""zhuifzr. html""baidr. html"，如图 12 – 57 所示。

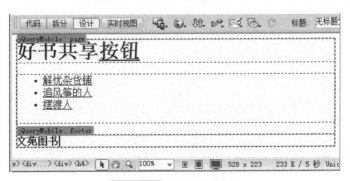

图 12 – 57 设置列表文本

305

2. 设计分类页面

（1）新建一个 jQuery Mobile 空白文档。创建方法如"设计首页"步骤（1）。保存文档为"jieyou. html"。

（2）插入视图。操作方法如"设计首页"步骤（2）。

（3）保存文件。操作方法如"设计首页"步骤（3）。

（4）添加属性并设置标题栏和页脚栏。操作步骤如"设计首页"步骤（5）。选中标题文本，将标题修改为"解忧杂货铺"；选中页脚文本，将页脚修改为"东野圭吾系列丛书"。

（5）插入文本并设置超级链接。清除内容栏中的"内容"文本，输入文本"作者简介 | 故事梗概"。选中文本"作者简介"，在属性检查器中设置【链接】为"jieyouauthor. html"；选中文本"故事梗概"，设置其链接为"jieyoudetail. html"。

（6）插入按钮。将鼠标指针置于标题栏文本右侧，选择【插入】/【jQuery Mobile】/【按钮】命令，打开【jQuery Mobile 按钮】对话框，属性设置如图 12‑58 所示，单击【确定】按钮。继续插入一个按钮，属性设置如图 12‑59 所示，单击【确定】按钮。

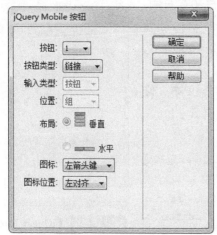

图 12‑58 【jQuery Mobile 按钮】对话框——插入左箭头按钮　　　　图 12‑59 【jQuery Mobile 按钮】对话框——插入右箭头按钮

（7）编辑按钮。在设计窗口，选中第一个"按钮"文本，修改为"上一页"，在属性检查器中设置【类】为"ui-btn-left"，按钮链接地址为"index. html"；选中第二个"按钮"文本，修改为"下一页"，在属性检查器中设置【类】为"ui-btn-right"，按钮链接地址为"jieyouauthor. html"。代码如下。

```
< Div data - role = "header" >
< h1 >解忧杂货铺 < /h1 >
< a href = "index.html" class = "ui - btn - left" data - icon = "arrow - l" data -
iconpos = "left" data - role = "button" >上一页 < /a >
< a href = "jieyouauthor.html" class = "ui - btn - right" data - icon = "arrow - r"
data - iconpos = "left" data - role = "button" >下一页 < /a >
< /Div >
```

3. 设计作者简介页面

（1）新建一个 jQuery Mobile 空白文档。创建方法如"设计首页"步骤（1）。保存文档为"jieyouauthor. html"。

（2）插入视图。操作方法如"设计首页"步骤（2）。

（3）保存文件。操作方法如"设计首页"步骤（3）。

（4）添加属性并设置标题栏和页脚栏。操作步骤如"设计首页"步骤（5）。

（5）插入文本并设置文本样式。清除内容栏中的"内容"文本，输入作者简介信息。将鼠标指针置于文本内部，选择【窗口】/【CSS 样式】命令，打开【CSS 样式】面板，单击面板底部 按钮，新建 CSS 样式"#page Div p"，文本【区块】属性设置如图 12－60 所示，页面效果如图 12－61 所示。

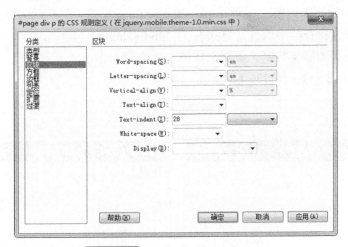

图 12－60 文本【区块】属性设置

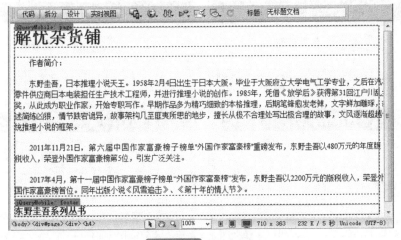

图 12－61 页面效果

（6）插入按钮。操作方法如"设计分类页面"步骤（6）。

（7）编辑按钮。操作方法如"设计分类页面"步骤（7）。

4．设计故事梗概页面

（1）新建文档。新建一个 jQuery mobile 空白文档，保存文档为"jieyoudetail. html"。

（2）插入视图。操作方法如"设计首页"步骤（2）。

（3）保存文件。操作方法如"设计首页"步骤（3）。

（4）添加属性并设置标题栏和页脚栏。操作步骤如"设计首页"步骤（5）。

（5）插入文本。清除内容栏中的"内容"文本，输入故事梗概，CSS 样式设置如"设计作者简介页面"步骤（5）。

（6）插入按钮。插入一个按钮，操作步骤如"设计作者简介页面"步骤（6），单击【确定】按钮。

（7）编辑按钮。操作步骤如"设计作者简介页面"步骤（6）的按钮"上一页"的设置。

（8）将鼠标指针置于内容文本的末端，按下 < Enter > 键，然后输入文本"返回首页"，选中该文本，在属性检查器中设置【链接】为"index. html"。

主页其他书的页面制作参照"解忧杂货铺"的进行操作。

页面效果如图 12 - 62 ~ 图 12 - 65 所示。

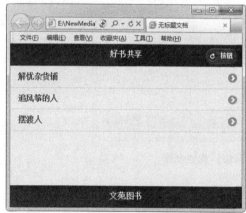

图 12 - 62　首页页面

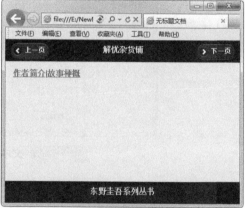

图 12 - 63　分类页面

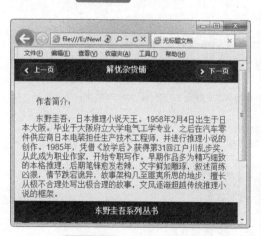

图 12 - 64　作者简介页面

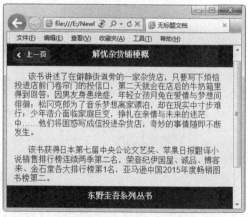

图 12 - 65　故事梗概页面

第 13 章

13

站点的整理维护与上传

本章学习要点

➤ 链接的测试

➤ 检查浏览器兼容性

➤ 站点上传与更新

Dreamweaver CS6 不仅是一款优秀的网页制作工具，也是一款优秀的网站管理工具。与 FTP 上传软件相比，该软件对网站的管理更科学、更全面。当网站创建完成后，网站制作者就可以将网站上传到 Internet 服务器上，供网络上的用户浏览。

13.1 站点测试

在网站被上传到 Web 服务器之前，网站制作者应该先在本地站点进行完整测试，检测内容包括站点在各种浏览器中的兼容性、站点中的错误、断裂的链接等。

13.1.1 检查链接

一个网站是由众多的网页组成的，各个页面通过超级链接建立联系，使网站成为一个有机的整体。网页中的多数元素，如图像、声音、视频、CSS 样式等，都是以链接的形式链接到网页中进行显示的。网页中存在的错误链接，将影响整个站点的浏览体验。

打开站点中需要检查链接的网页，选择【文件】/【检查页】/【链接】命令，在打开的【链接检查器】面板中查看当前网页的链接情况，如图 13 - 1 所示。

图 13 - 1 【链接检查器】面板

【链接检查器】面板主要包括以下属性。

【显示】：设置要检查的链接方式。包括以下 3 种方式。

- 断掉的链接：显示网页文档中是否存在断开的链接。单击【断掉的链接】列表中的文件名，使之处于可编辑状态，然后输入正确的链接地址即可修复此链接错误。
- 外部链接：显示网页文档中的外部链接。
- 孤立的文件：检查站点中是否存在孤立文件，即没有任何链接引用的文件。该项只有在检查整个站点链接的操作中才有效。

【▶】：选择链接检查范围。包括 "检查当前文档中的链接" "检查整个当前本地站点的链接" "检查站点中所选文件的链接" 3 个选项。

【◎】：停止检查。

【▣】：保存报告。

在图 13 - 1 中系统显示了当前页面的链接总数，分别给出了正确的链接个数、断掉的链接个数及外部链接个数。断掉的链接以列表的形式显示在当前面板中。

 用户通过 < Shift + F8 > 键可以快速打开【链接检查器】进行链接检查。

13. 1. 2　创建站点报告

Dreamweaver CS6 能够自动检测网站内部的网页文件，生成关于文件信息、HTML 代码信息的报告，便于用户对网页文件进行修改。

选择【站点】/【报告】命令，在弹出的【报告】对话框中可以设置要报告的内容，如图 13 - 2 所示。

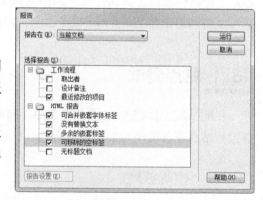

图 13 - 2　【报告】对话框

 用户通过【报告在】属性可以设置生成站点报告的范围，它包括 "当前文档" "整个当前本地站点" "站点中的已选文件" "文件夹" 4 个选项。

13. 1. 3　检查目标浏览器兼容性

浏览器的种类繁多，当用户使用不同的浏览器浏览同一个网站时，网页的显示效果可能会存在差异。因此，网站的兼容性非常重要。

选择【文件】/【检查页】/【浏览器兼容性】命令或单击工具栏上的▣按钮，系统将显示【浏览器兼容性】面板，该面板会显示检测结果信息，如图 13 - 3 所示。

图 13-3　【浏览器兼容性】面板

小贴士　通过在面板的▷展开菜单中选择【设置】，用户可选择需要测试的目标浏览器。目前主流的浏览器包括 Internet Explorer、Firefox、Chrome、Opera 等。

小贴士　当用户在【浏览器兼容性】面板左侧的列表中选择某一个问题时，系统会在该面板右侧的【浏览器支持问题】列表中显示问题的详细描述，用户可以根据提示对问题做出相应的修改。

13.2　站点上传与更新

　　网站测试通过后，在上传网站前，还需要先在 Internet 上申请一个网站空间，才能将网站上传到 Internet 服务器供用户浏览。在 Dreamweaver 中，可以对制作好的网站进行上传和下载操作。

13.2.1　申请网站域名

　　域名是一种网络商标，是企业或组织在 Internet 上的唯一标识，相当于网站的姓名。网站有了名称以后才能让世界各地的用户有机会浏览到自己的网站。

　　域名由英文字母、数字和中横线组成，由点号（"."）将各部分分隔。一旦域名被注册，其他的个人或团体都不能够再注册相同的域名。

　　在申请域名前，应根据网站性质确定不同的域名后缀，如 edu 为教育机构专用，gov 为政府部门所属等。任何人都可以注册以 com、net、cn 或 org 等后缀结尾的域名，在注册域名前最好先到相应的域名注册机构去查询域名是否被注册，或登录到万网（https://wanwang.aliyun.com/）、中国网格（http://www.cnwg.cn/）等网站上查询要申请的域名，中国网格网站如图 13-4 所示。在域名查询区域输入 "NewMediaWP"，单击【查询】按钮，系统会显示域名查询结果，如图 13-5 所示。

　　如果域名没有被注册，则可到注册域名的机构或在网上申请注册域名，并交付相应的费用。

图 13-4 中国网格网站

图 13-5 域名查询结果

13.2.2 申请网站空间

有了属于自己的域名后，还需要有存放网站文件的空间，即 Internet 服务器。用户可以根据网站的内容设置以及发展前景来确定选择虚拟主机或者独立的服务器。虚拟主机是指使用特殊的软硬件技术，将每台计算机分成一台"虚拟"的主机，在中国网格网站的【虚拟主机】栏目下可以看到各种虚拟主机产品的相关信息。

一般企业大多采用虚拟主机的方式，而一些经济实力雄厚且业务量大的企业则可以购置自己独立的服务器。

13.2.3 设置远程主机信息

如果要连接远程服务器，则需要打开站点管理窗口。单击工具栏上的█按钮，打开远程服务器和本地文件窗口，如图 13-6 所示。在远程服务器窗口单击"定义远程服务器"超级链接，打开【站点设置对象 Mysite】对话框，选择【服务器】，单击右侧服务器列表下的█按钮，系统弹出添加服务器对话框，添加主机服务提供商提供的 FTP 登录主机地址，如图 13-7 所示。单击【测试】按钮，系统弹出连接提示对话框，如图 13-8 所示。单击【确定】按钮，完成远程主机的设置。

图 13-6 远程服务器和本地文件窗口

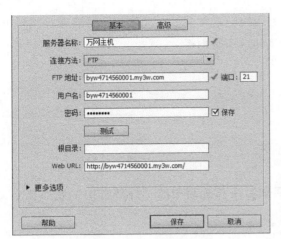

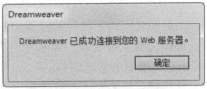

图 13-7　添加服务器对话框　　　　图 13-8　连接提示对话框

13.2.4 上传文件

在上传网站到远程服务器之前，首先要连接远程服务器。在远程服务器和本地文件窗口显示模式下，单击工具栏上的 按钮，连接到指定的远程服务器，如图 13-9 所示。

图 13-9　连接到远程服务器

选择站点，单击工具栏上的 按钮，系统会弹出确认上传站点对话框，如图 13-10 所示，单击【确定】按钮，将整个网站上传到远程服务器，完成网站上传后的效果如图 13-11 所示。整个网站上传完成后，即可以通过绑定的域名进行站点访问了。

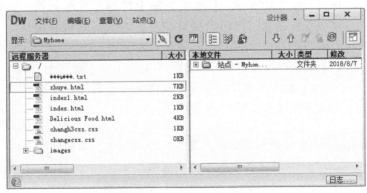

图 13-10　确认上传站点对话框　　　　图 13-11　完成网站上传后的效果

> **小贴士** 站点连接成功后，用户能够看到远程站点文件，既可以把远程服务器文件下载到本地站点，也可以把本地文件上传到远程服务器。

13.3 答疑与技巧

13.3.1 疑问解答

Q1：如何检查网页中的外部链接？

A1：选择【链接检查器】面板上【显示】下拉列表中的"外部链接"或"孤立文件"选项，即可进行查看和修改链接。

Q2：在为域名命名时应注意哪些事项？

A2：在为域名命名时应注意以下事项：

- 组成域名的单词数量尽量不要超过 3 个。
- 域名尽量能够见名知义，简单明了。
- 查看域名在搜索引擎中是否有好的排名或多的连接数。

Q3：如何从远程服务器下载文件？

A3：单击【文件】面板工具栏上的按钮，打开远程服务器和本地文件窗口，在其左侧的远程服务器列表中选择要下载的文件或文件夹，单击按钮，即可将远程服务器上的文件下载到本地计算机中。

13.3.2 常用技巧

S1：在真正构建远端站点前，应该首先在本地对站点进行完整测试，检测内容包括站点在各种浏览器中的兼容性、站点中是否存在错误和断裂的链接等。选择【文件】/【检查页】命令，在展开的菜单中选择对应的选项即可进行相应的检测。

S2：使用文件传输工具，如 CuteFtp，也可以上传网站。

13.4 课后实践——使用 FTP 工具上传网站

网站测试成功以后，只有将网站上传到远程服务器上，用户才可以通过网络来浏览站点。本节实践将利用软件 CuteFTP8.3 上传网站。具体步骤如下。

（1）打开 CuteFTP8.3，选择【文件】/【新建】/【FTP 站点】命令，系统弹出【此对象的站点属性】对话框，设置站点属性如图 13－12 所示。

> **小贴士** 在【此对象的站点属性】对话框中，主机地址由用户申请免费空间的网站提供。

图 13－12 设置站点属性

（2）单击【连接】按钮，完成服务器的连接，如图 13 - 13 所示。

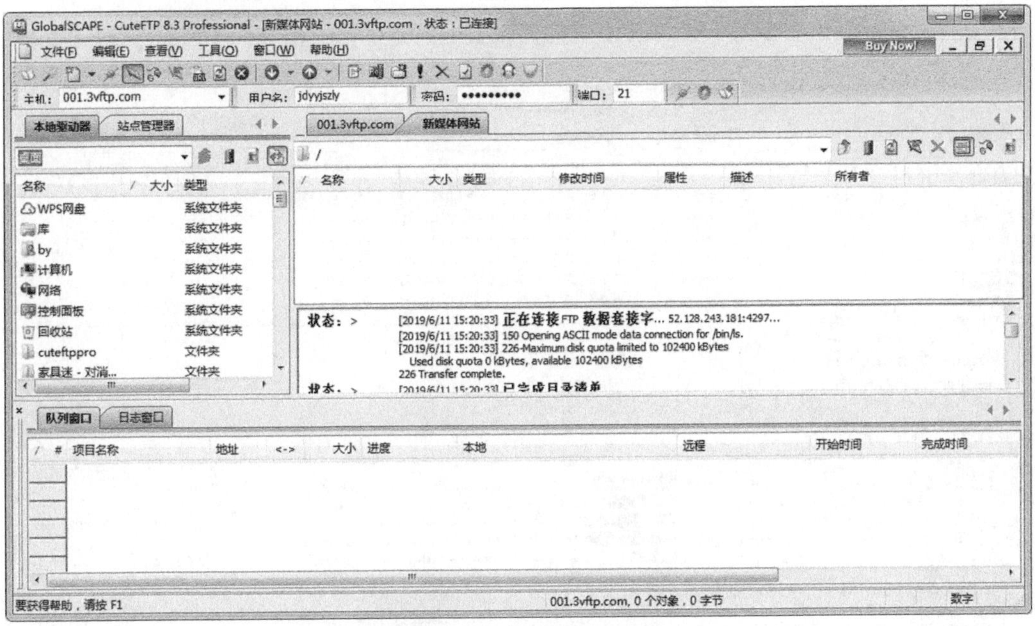

图 13 - 13　连接到指定服务器

（3）在如图 13 - 13 所示窗口的左侧窗格中选择要上传的文件并右击，在弹出的快捷菜单中选择【上载】命令，如图 13 - 14 所示。

图 13 - 14　选择【上载】命令

（4）在窗口的下方空格中系统会显示文件上传的进度和状态，如图 13 - 15 所示。

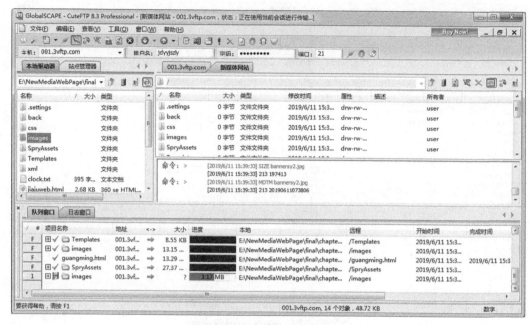

图 13 - 15 文件上传的进度和状态

（5）上传完成后，用户可在窗口的右侧窗格中查看上传的文件，如图 13 - 16 所示。

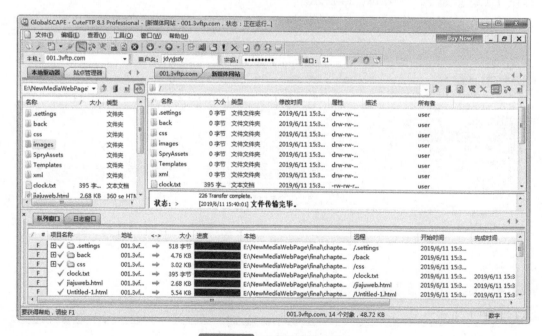

图 13 - 16 查看上传的文件

（6）打开 IE 浏览器，输入 http：//jdyyjszly. host3v. vip/jiajuweb. html/浏览网页，网页效果如图 13 - 17 所示。

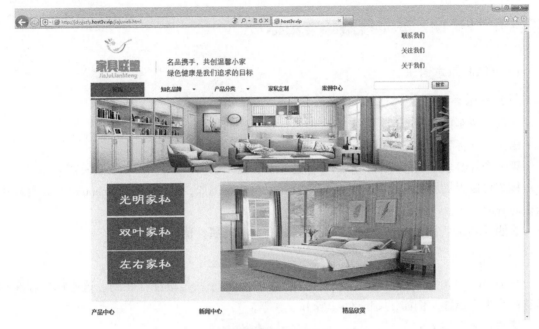

图 13 - 17　网页效果

小贴士　在上传网站至服务器前，需要下载并安装 CuteFTP 软件，进入 http：// free. 3v. do/host/网站申请免费空间。

附　录

附录 A　HTML 基本语法和常用标签

1．HTML 基本语法

（1）一般标签。

一般标签是由一个起始标签和一个结束标签组成的。

语法：< 标签 > 文字 </ 标签 >。

第一个标签表示功能开启，第二个标签表示功能结束。例如，< p > 设置段落 </ p >。

标签可以附加属性，以实现某些特殊效果或功能。例如，< p align = " center" > 设置段落居中对齐 </ p >。

说明：algin 为属性名称，而 center 则是其所对应的属性值。

（2）空标签。

在 HTML 中大部分的标签都是成对出现的，但也有一些是单独存在的。这些单独存在的标签被称为空标签。例如，< hr / >、< br / > 等。

语法：< 标签 / >。

空标签也可以附加一些属性，以实现某些特殊效果或功能。例如，< hr width = " 50% " color = " red" / >。空标签。

说明：W3C 定义的标准（XHTML1.0/HTML4.0）建议：空标签应以/结尾，即 < 标签 / >，如果附加属性则为 < 标签 属性名 1 = " 属性值 1" 属性名 2 = " 属性值 2" 属性名 n = " 属性值 n" / >。目前所使用的浏览器对于空标签后面是否要加/并没有严格要求，即在空标签最后加上/或不加/，均不影响其功能。但是如果希望文件能满足最新标准，那么最好加上/。

2．HTML 常用标签

（1）< !DOCTYPE > 标签。

< !DOCTYPE > 标签位于文档的最前面，用于向浏览器说明当前文档使用哪种版本的 HTML 或 XHTML 标准。

< !DOCTYPE > 标签与浏览器的兼容性相关。若删除 < !DOCTYPE > 标签，则由浏览器决定 HTML 页面的显示效果。

（2）< html > 标签。

< html > 标签位于 < !DOCTYPE > 标签之后，用于标识整个 HTML 文档。< html > 标识 HTML 文档的开始，</html > 标识 HTML 文档的结束，在它们之间是文档的头部和主体内容。

语法：< html > …… </html >。

（3）HTML 文档头部相关标签。

1）<head>标签。

<head>标签即头部标签，用于定义 HTML 文档的头部信息，紧靠<html>标签之后，主要用来封闭其他位于文档头部的标签。<head>标签所包含的信息是不显示的。它可以包含一些标识标签，例如，<title>、<meta>等标签。

语法：<head>……</head>。

2）<title>标签。

<title>标签用于设置 HTML 网页的标题，在用户浏览网页时显示在浏览器窗口的标题栏上，以方便用户了解网页的信息。

语法：<title>网页的标题</title>。

 <title>标签必须出现在<head>标签之内。

3）<meta／>标签。

<meta／>标签用于设置页面的元信息，可以重复出现在<head>标签内部，在 HTML 中是一个单独的标签。<meta／>标签本身不包含任何内容，通过"名称/值"的形式成对地使用其属性可定义页面的相关参数，例如，为搜索引擎提供网页的关键词、定义网页的刷新时间等。

语法：< meta 属性 ="属性值"／>。

常用属性：http–equiv、name、content。

4）<link>标签。

<link>标签用于引用外部文件。一个页面允许使用<link>标签引用多个外部文件。

语法：<link 属性 ="属性值"／>。

常用属性：href、rel、type。

（4）HTML 文档主体标签（<body>标签）。

<body>标签即主体标签，用于定义 HTML 文档所要显示的内容。HTML 文档的正文一般在<body>的开始标签与结束标签之间。

语法：<body>网页的内容</body>。

常用属性：bgcolor、text、background。

小贴士 一个 HTML 文档只能包含一对<body>标签，且其必须在<html>标签内部，位于<head>标签之后，与<head>标签是并列关系。

（5）HTML 文本控制标签。

1）<font>标签。

<font>标签用于设置文本的字体外观、字体尺寸和字体颜色。

语法：<font>文本</font>。

常用属性：face、size、color。

HTML5 不支持该元素，仅支持 style 属性，但是允许由所见即所得的编辑器来插入该元素。

2）特殊字符。

特殊字符是指无法从键盘录入的一类符号。特殊字符的代码通常由前缀 "&"、字符名称和英文半角状态下的后缀 ";" 组成。例如，在【代码】窗口输入 " "，即在网页的当前位置插入了一个空白字符。

 不同的浏览器对 " " 的解析有所不同，产生的效果也会有所差异，因此不推荐使用，用户可以使用 CSS 替代之。

3）字符修饰符。

字符修饰符用于修饰网页文本的 HTML 样式，需要成对出现。常用的修饰标签有以下几种。

< b > …… < /b >：加粗。

< i > …… < /i >：斜体。

< u > …… < /u >：底线。

< s > …… < /s >：删除线。

< sub > …… < /sub >：下标。

< sup > …… < /sup >：上标。

< em > …… < /em >：强调（通常会以斜体显示）。

< strong > …… < /strong >：特别强调（通常会以加粗显示）。

4）< p >标签。

< p >标签用于设置一个新的文本段落，是 HTML 文档中最常见的标签。

语法：< p >文本 < /p >。

常用属性：algin。

 <p> 标签的结束标签可以省略。

5）< br >标签。

< br >标签用于设置一个新的行。

语法：< br / >。

6）< h * >标签。

< h * >标签用于设置网页标题。

语法：< h * > …… < /h * >。

 "*" 的取值范围是 1~6。1 号标题最大，6 号标题最小。

7）< hr >标签。

< hr >标签用于生成一条水平线，以分隔网页内容。

语法：<hr / >。

常用属性：size、width、color。

8）<pre>标签。

<pre>标签用于设置预格式化的文本，使文本以原始格式显示。

语法：<pre>……</pre>。

> **小贴士** 放在<pre>标签中的文本通常会保留空格和换行符，而文本也会呈现为等宽字体。<pre>标签的一个常见应用就是用来表示计算机的源代码。

（6）列表标签。

1）<ul>标签。

<ul>标签为无序列表标签，用于定义无序列表。

语法：

```
<ul>
    <li>列表项</li>
    <li>列表项</li>
    ……
</ul>
```

> **小贴士** <li>标签嵌套在<ul>标签中，用于描述具体的列表项。每对<ul></ul>标签中至少应包含一对<li></li>标签。<ul>标签和<li>标签都有type属性，用于指定列表项目的符号。

2）<ol>标签。

<ol>标签为有序列表标签，用于定义有序列表。

语法：

```
<ol>
    <li>列表项</li>
    <li>列表项</li>
    ……
</ol>
```

3）<dl>标签。

<dl>标签用于定义列表。与无序列表和有序列表不同，定义列表的列表项前没有任何项目符号。

语法：

```
<dl>
<dt>名词</dt>
<dd>名词释义</dd>
    ……
</dl>
```

<dt>标签用于指定术语名词，<dd>标签用于对名词进行解释和描述。

(7) <a>标签。

<a>标签既可以用于定义超级链接，也可以用于定义锚链接。

● 使用 href 属性，可以创建指向另外一个文档的链接。

● 使用 name 或 id 属性，可以创建一个文档内部的书签。

超链接语法： <a href = "url" >……</a>。

锚链接语法：

<a name = "锚记名称" >链接对象</a>

<a href = "#锚记名称" >链接对象</a>

常用属性： href、name、target。

 "url" 包括被访问的信息资源的类型、地址和文件名。它可以是绝对路径，也可以相对路径。

(8) <img>标签。

<img>标签用于在网页中插入一幅图像。

语法： <img src = "url" / >。

常用属性： src、alt、align。

(9) 表格相关标签。

1) <table>标签。

<table>标签用于定义一个表格。

语法： <table >……</table>。

常用属性： width、height、boder、bgcolor、background。

2) <caption>标签。

<caption>标签用于定义表格的标题。其在表格外的上部居中显示。

语法： <caption >……</caption>。

3) <th>标签。

<th>标签用于定义表头，以使表格的格式更加清晰，方便查阅。其一般位于表格的第一行或第一列，文本以加粗的方式居中对齐显示。

语法： <th >……</th>。

4) <tr>标签。

<tr>标签用于定义表格的一行，必须嵌套在 <table>标签之中。在 <table></table>中包含着几对 <tr></tr>，就表示该表格有几行。

语法： <tr >……</tr>。

常用属性： width、height、bgcolor、background。

5) <td>标签。

<td>标签用于定义表格的单元格，必须嵌套在 <tr>标签之中，在 <tr></tr>中包含

着几对 < td > </td > ，就表示该行中有几列。

语法：< td > …… </td > 。

 < td > 标签的常用属性与 < tr > 标签的相同。

（10）表单类标签。

表单类标签用于制作交互式表单。

1） < form > 标签。

< form > 标签用于定义表单域，以实现用户信息的收集和传递。

语法：< form > …… </form > 。

常用属性：action、method、name。

2） < input > 标签。

< input > 标签用于定义单行文本域、单选按钮、复选框、提交按钮等。

语法：< input type = "控件类型" /> 。

常用属性：type、width、value 等。

3） < textarea > 标签。

< textarea > 标签用于定义多行输入文本域，以输入大量的信息。

语法：< textarea > …… </textarea > 。

常用属性：cols、rows。

4） < select > 标签。

< select > 标签用于定义菜单/列表。

语法：

< select >

　　< option > …… </option >

　　< option > …… </option >

　　……

</select >

常用属性：< select > 标签常用属性为 size、multiple；< option > 标签常用属性为 selected。

 < option > 标签用于定义列表项目或下拉菜单的菜单项。

（11）滚动字幕。

< marquee > 标签用于在可用浏览区域中定义滚动文本。

语法：< marquee > …… </marquee > 。

常用属性：direction、behavior。

 当不设置任何属性时，滚动字幕默认为向左滚动。

附录 B　CSS 样式属性

1. 字体属性（Font）

Font-family：设置文本的字体系列。

Font-style：设置文本的字体样式。包括"normal""italic""oblique"3 个选项。

Font-variant：设置文本字体大小写。包括"normal""small-caps"两个选项。

Font-weight：设置字体的粗细。包括"normal""bold""bolder""lighter"4 个选项。

Font-size：设置文本的字体尺寸。单位包括"px""pt""%"等 9 个选项。

Font-stretch：设置收缩或拉伸当前的字体系列。

2. 背景属性（Background）

Background-color：设置元素的背景色。

Background-image：设置元素的背景图片。

Background-repeat：设置背景图像重复方式。包括"no-repeat""repeat""repeat-x""repeat-y"4 个选项。

Background-attachment：设置背景图像是否固定或者随着页面的其余部分滚动。可取值包括"scroll（滚动）"和"fixed（固定）"。

Background-position：设置背景图片的初始位置。水平方向位置包括"left""right""center"3 个选项，垂直方向位置包括"top""center""bottom"3 个选项。

3. 文本属性（Text）

Color：设置文本的颜色。

定义间距：

Word-spacing：设置单词之间的距离。

Letter-spacing：设置字母之间的距离。

Text-decoration：设置添加到文本的装饰。包括"none""underline""overline""line-through""blink"5 个选项。

Vertical-align：设置元素在垂直方向的对齐方式。包括"baseline""sub""super"等 8 个选项。

Text-transform：控制文本的大小写。包括"capitalize"（大写）、"uppercase"（首字母大写）、"lowercase"（小写）和"none"4 个选项。

Text-align 设置文本的对齐方式。包括"left""right""center""justify"4 个选项。

Text – indent：设置文本块的首行缩进。

Line – height：设置文本的行高。包括"normal""length"2 个选项。

定义超链接：

A：link：设置未访问的链接样式。

A：visited：设置已被访问的链接样式。

A：hover：设置鼠标被激活的链接样式。

4．块属性（Block）

边距属性：

Margin-top：设置元素的上外边距。

Margin-right：设置元素的右外边距。

Margin-bottom：设置元素的下外边距。

Margin-left：设置元素的左外边距。

填充距属性：

Padding-top：设置元素的上内边距。

Padding-right：设置元素的右内边距。

Padding-bottom：设置元素的下内边距。

Padding-left：设置元素的内左边距。

5．边框属性（Border）

Border-top-width：设置元素上边框的宽度。

Border-right-width：设置元素右边框的宽度。

Border-bottom-width：设置元素下边框的宽度。

Border-left-width：设置元素左边框的宽度。

Border-width：设置元素四条边框的宽度。

Border-color：设置元素四条边框的颜色。

Border-style：设置元素四条边框的样式。

Border-top：设置所有的上边框属性。

Border-right：设置所有的右边框属性。

Border-bottom：设置所有的下边框属性。

Border-left：设置所有的左边框属性。

Outline：设置所有的轮廓属性。

Outline – color：设置轮廓的颜色。

Outline – style：设置轮廓的样式。

Outline – width：设置轮廓的宽度。

6．定位属性（Positioning）

Clear：规定元素的哪一侧不允许其他浮动元素。包括"left""right""both""none"4个选项。

Clip：设置当层的内容超出了层的大小时如何处理。包括"visible""hidden""scroll"

"auto" 4 个选项。

Cursor：设置要显示的光标的类型（形状）。

Display：设置元素应该生成的框的类型。

Float：设置框是否应该浮动。包括"left""right""none" 3 个选项。

Overflow：设置当内容溢出元素区时如何处理。包括"visible""hidden""scroll""auto"
4 个选项。

Position：设置元素的定位类型。包括"absolute""relative""fixed""static" 4 个选项。

Visibility：设置对象定位层的最初显示状态。可取值包括"inherit""visible""hidden" 3
个选项。

Z – index：设置对象的层叠顺序。编号较大的层会显示在编号较小的层的上边。变量值
可以是正值也可以是负值。

7．列表属性（List）

List-style-type：设置列表项标记的类型。包括"disc""circle""square""decimal"等 9
个选项。

List-style-image：设置用图片表示列表项标记。包括" < url > "和"none"两个选项。

List-style-position：设置列表项标记的放置位置。包括"inside"和"outside"两个选项。

List-style：设置所有的列表属性。

8．尺寸属性（Dimension）

Height：设置元素的高度。

Max-height：设设置元素的最大高度。

Max-width：设置元素的最大宽度。

Min-height：设置元素的最小高度。

Min-width：设置元素的最小宽度。

Width：设置元素的宽度。

9．扩展属性（Extensions）

Pagebreak – before：设置在打印的时候强迫在样式控制的对象之前强行分页。

Pagebreak – after：设置在打印的时候强迫在样式控制的对象之后强行分页。

Cursor：设置当鼠标滑过样式控制的对象时要改变的鼠标形状。包括"crosshair""text"
"wait"等 15 个选项。

Filter：在 CSS 样式中加上滤镜特效。

（1）Alpha：设置透明度。

其基本属性为 Alpha（Opacity = ?，FinishOpacity = ?，Style = ?，StartX = ?，StartY = ?，
FinishX = ?，FinishY = ?）。

Opacity：设置透明度的级别。范围是 0 ~ 100，0 代表完全透明，100 代表完全不透明。
FinishOpacity：当设置渐变的透明效果时，指定结束时的透明度。范围也是 0 ~ 100。

Style：设置渐变透明的样式。值为 0 代表统一形状，值为 1 代表线形，值为 2 代表放射状，值为 3 代表长方形。

StartX 和 StartY：设置渐变透明效果开始的 X 轴和 Y 轴坐标。

FinishX 和 FinishY：设置渐变透明效果结束的 X 轴和 Y 轴坐标。

（2）BlendTrans：设置图像之间淡入和淡出的效果。

其基本属性为 BlendTrans（Duration = ?）。

Duration：设置淡入或淡出的时间。

（3）Blur：设置模糊效果。

其基本属性为 Blur（Add = ?，Direction = ?，Strength = ?）。

Add：设置是否单方向模糊。此参数是一个布尔值，即 true（非 0）或 false（0）。

Direction：设置模糊的方向。其中，0°代表垂直向上，每 45°为一个单位。

Strength：设置模糊的像素值。

（4）Chroma：将指定的颜色设置为透明。

其基本属性为 Chroma（Color = ?）。

Color：指定要设置为透明的颜色。

（5）DropShadow：设置阴影效果。

其基本属性为 DropShadow（Color = ?，OffX = ?，OffY = ?，Positive = ?）。

Color：设置阴影的颜色。

OffX：设置阴影相对于元素在水平方向的偏移量。值为整数。

OffY：设置阴影相对于元素在垂直方向的偏移量。值为整数。

Positive：是一个布尔值。值为 true（非 0）时，表示建立外阴影；值为 false（0）时，表示建立内阴影。

（6）FlipH：将元素水平反转。

（7）FlipV：将元素垂直反转。

（8）Glow：设置外发光效果。

其基本属性为 Glow（Color = ?，Strength = ?）。

Color：指定发光的颜色。

Strength：指定光的强度。值可以是 1 ~ 255 之间的任何整数，数字越大，发光的范围就越大。

（9）Gray：设置灰度图。即去掉图像的色彩，使其显示为黑白图像。

（10）Invert：设置反转图像，使其产生类似底片的效果。

（11）Light：设置光源的效果。可以被用来模拟光源在物体上的投影效果。

（12）Mask：设置透明遮罩。

其基本属性为 Mask（Color = ?）。

Color：设置底色，让对象遮住底色的部分透明。

（13）RevealTrans：设置切换效果。

其基本属性为 RevealTrans（Duration = ?，Transition = ?）。

Duration：设置切换时间。以秒为单位。

Transtition：设置切换方式。取值范围为 0 ~ 23。

小贴士　要实现页面间的切换效果，可以在 < head > 标签中加入一行代码：< Meta http - equiv = Page - enter content = revealTrans(Transition = ?, Duration = ?) > 。

（14）Shadow：设置另一种阴影效果。

其基本属性为 Shadow（Color = ?，Direction = ?）。

Color：设置阴影的颜色。

Direction：设置阴影的方向。0°代表垂直向上，每 45°为一个单位。

（15）Wave：设置波纹效果。

其基本属性为 Wave（Add = ?，Freq = ?，LightStrength = ?，Phase = ?，Strength = ?）。

Add：设置是否显示原对象。"0"表示不显示，"非 0"表示要显示原对象。

Freq：设置波动的个数。

LightStrength：设置波浪效果的光照强度。取值范围为 0 ~ 100，0 表示最弱，100 表示最强。

Phase：设置波浪的起始相角。取值为从 0 到 100 的百分数值。

Strength：设置波浪摇摆的幅度。

（16）Xray：设置显现图片的轮廓。具有 X 光片的效果。

参考文献

[1] 李静. Dreamweaver CC 网页设计从入门到精通 [M]. 北京：清华大学出版社，2017.

[2] 九州书源. Dreamweaver CS6 网页制作 [M]. 北京：清华大学出版社，2015.

[3] 文杰书院. 新手学 Dreamweaver CS6 网页设计完全自学手册 [M]. 北京：机械工业出版社，2016.

[4] 惠悲荷. 新媒体网页设计与制作 [M]. 北京：北京大学出版社，2015.

[5] 孙膂，郝军启. Dreamweaver CS6 网页设计与网站组建标准教程 [M]. 北京：清华大学出版社，2014.

[6] 胡崧，吴晓炜，李胜林. Dreamweaver CS6 从入门到精通 [M]. 北京：中国青年出版社，2015.

[7] 张明星. Dreamweaver CS6 网页设计与制作详解 [M]. 北京：清华大学出版社，2014.

[8] Adobe 公司. Adobe Dreamweaver CS6 中文版经典教程 [M]. 姚军，译. 北京：人民邮电出版社，2014.

[9] 常开忠，唐青. Dreamweaver CS6 网页制作从入门到精通 [M]. 北京：清华大学出版社，2014.

[10] 臧爱军，胡仁喜. Dreamweaver CS6 中文版入门与提高实例教程 [M]. 北京：机械工业出版社，2013.

[11] Jedi. 多媒体网页亲和力 [M]. 北京：电子工业出版社，2011.

[12] 詹新惠. 新媒体编辑 [M]. 北京：中国人民大学出版社，2013.